传感器与智能检测技术

主 编 杨 兵

北京理工大学出版社

BEIJING INSTITUTE OF TECHNOLOGY PRESS

图书在版编目（CIP）数据

传感器与智能检测技术 / 杨兵主编. -- 北京：北京理工大学出版社，2023.7

ISBN 978-7-5763-2273-6

Ⅰ. ①传… Ⅱ. ①杨… Ⅲ. ①传感器-高等学校-教材 ②自动检测-高等学校-教材 Ⅳ. ①TP212 ②TP274

中国国家版本馆 CIP 数据核字（2023）第 134111 号

出版发行／北京理工大学出版社有限责任公司

社　　址／北京市海淀区中关村南大街5号

邮　　编／100081

电　　话／（010）68914775（总编室）

　　　　　（010）82562903（教材售后服务热线）

　　　　　（010）68944723（其他图书服务热线）

网　　址／http：//www.bitpress.com.cn

经　　销／全国各地新华书店

印　　刷／涿州市京南印刷厂

开　　本／787毫米×1092毫米　1/16

印　　张／17.25

字　　数／395千字

版　　次／2023年7月第1版　2023年7月第1次印刷

定　　价／82.00元

责任编辑／多海鹏

文案编辑／闫小惠

责任校对／周瑞红

责任印制／李志强

前　言

智能制造已经成为中国制造企业转型和现代化的核心，实现智能化要解决的首要问题是怎样确定信息的准确性与可靠性。传感器精确可靠地采集和转换原始信息是完成自动检测和控制的第一步，没有传感器技术就没有现代科学技术的快速发展。传感器与检测技术应用广泛，涉及工业生产、民用生活、消费电子产品、自动化控制等各个领域，为人工智能和自动化控制提供了重要依据。本书从电气自动化技术、机电一体化技术、智能控制技术、机械制造与自动化等专业特点出发，面向智能制造领域，为培养工业自动化控制行业高素质技术技能人才服务。

传感器种类繁多，本书内容突出科学性、实用性、可操作性，选取自动化领域中频繁使用、实际工作中经常遇到的典型传感器，如光电式传感器、光纤式传感器、超声波传感器、光电式编码器等作为教学内容。本书内容安排采取"项目引领、成果导向"模式，突出"做中学、学中做"的基本理念，在对各类传感器基础知识进行介绍的基础上，引入自动化领域传感器的典型应用案例作为实训项目；在增加对各类传感器感性认识的基础上，重点分析各传感器的结构、特性与工作原理，让读者加深对各类传感器技术应用的理解，符合人们认识事物的规律。本书课程资源丰富，开发了供读者自主学习的资源包，配备了全程理论微课、教学课件、实训视频、动画等，并将增强技术（AR 技术）应用于课程的实训教学、传感器工作原理以及电路仿真等相关内容中，为读者自主学习提供真实的、有效的、实用性的学习资源。

"传感器与智能检测技术"课程教学团队，经过 10 多年的教学改革与实践，结合多年企业项目开发经验与 X 证书开发、职业技能大赛指导经验，与西门子（中国）有限公司联合开发智能传感器综合实训平台，该平台集传感器选型、接线与功能应用为一体，采取模块化设计，主要由电阻式、电容式、电磁式、电感式、光电式、温度、流量、压力、激光、安全光幕、安全门开关、RFID、绝对式编码器、增量式编码器、位移编码器等传感器组成，因此，学习者可以利用该平台进行创新设计、毕业设计等综合应用。

为贯彻落实党的二十大精神，教材编写坚持校企深度合作，以传感器在工业自动化控制中的典型应用为主线，贯穿"大思政课"理念，引入传感器在我国的发展历程，激发学生对传感器与智能检测技术的学习兴趣，紧跟技术前沿设计"质量把控（电阻式传感器及其应用）、精密判别（电容式传感器及其应用）、材质辨别（电感式传感器及其应用）、光电能动（光电式传感器及其应用）、速度测量（光电式编码器及其应用）、温度控制（热电式传感器及其应用）、转速调控（磁电式传感器及其应用）、数字光纤（光纤式传感器及其应用)、水位检测(超声波传感器及其应用)、智联未来(智能传感器及其应用)"等项目,开发"智能工业"综合实训项目,设计实训任务,培养学生综合素质。

本书分为绪论和11个项目,共32~64学时,主要包括:绪论传感器与检测技术基础;项目1电阻式传感器及其应用;项目2电感式传感器及其应用;项目3电容式传感器及其应用;项目4光电式传感器及其应用;项目5光电式编码器及其应用;项目6热电式传感器及其应用;项目7磁电式传感器及其应用;项目8光纤式传感器及其应用;项目9超声波传感器及其应用;项目10智能传感器及其应用;项目11智能传感器综合实训。

本书由淄博职业学院杨兵担任主编,李沙沙、李昂、黄梓岳老师担任参编,西门子(中国)有限公司姜炳磊、周永波以及山东莱茵科斯特智能科技有限公司王伟、胡鹏昌等技术人员提供传感器在企业实际工程应用中的典型案例,淄博职业学院李霞、李红艳、祝木田等老师对本书的编写提供了宝贵的参考意见和课程资源,在此表示衷心的感谢。

由于时间仓促,编者水平有限,书中难免存在欠妥之处,恳请广大读者批评指正。

编　者
2023 年 2 月

目 录

绪论 传感器与检测技术基础

学习目标

知识目标	1. 掌握传感器的应用、定义和组成。 2. 了解传感器的分类。 3. 掌握传感器检测系统的组成。 4. 了解传感器的特性。 5. 了解传感器的发展趋势。 6. 了解传感器的一般选用原则
技能目标	掌握传感器的识别和标定方法
素质目标	1. 提高学生分析问题和解决问题的能力。 2. 培养学生的沟通能力及团队协作精神

　　伴随工业化、信息化时代的到来，传感器技术已经成为一门迅猛发展的综合性技术学科，广泛应用于人类的社会生产和科学研究中，起着越来越重要的作用，成为国民经济发展和社会进步的一项必不可少的重要技术。它与通信技术、计算机技术一起构成了信息技术系统的"感官""神经"和"大脑"，是信息技术的三大支柱。对于机电一体化产品来说，三者都不可或缺。自动化程度越高，系统对传感器的依赖性就越大，传感器对系统功能的决定性作用就越明显。如果说计算机是人类大脑的扩展，那么传感器就是人类五官的延伸。当集成电路、计算机技术飞速发展时，人们才逐步认识到信息提取装置——传感器并没有跟上信息技术的发展，于是传感器开始受到普遍重视。

　　在科学技术迅速发展的今天，人类已进入瞬息万变的信息时代。人们在从事工业生产和科学实验等活动时，主要依靠对信息的开发、获取、传输和处理。检测技术就是研究自动检测系统中信息提取、信息转换及信息处理的一门技术，而传感器则是感知、获取与检测信息的直接手段。"检测系统"是传感技术发展到一定阶段的产物，工程需要由传感器与多台仪表或多个功能模块组合在一起，才能完成信号的检测，这样便形成了检测系统。为了更好地掌握传感器的应用方法，有效完成检测任务，工程人员需要掌握检测的基本概念、检测系统的特性、测量误差的基本概念及数据处理的方法等。

一、传感器的认知

1. 传感器的定义

根据中华人民共和国国家标准（GB/T 7665—2005），传感器的定义是能感受被测量并按照一定的规律转换成可用输出信号的器件或装置。传感器是一种以一定的精确度把被测量转换为与之有确定对应关系的、便于应用的某种物理量的测量装置。

从广义上讲，传感器是能够感觉外界信息，并能按照一定规律将这些信息转换成可用的输出信号的元器件或装置。传感器的这一概念包含了三层含义：

（1）传感器是一种能够完成提取外界信息任务的装置；

（2）传感器的输入量通常是指非电量，如物理量、化学量、生物量等；而输出量是便于传输、转换、处理、显示等的物理量，主要是电量信号；

（3）传感器的输出量与输入量之间保持一定规律。

传感技术、通信技术和计算机技术是现代信息技术的三大支柱，构成信息系统的"感官""神经"和"大脑"，实现信息的获取、传递、转换和控制。传感技术是信息技术的基础，传感器的性能、质量和水平直接决定了信息系统的功能和质量。

传感器在我国的发展历程

传感器在我国已经拥有几十年的发展历史，经过时间检验，越来越多行业认可了传感器的作用。首先，第一代传感器属于结构型传感器，该种传感器主要将结构参量作为信号处理方式，市面上最典型的结构型传感器是电阻应变式传感器。随后，随着传感器的发展，传感器也从原本的结构型转变为固体型，固体型传感器在外部材料方面的使用更加优化，半导体电解质及磁性材料都是固体型传感器的主要组成材料。第二代固体传感器相比于第一代结构型传感器获取信息的准确度更高，信息处理效率也有所提升。除此之外，第二代传感器还容纳了电荷耦合器件，也就是CCD，这种器件让传感器的灵活性得以提升，传感器生产成本也随之降低。如今，第三代传感器已经被研发出来，并且被运用到各个领域当中。第三代传感器属于智能型传感器，相比于前两代传感器，智能型传感器的技术水平显著提升，且与其他学科领域的技术有效融合，能够快速处理外界数据信息。智能型传感器所使用的处理芯片属于微处理器，包含存储器芯片和微计算机。可见，经过多个阶段的发展，传感器的信息处理已经表现集成化和智能化的特征，具备的功能也越来越多。

---

2. 传感器的组成与分类

传感器一般由敏感元件、转换元件、转换电路三部分组成，如图0-1所示。

图 0-1　传感器的组成

（1）敏感元件：直接感受被测量，并输出与被测量成确定关系的某一物理量的元件。

（2）转换元件：以敏感元件的输出为输入，把输入转换成电路参数。

（3）转换电路：上述电路参数接入转换电路，便可转换成电量输出。

实际上，有些传感器很简单，仅由一个敏感元件组成，它感受被测量时直接输出电量，如热电偶；有些传感器由敏感元件和转换元件组成，没有转换电路；有些传感器，转换元件不止一个，要经过若干次转换。

目前，传感器通常按照两种方式分类：一种是按被测量分类；另一种是按传感器的工作机理分类，具体如表0-1、表0-2所示。

表 0-1　按被测量分类

按被测量分类	被测量
机械量	压力、压差、真空度、热量、温度、热度、比热容、流量、流速、风速
热工量	质量；位移、尺寸、形状；力、力矩、应力；转速、速度；频率、振幅、加速度、噪声
化工量	浓度、盐度、黏度、酸碱度、密度、相对密度、气体（液体）化学成分
状态量	颜色、透明度、磨损量、材料内部裂缝或缺陷、气体泄漏、表面质量

表 0-2　按传感器的工作机理分类

序号	工作机理	传感器名称	典型应用
1	电阻应变效应	应变电阻传感器	力、载荷、微应变
2	电阻温度效应	热敏电阻传感器	温度、辐射热
3	电阻光敏效应	光敏电阻传感器	光强
4	电阻湿度效应	湿敏电阻传感器	湿度
5	电容几何构型、介电常数	电容式传感器	力、压力、载荷、位移、液位
6	磁路几何尺寸、位置	电感式传感器	位移
7	电涡流效应	电涡流式传感器	位移、厚度、硬度
8	压磁效应	压磁式传感器	力、压力
9	互感效应	差动变压器	位移
10	莫尔条纹	光栅	位移
11	改变互感	感应同步器	位移
12	霍尔效应	霍尔式传感器	磁通、电流
13	电磁感应	磁电式传感器	速度、加速度
14	光电效应	光电式传感器	位移、速度
15	压电效应	压电式传感器	振动、加速度

3. 传感技术的特点与作用

传感技术是现代科技的前沿技术，是现代信息技术的三大支柱之一，其水平高低是衡量一个国家科技发展水平的重要标志之一。它的特点主要体现在以下几方面。

（1）属边缘学科。传感技术机理涉及多门学科与技术，包括测量学、微电子学、物理学、光学、机械学、材料学、计算机科学等，在理论上以物理学中的"效应""现象"、化学中的"反应"、生物学中的"机理"为基础，在技术上涉及电子、机械制造、化学工程、生物工程等学科。这是多种高新技术的集合产物，传感器在设计、制造和应用过程中呈现技术的多样式、边缘性、综合性和技艺性的密集特性。

（2）产品、产业分散，涉及面广。自然界中各种信息（如光、声、热、湿、气等）千差万别，传感器品种繁多，被测参数包括热工量、电工量、化工量、物理量、机械量、生物量、状态量等，应用领域广泛，无论是高新技术，还是传统产业，乃至日常生活，都需要应用大量的传感器。

（3）功能、工艺要求复杂，技术指标不断提高。传感器应用要求千差万别，有的量大面广，有的专业性很强，有的要求耐热、耐振动，有的要求防爆、防磁等。面对复杂的功能要求，设计制造工艺也越来越复杂，技术指标更是与时俱进。

（4）性能稳定、测试精确。传感器应具有高稳定性、高可靠性、高重复性、低迟滞、快响应和良好的环境适应性。

（5）基础、应用两头依附，产品、市场相互促进。基础依附是指传感器技术的发展依附于敏感机理、敏感材料、工艺设备和测量技术；应用依附是指传感器基本上属于应用技术，其开发多依赖于检测装置和自动控制系统，才能真正体现它的高附加效益，并形成现实市场。

分析传感技术在现代科学技术、国民经济和社会生活中的地位与作用，著名科学家、两院院士王大珩对仪器仪表作了非常精辟的论述："当今世界已进入信息时代，信息技术成为推动科学技术和国民经济发展的关键技术。测量控制与仪器仪表作为对物质世界的信息进行采集、处理、控制的基础手段和设备，是信息产业的源头和重要组成部分。仪器仪表是工业生产的'倍增器'，科学研究的'先行官'，军事上的'战斗机'，国民活动的'物化法官'，应用无所不在。"

4. 传感器的应用

传感器技术的应用范围十分广泛。传感器技术对现代化科学技术、现代化农业及工业自动化的发展起到基础和支柱的作用，对推动社会全面发展更起着十分重要的作用，所以它在世界各国已成为一个重要产业。可以说，没有传感器就没有现代化的科学技术，没有传感器也就没有人类现代化的生活环境和条件。传感器技术已成为科学技术和国民经济发展水平的标志之一。它不仅仅是计算机、机器人、自动化设备的"感觉器官"及机电结合的接口，而且已渗透到军事和生活、人类生命、工业生产、宇宙开发、海洋探测、环境保护、资源调查、生物工程，甚至文物保护等多个领域。从太空到海洋，从各种复杂的工程系统到人们日常生活的衣食住行，几乎每一个现代化项目，都已经离不开各种各样的传感器。

（1）首先，用压电陶瓷制成的压电引信称为弹丸起爆装置，具有瞬发度高、安全可靠、不用配置电源等特点，常用在破甲弹上；红外雷达具有搜索、跟踪、测距等功能，可以搜索几十到上千千米内的目标；其他还有红外制导、红外通信、红外夜视、红外对抗等；再如，可以利用红外探测仪发现地物、探测地形及敌方各种军事目标。这是在军事方面的应用。

（2）智能家居与普通家居相比，不仅具有传统的居住功能，还兼具信息家电、设备自动化、提供全方位的信息交互功能，而这些功能的实现几乎都需要大量的传感器作为支持。传感器在智能家居中的应用包括：居家安全与便利，如安防监视、火灾烟雾检测、可燃和有毒气体检测等；节能与健康环境，如光线明亮检测、温湿度控制、空气质量等。在居家安全方面，市面上的传感器有小米公司的小米门窗传感器和 Loopabs 公司的"Notion"传感器。前者可以监控门窗的开关状态，后者可以识别门的开关与否，同时还能监听烟雾警报以及门铃。在居家节能与健康环境方面，智慧云谷推出系列能检测出精确数值的家用无线自动组网空气质量传感器，能够检测损害健康的甲醛、苯、一氧化碳等十几种气体及家中的温湿度并实时显示，且可以根据检测的结果对通风、加氧、除湿等进行自动调整。这是在智能家居方面的应用。

（3）在医疗上应用传感器可以对人体温度、血压、心脑电波及肿瘤等进行准确的测量与诊断。这是在人体医学上的应用。

（4）传感器在智能交通系统里，就如同人的五官一样，发挥着极其重要的作用。例如，采用多目标雷达传感器与图像传感器的技术目前已经在智能交通领域崭露头角，传感器配合相机，可以在一张图片上同时显示多辆车的速度、距离、角度等信息，有效地监控道路车辆状况。同时，随着智能城市的兴起，车流量雷达、2D/3D 多目标跟踪雷达也逐渐普及。作为系统眼睛的传感器，实时搜集道路交通状况，以便更好地控制车流显得越发重要。未来车辆排放法规、燃油的效能都将成为智能交通行业的驱动力，而传感器亦将在这些领域发挥重要的作用。在提高汽车燃油能效方面，新一代智能型液压泵使用一个位置传感器实现对检测液压泵挡板的位置检测，从而较传统的泵可以节省 15% 燃油。

图 0-2 是嵌入电动车电池内部的一种薄膜热电偶传感器，该传感器用来测量实时的电池温度。聚酰亚胺嵌入式薄膜热电偶安装在电池电解液的内部而不影响电池装配过程和环境，可以监控电池内部的热生成率，发现较高的放电期间占主导地位。这是在智能交通方面的应用。

图 0-2　嵌入电动车电池内部的一种薄膜热电偶传感器

（5）用于制造航天飞机的材料是有使用寿命的，美国斯坦福大学开发了一项专利技术——斯坦福多制动器接收转换（SMART）层。它的工作原理是传感器产生的电磁波在结构部件中传播，电磁波被其他的传感器接收，最后将数据传输到计算机中进行处理，该技术提供了一种结构健康监测的实现方法。这是在航空航天领域中的应用。

（6）环境问题已经被世界各国所重视。为了保护环境，各国也将联合起来，共同开发和研制用以监测大气、水质及噪声污染的传感器。这是在环境保护中的应用。

（7）随着现代科学技术的蓬勃发展，炼油、化工、冶金、电力、生物、制药等工业过程的生产规模越来越大型化、复杂化，各种类型的自动控制技术已经成了现代工业生产实现安全、高效、优质、低耗的基本条件和重要保证。传感器作为自动控制系统的神经末梢，其应用也越来越广泛。压力传感器、温度传感器、湿度传感器、流量传感器、电流传感器、转速传感器、烟雾传感器等，在工业自动化领域有着广阔的应用前景。

薄膜传感器应用于对刀具切削过程中温度、切削力的监控。采用沉积技术和 MEMS（微机电系统）技术，在刀具内嵌入薄膜传感器进行测力，可以直接地反应刀具工作情况，具有准确、有效、可靠性高等特点。切削加工系统配备装有传感器和执行元件的智能化刀具，这将是未来加工智能化的发展方向。图 0-3 为薄膜传感器各层示意图，图 0-4 为嵌入刀具的薄膜测力传感器系统切削力测量现场。当刀具刀柄受力后，嵌入刀柄的薄膜传感器中的电阻栅发生应变，电阻改变，将电阻栅连接为惠斯通电桥。接通电压，当电阻栅电阻发生改变，便有电压输出，从而实现切削力的测量。

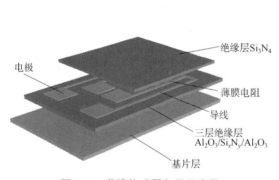

图 0-3　薄膜传感器各层示意图　　　图 0-4　薄膜测力传感器系统切削力测量现场

感器的应用已在上述领域发展得如火如荼，还有一些新的领域也出现了传感器，如研究生物感官，开发仿生传感器。大自然是奇妙的，大自然中动物的感官性能更是让人类望尘莫及（蝙蝠的听觉、狗的嗅觉、飞鸟的视觉）。因此，研究它们的机理，开发仿生传感器，是传感器技术未来发展的方向之一。

5. 传感器的发展趋势

1）传感器的市场发展前景

传感器技术与通信技术、计算机技术并称现代信息产业的三大支柱，是当代科学技术发展的重要标志之一。在市场规模方面，2017—2021 年，中国传感器市场规模呈增长态势。2021 年，中国传感器市场规模约为 2 951.8 亿元，增速达 17.6%。在企业数量方面，2017—2019 年，中国传感器相关企业每年的注册量呈增长趋势，由 6 964 家增至 8 611 家，复合增长率为 11%。2020 年，受新冠肺炎疫情影响，我国传感器相关企业注册量降至 5

205 家，2021 年进一步降低至 2 333 家。截至 2022 年 7 月，本年度传感器行业相关企业注册量仅 328 家。2021 年 1 月 29 日，工信部印发《基础电子元器件产业发展行动计划（2021—2023 年）》，提出重点发展新型 MEMS 传感器和智能传感器，推动车规级传感器等。可以预见，传感器行业发展潜力较大。2021 年 3 月，《中华人民共和国国民经济和社会发展第十四个五年规划和 2035 年远景目标纲要》正式发布，其中强调"十四五"时期要聚焦高端芯片、操作系统、人工智能关键算法、传感器等关键领域，加快推进基础理论、基础算法、装备材料等研发突破与迭代应用。2021 年 9 月，工信部等八部门联合发布《物联网新型基础设施建设三年行动计划（2021—2023 年）》，提出物联网新型基础设施建设的创新能力要有所突破。其中，高端传感器、物联网芯片、物联网操作系统、新型短距离通信等关键技术水平和市场竞争力显著提升。未来，信息化和智能化的推进将为传感器产业带来巨大市场空间，在智慧农业、智能工厂、智能交通、建筑节能、智能环保、智能电网、智慧医疗、智能穿戴等领域，传感器都有着广阔的应用空间。

2）传感器技术的发展方向

（1）微型化。

随着微电子工艺、微机械加工和超精密加工等先进制造技术的不断发展，传感器也将向以微机械加工技术为基础、以仿真程序为工具的微结构技术方向发展。它将不仅仅是尺寸的缩微与减小，而是一种具有新机理、新结构、新作用和新功能的高科技微型系统。这些主要得益于半导体刻蚀加工技术和大规模集成电路制造技术的推动。

（2）数字化、智能化和集成化。

比起模拟信号，数字化信号有很多优点，且便于后续的计算处理。借助于现代计算机技术，应用先进的控制理论，接近传感器除具有一般的距离敏感和探测的功能外，还将具有功能转换、数据处理、各种补偿功能，并能实现自校正、自诊断以及自适应能力。采用硬件软化、软件集成、虚拟现实、软测量等人工智能的方法和技术，研究开发具有拟人智能特性或功能的智能化接近传感器也将成为可能。集成式微型智能传感器是世界范围内的热点研究课题，具有巨大的潜在价值和广阔的应用市场，传感器也不例外。利用集成技术，可以在一个传感器上，使用多种原理实现对障碍物的感知，大大增强接近传感器的精度和可靠性，这个趋势已经体现在一些工程应用中。

（3）微功耗、无源化。

常用传感器一般都是将非电量向电量转化而进行测量，工作时离不开电源，在野外现场或远离电网的地方，往往是用电池供电或用太阳能等供电，使用起来就不太方便，信号也容易受到电网波动的干扰，因此开发微功耗、无源化接近传感器将是一种趋势，这样既可以节省能源，又可以提高系统可靠性。

（4）网络化。

随着现代网络技术的发展，在线检测、在线诊断和远程控制也有了长足的发展，这就使由孤立的元器件向系统化、网络化发展成为一种趋势。正在加紧开发的物联网，也为接近传感器的网络化提供了条件。

二、传感器的基本特性

传感器的基本特性通常可以分为静态特性和动态特性。

1. 静态特性

传感器的静态特性是指被测量值处于稳定状态时输出与输入的关系。对静态特性而言，在不考虑迟滞蠕变及其他不确定因素的情况下，传感器的输入量 x 与输出量 y 之间的关系通常可用以下的多项式表示：

$$y = a_0 + a_1 x + a_2 x^2 + \cdots + a_n x^n \qquad (0-1)$$

式中：a_0——输入量 x 为零时的输出量；

a_0，a_2，$\cdots$，a_n——非线性项系数。

传感器的静态特性可以用一组性能指标来描述，如灵敏度、线性度、分辨率、迟滞、重复性和漂移等。

1）灵敏度（Sensitivity）

灵敏度是传感器静态特性的一个重要指标，其定义是输出量增量 Δy 与引起输出量增量 Δy 的相应输入量增量 Δx 之比，用 S 表示灵敏度，即

$$S = \frac{\Delta y}{\Delta x} \qquad (0-2)$$

式（0-2）表示单位输入量变化所引起传感器输出量的变化，灵敏度 S 越大，则传感器越灵敏。线性传感器灵敏度就是它的静态特性斜率，其灵敏度 S 是常量，如图 0-5（a）所示；非线性传感器的灵敏度为变量，用 $S = \mathrm{d}y/\mathrm{d}x$ 表示，实际上就是输入—输出特性曲线上某点的斜率，且灵敏度随输入量的变化而变化，如图 0-5（b）所示。

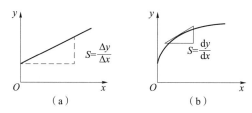

图 0-5　灵敏度

（a）线性传感器；（b）非线性传感器

2）线性度（Linearity）

线性度是指传感器输出与输入之间数量关系的线性程度。传感器理想输入—输出特性应是线性的，但实际输入—输出特性大都具有一定程度的非线性。在输入量变化范围不大的条件下，可以用切线或割线、过零旋转、端点平移等拟合方式，来近似地代表实际曲线的一段，这就是传感器非线性特性的线性化，如图 0-6 所示。

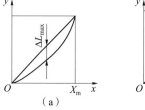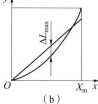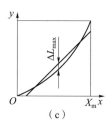

图 0-6　输入—输出特性的线性化曲线

（a）切线或割线；（b）过零旋转；（c）端点平移

线性化曲线所采用的直线称为拟合直线，实际特性曲线与拟合直线间的偏差称为传感器的非线性误差，取其最大值与输出满刻度值（Fullscale，即满量程）之比作为评价非线性误差（或线性度）的指标，即

$$\gamma_L = \pm\frac{\Delta L_{\max}}{Y_{Fs}} \times 100\% \tag{0-3}$$

式中：γ_L——非线性误差；

   $\Delta L_{\max}$——最大非线性绝对误差；

   Y_{Fs}——输出满量程。

3）分辨率（Resolution）

分辨率是指传感器能够感知或检测到的最小输入信号增量，反映传感器能够分辨被测量微小变化的能力。分辨率可以用增量的绝对值或增量与满量程的百分比来表示。

4）迟滞（Hysteresis）

迟滞也叫回程误差，是指在相同测量条件下，对应于同一大小输入信号，传感器正（输入量由小增大）、反（输入量由大减小）行程的输出信号大小不相等的现象。产生迟滞的原因是传感器机械部分存在不可避免的摩擦、间隙、松动、积尘等，引起能量吸收和消耗。迟滞特性表明传感器正、反行程间输入—输出特性曲线不重合的程度。迟滞的大小一般由实验方法来确定。用正、反行程间的最大输出差值 $\Delta H_{\max}$ 对满量程 Y_{Fs} 输出的百分比来表示，如图 0-7 所示。

5）重复性（Repeatability）

重复性表示传感器在输入量按同一方向进行满量程多次测试时所得输入—输出特性曲线一致的程度。实际特性曲线不重复的原因与迟滞的产生原因相同。重复性指标一般用输出最大不重复误差 $\Delta R_{\max}$ 与满量程输出 Y_{Fs} 的百分比表示，如图 0-8 所示。

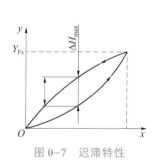

图 0-7　迟滞特性　　　　　　　图 0-8　重复性

6）漂移（Drift or Shift）

漂移是指传感器在输入量不变的情况下，输出量随时间变化的现象。漂移将影响传感器的稳定性或可靠性（Stability or Reliability）。产生漂移的原因主要有两个：一是传感器自身结构参数发生老化，如零点漂移（简称零漂）；二是在测试过程中周围环境（如温度、湿度、压力等）发生变化，最常见的是温度漂移（简称温漂）。

2. 动态特性

传感器动态特性是指传感器对动态激励（输入）的响应（输出）特性，即其输出对随时间变化的输入量的响应特性。一个动态特性好的传感器，其输出随时间变化的规

律（输出变化曲线），将能再现输入随时间变化的规律（输入变化曲线），即输出和输入具有相同的时间函数。但实际上，由于制作传感器的敏感材料对不同的变化会表现一定程度的惯性（如温度测量中的热惯性），因此输出信号与输入信号并不具有完全相同的时间函数，这种输入与输出间的差异称为动态误差，动态误差反映的是惯性延迟所引起的附加误差。

传感器的动态特性可以从时域和频域两个方面分别采用阶跃响应法和频率响应法来分析。在时域内研究传感器的响应特性时，一般采用阶跃函数；在频域内研究动态特性时，一般采用正弦函数。

对应的传感器动态特性指标分为两类，即与阶跃响应有关的指标和与频率响应特性有关的指标。

1）阶跃响应特性

在采用阶跃输入研究传感器的时域动态特性时，常用延迟时间、上升时间、响应时间、超调量等来表征传感器的动态特性。

一阶或二阶传感器阶跃响应的时域动态特性如图 0-9 所示（$S=1$，$A_0=1$）。其时域动态特性参数描述如下。

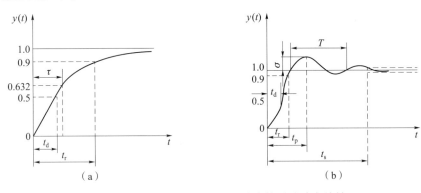

图 0-9　一阶或二阶传感器阶跃响应的时域动态特性
(a) 一阶传感器；(b) 二阶传感器

时间常数 τ：一阶传感器输出上升到稳态值的 63.2% 所需的时间；

延迟时间 t_d：传感器输出达到稳态值的 50% 所需的时间；

上升时间 t_r：传感器的输出达到稳态值的 90% 所需的时间；

峰值时间 t_p：二阶传感器输出响应曲线达到第一个峰值所需的时间；

响应时间 t_s：二阶传感器从输入量开始起作用到输出指示值进入稳态值所规定的范围内所需要的时间；

超调量 σ：二阶传感器输出第一次达到稳定值后又超出稳定值而出现的最大偏差，即二阶传感器输出超过稳定值的最大值。

2）频率响应特性

在采用正弦输入信号研究传感器的频域动态特性时，常用幅频特性和相频特性来描述传感器的动态特性。一般可以将大多数传感器简化为一阶或二阶系统，下面以一阶传感器的频率响应为例说明。

一阶传感器的微分方程为

$$a_1 \frac{\mathrm{d}y(t)}{\mathrm{d}x} + a_0 y(t) = b_0 x(t) \tag{0-4}$$

它可改写为

$$\tau \frac{\mathrm{d}y(t)}{\mathrm{d}x} + y(t) = S \cdot x(t) \tag{0-5}$$

式中：τ——传感器的时间常数（具有时间量纲）。

这类传感器的幅频特性为

$$A(\omega) = 1 / \sqrt{1 + (\omega\tau)^2} \tag{0-6}$$

相频特性为

$$\varphi(\omega) = -\arctan(\varphi\tau) \tag{0-7}$$

图 0-10 所示为一阶传感器的频率响应特性。时间常数 τ 越小，此时 $A(\omega)$ 越接近于常数 1，$\varphi(\omega)$ 越接近于 0，因此，频率响应特性越好。当 $\omega\tau<1$ 时，$A(\omega)\approx1$，输出与输入的幅值几乎相等，表明传感器输出与输入为线性关系。$\varphi(\omega)$ 很小，$\tan\varphi\approx\varphi$，$\varphi(\omega)\approx-\omega t$，相位差与频率 ω 呈线性关系。

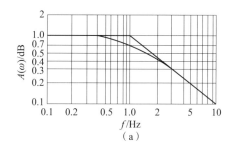 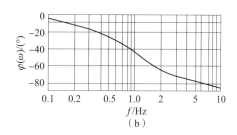

图 0-10 一阶传感器的频率响应特性

（a）幅频特性；（b）相频特性

总之，动态特性是传感器性能的一个重要指标。在测量随时间变化的参数时，只考虑静态特性指标是不够的，还要注意其动态特性指标。

三、检测技术基础知识

1. 检测系统的组成

检测就是人们借助于仪器、设备，利用各种物理效应，采用一定的方法，将被测量的有关信息通过检查与测量获取定性或定量信息的过程。这些设备和仪器的核心部件就是传感器。检测包含检查与测量两个方面，检查往往是获取定性信息，而测量则是获取定量信息。

一个完整的检测系统，首先应获得被测量的信息，并通过信号变换电路把被测量的信号变换为电量，然后进行一系列的处理，再用指示仪或显示仪将信息输出，或由计算机对数据进行处理等。检测系统的组成框图如图 0-11 所示。

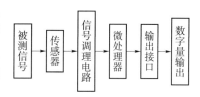

图 0-11 检测系统的组成框图

2. 测量和测量方法

1）测量

测量是人们借助专门的技术和设备，通过实验的方法，把被测量与单位标准量进行比较，以确定出被测量是标准量的多少倍数的过程，所得的倍数就是测量值。测量结果可用一定的数值表示，也可以用一条曲线或某种图形表示。但无论其表现形式如何，测量结果应包括两部分：比值和测量单位。测量过程的核心就是比较。

2）测量方法

根据测量手段不同，分为直接测量、间接测量和组合测量；根据测量方式不同，分为偏差式测量、零位式测量和微差式测量；根据测量精度要求不同，分为等精度测量和非等精度测量；根据被测量变化情况不同，分为静态测量和动态测量；根据敏感元件是否与被测介质接触，分为接触测量和非接触测量等。

3. 测量误差及分类

测量误差就是测量值与真实值之间的差值，它反映了测量的精度。测量误差可用绝对误差表示，也可用相对误差表示。

1）绝对误差

绝对误差是测量值与真值之间的差值，它反映了测量值偏离真值的多少，即

$$\Delta = A_x - A_0 \tag{0-8}$$

式中：A_0——被测量真值；

A_x——被测量实际值。

由于真值的不可知性，在实际应用时，常用以下三种真值代替。

（1）理论真值：由理论推导出来的真值，如三角形内角和为 $180°$。

（2）约定真值：按照国际公认的单位定义的真值，如在标准条件下，水的冰点和沸点分别为 $0\ ℃$ 和 $100\ ℃$。

（3）相对真值（实际真值）：即用被测量多次测量的平均值或上一级标准仪器测得的示值作为实际真值。相对真值在误差测量中的应用最为广泛。

2）相对误差

相对误差能够反映测量值偏离真值的程度，相对误差通常比绝对误差能更好地说明不同测量的精确程度，相对误差越小，准确度越高。它有以下三种常用形式：

（1）实际相对误差。实际相对误差是指绝对误差 Δ 与被测量真值 A_0 的百分比，用 γ_A 表示，即

$$\gamma_A = \frac{\Delta}{A_0} \times 100\% \tag{0-9}$$

（2）示值（标称）相对误差。示值相对误差是指绝对误差 Δ 与被测量实际值 A_x 的百分比，用 γ_x 表示，即

$$\gamma_x = \frac{\Delta}{A_x} \times 100\% \tag{0-10}$$

（3）引用（满度）相对误差。引用相对误差是指绝对误差 Δ 与仪表满度值 A_m 的百分比，用 γ_m 表示，即

$$\gamma_m = \frac{\Delta}{A_m} \times 100\% \tag{0-11}$$

当式（0-11）中的 Δ 取最大值 Δ_m 时，其引用相对误差常用来确定仪表的准确度等级 K，即

$$K = \frac{|\Delta_m|}{A_m} \times 100\% \qquad (0\text{-}12)$$

根据准确度等级 K 及量程范围，可以推算出该仪表可能出现的最大绝对误差 Δ_m。准确度等级 K 规定取一系列标准值。我国模拟仪表有下列七种等级：0.1、0.2、0.5、1.0、1.5、2.5、5.0，它们分别表示对应仪表的引用相对误差所不应超过的百分比。

仪表的准确度习惯上称为精度，准确度等级习惯上称为精度等级。等级的数值越小，仪表的精度就越高。根据仪表的等级可以确定测量的引用相对误差和最大绝对误差。例如，在正常情况下，用 0.5 级、量程为 100 ℃ 的温度计来测量温度，可能产生的最大绝对误差是为

$$\Delta_m = (\pm 0.5\%) \times A_m = (\pm 0.5\%) \times 100 \text{ ℃} = \pm 0.5 \text{ ℃} \qquad (0\text{-}13)$$

在正常工作条件下，可以认为仪表的最大绝对误差是不变的，而示值相对误差 γ_x 随示值的减小而增大。

【例 1】 现有 0.5 级、量程为 0～300 ℃ 的温度计和 1.0 级、量程为 0～100 ℃ 的温度计，要测量 80 ℃ 的温度，试问采用哪一个温度计好？

解：用 0.5 级温度计检查时，可能出现的最大示值相对误差为

$$\gamma_x = (\Delta_{m1}/A_x) \times 100\% = (300 \times 0.5\%/80) \times 100\% = 1.875\%$$

用 1.0 级温度计检查时，可能出现的最大示值相对误差为

$$\gamma_x = (\Delta_{m2}/A_x) \times 100\% = (100 \times 1.0\%/80) \times 100\% = 1.25\%$$

计算结果表明，1.0 级温度计比 0.5 级温度计的最大示值相对误差反而小，所以更合适。由上例可知，在选用仪表时应兼顾精度等级和量程，通常希望示值落在仪表满度值的 2/3 以上。

四、传感器的选用原则

现代传感器在原理与结构上千差万别，如何根据具体的测量目的、测量对象以及测量环境合理地选用传感器，是进行某个量的测量时首先要解决的问题。当传感器确定之后，与之相配套的测量方法和测量设备也就可以确定了。测量结果的成败，在很大程度上取决于传感器的选用是否合理。

1. 根据测量对象与测量环境确定传感器的类型

要进行一次具体的测量工作，首先要考虑采用何种原理的传感器，这需要在分析多方面的因素之后才能确定。因为，即使是测量同一物理量，也有多种原理的传感器可供选用，哪一种原理的传感器更为合适，则需要根据被测量的特点和传感器的使用条件考虑以下具体问题：量程的大小；被测位置对传感器体积的要求；测量方式为接触式还是非接触式；信号的引出方法，有线或是非接触测量；传感器的来源，国产还是进口，价格能否承受，还是自行研制。

在考虑上述问题之后就能确定选用何种类型的传感器，然后再考虑传感器的具体性能指标。

2. 灵敏度的选择

通常，在传感器的线性范围内，希望传感器的灵敏度越高越好。因为只有灵敏度高时，与被测量变化对应的输出信号的值才比较大，有利于信号处理。但要注意的是，传感器的灵敏度高，与被测量无关的外界噪声也容易混入，也会被放大系统放大，影响测量精度。因此，要求传感器本身应具有较高的信噪比，尽量减少从外界引入的干扰信号。

传感器的灵敏度是有方向性的。如果被测量是单向量，而且对其方向性要求较高，则应选择其他方向灵敏度小的传感器；如果被测量是多维向量，则要求传感器的交叉灵敏度越小越好。

3. 频率响应特性

传感器频率响应特性决定了被测量的频率范围，必须在允许频率范围内保持不失真的测量条件。实际上，传感器的响应总有一定延迟，希望延迟时间越短越好。

传感器的频率响应高，可测的信号频率范围就宽，而由于受到结构特性的影响，机械系统的惯性较大，因此频率低的传感器可测信号的频率较低。

在动态测量中，应根据信号的特点（稳态、瞬态、随机等）响应特性选择传感器，以免产生过火的误差。

4. 线性范围

传感器的线性范围是指输出与输入成正比的范围。从理论上讲，在此范围内，灵敏度保持定值。传感器的线性范围越宽，则其量程越大，并且能保证一定的测量精度。选择传感器时，当传感器的种类确定以后，首先要看其量程是否满足要求。

但实际上，任何传感器都不能保证绝对的线性，其线性度也是相对的。当所要求测量精度比较低时，在一定的范围内，可将非线性误差较小的传感器近似看作线性的，这会给测量带来极大的方便。

5. 稳定性

传感器使用一段时间后，其性能保持不变的能力称为稳定性。影响传感器长期稳定性的因素除传感器本身结构外，主要是传感器的使用环境。因此，要使传感器具有良好的稳定性，传感器必须要有较强的环境适应能力。

在选择传感器之前，应对其使用环境进行调查，并根据具体的使用环境选择合适的传感器，或采取适当的措施，减小环境的影响。

传感器的稳定性有定量指标，在超过使用期后，使用前应重新进行标定，以确定传感器的性能是否发生变化。

在某些要求传感器能长期使用而又不能轻易更换或标定的场合，所选用的传感器稳定性要求更严格，要能够经受长时间的考验。

6. 精度

精度是传感器的一个重要的性能指标，它关系到整个测量系统的精度。传感器的精度越高，其价格越昂贵，因此，传感器的精度只要满足整个测量系统的精度要求就可以，不必选得过高。这样就可以在满足同一测量目的的诸多传感器中选择比较便宜和简单的传感器。如果测量目的是定性分析，选用重复精度高的传感器即可，不宜选用绝对量值精度高的；如果是为了定量分析，必须获得精确的测量值，就需选用精度等级能满足要求的传感器。

对某些特殊使用场合，若无法选到合适的传感器，则需自行设计制造传感器。自制传感器的性能应满足使用要求。

思考与练习

1. 我们是通过感官（眼、耳、鼻、舌、皮肤等）来感知外界信息的，那么机器人又是如何从外界获取信息的呢？请举例说明。

2. 传感器的作用是什么？其组成结构有哪些？

3. 传感器的分类方法有哪些？

4. 传感器的静态特性指标有哪些？

5. 图 0-12 中两个测量工具哪个测量精度更高？

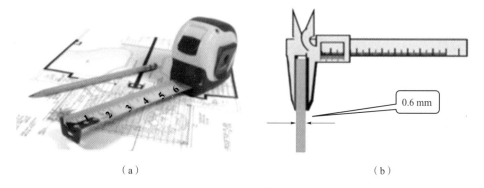

（a）　　　　　　　　　　　　　　　　（b）

图 0-12　5 题图

（a）某次测量铅笔长度为 8.73 cm（多次平均为 8.78 cm）；

（b）某个零件测量宽度为 0.6 mm（该游标卡尺绝对误差 0.02 mm）

6. 请指出图 0-13 中所示电子秤的分辨率。

图 0-13　6 题图

7. 现有一测温系统由四个环节组成，各自灵敏度分别如下：铂电阻温度传感器：0.35 Ω/℃；电桥：0.01 V/Ω；放大器：100（放大倍数）；笔式记录仪：0.1 cm/V。试求：（1）测温系统的总灵敏度是多少？（2）笔式记录仪笔尖位移 4 cm 时，所对应的温度变化值是多少？

项目1　电阻式传感器及其应用

知识目标	1. 掌握电阻应变式传感器的工作原理和选型。 2. 理解电阻应变片的组成、结构，了解各种桥式电路的特点以及温度补偿原理。 3. 学会对电阻应变式传感器应用电路进行分析、制作和调试
技能目标	掌握电阻式传感器的识别、选用和检测方法
素质目标	1. 提高学生分析问题和解决问题的能力。 2. 培养学生的沟通能力及团队协作精神

　　无论是工业中还是生活中，很多时候我们都要测量各种物体的质量。小到几十克的草莓，大到几吨的油罐车（见图1-1、图1-2），我们都能通过传感技术准确地测出它们的质量。随着人们生活水平的提高，自己制作美食已成为一种乐趣，其中烘焙各种糕点就深受各类人士的喜爱。烘焙前，各种材料的精确配比是美味糕点制作成功的重要先决条件，这样看来，一款误差小的厨房电子秤就成了必需品。那电子秤是如何制作的呢？我们选用什么样的传感器最合适呢？怎么安装能保证测量误差最小呢？让我们带着这几个问题，来开始这场学习之旅吧！

图1-1　厨房称重电子秤

图1-2　油罐车称重电子秤

　　传感器利用非电量（如力、位移、加速度、角速度、温度、照度等）的变化，引起电路中电阻的变化，从而把不易测量的非电量转化为电量，以便于测量，这种用途的传感器称为电阻式传感器。本项目通过电阻式传感器在称重测量上的应用介绍电阻应变式传感器。

1.1 项目描述

称重传感器是一种将质量信号转变为可测量的电信号输出的装置。电阻应变式传感器是基于这样一个原理：弹性体（弹性元件，敏感元件）在外力作用下产生弹性变形，使粘贴在它表面的电阻应变片（转换元件）也随之产生变形，电阻应变片变形后，它的阻值将发生变化（增大或减小），再经相应的测量电路把这一电阻变化转换为电信号（电压或电流），从而完成将外力变换为电信号的过程。

本项目要求利用智能传感器综合实训平台，完成称重传感器实验。结合 PLC（S7-1200），通过将弹性元件（弹性体）、转换元件（电阻应变片）、信号调理电路集于一体，实现称重数据显示，并进行标定，从而使学生掌握电阻应变式传感器在称重上的应用。称重电子秤指标要求：称重范围为 0~4.9 kg，分辨率为 1 g。

1.2 项目准备

1.2.1 实训设备

智能传感器综合实训平台是集传感器选型、接线与功能应用为一体的综合实训平台，主要由电阻式、电容式、电磁式、电感式、光电式、温度、流量、压力、激光、安全光幕、安全门开关、RFID、绝对式编码器、增量式编码器、位移编码器等传感器组成。本项目所需实训设备如表 1-1 所示。

表 1-1 本项目所需实训设备

序号	设备名称	型号规格	代号
1	智能传感器综合实训平台	PCG01	—
2	可编程控制器	6ES7215-1AG40-0XB0	PLC
3	称重传感器	SQB 100 kg	B16
4	称重显示器	XK3190-C801	P2
5	编程软件—博途	TIA V16	—
6	选插头对	KT3ABD53 红（1 m）/3 根	—
7	选插头对	KT3ABD53 蓝（1 m）/2 根	—
8	选插头对	KT3ABD53 绿（1 m）/1 根	—
9	选插头对	KT3ABD53 黑（1 m）/1 根	—
10	选插头对	KT3ABD53 黄（1 m）/1 根	—
11	网线	—	—

1.2.2　称重传感器

称重传感器如图 1-3 所示，称重传感器电路接线图如图 1-4 所示。

图 1-3　称重传感器

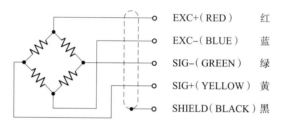

图 1-4　称重传感器电路接线图

EXC+—传感器激励正；EXC-—传感器激励负；SIG+—信号正；SIG-—信号负

1.2.3　称重显示器

称重显示器 XK3190-C801 如图 1-5 所示，称重显示器面板如图 1-6 所示。

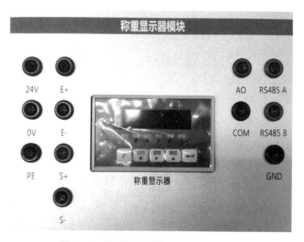

图 1-5　称重显示器 XK3190-C801

称重显示器面板上 6 个指示灯从左到右含义如下：

通讯：通讯指示灯；

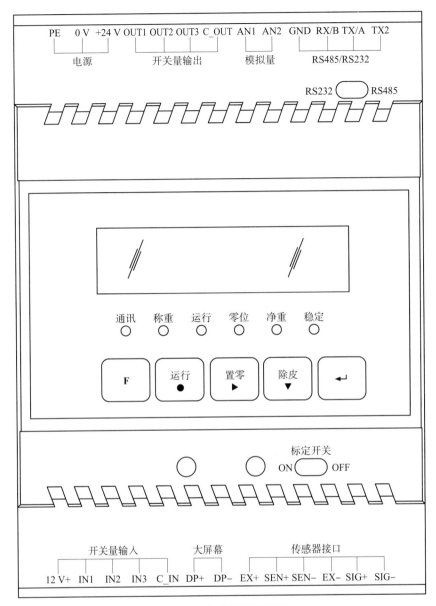

图 1-6 称重显示器面板

称重：称重状态指示灯；

运行：自动运行状态；

零位：零位区域指示；

净重：净重状态；

稳定：稳定状态。

称重显示器面板上按键含义如图 1-7 所示。

称重传感器实验接线图如图 1-8 所示。

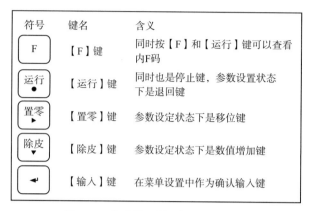

图 1-7　称重显示器面板上按键含义

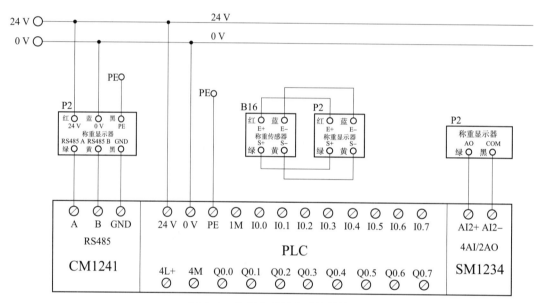

图 1-8　称重传感器实验接线图

1.3　知识学习

1.3.1　电阻应变式传感器

电阻应变式传感器是利用金属电阻效应制造的一种测量微小变化量（机械）的传感器。将电阻应变片粘接到各种弹性元件上，可构成测量力、压力、力矩、位移、加速度等各种参数的电阻应变式传感器。它是目前在测量力、力矩、压力、加速度、质量等参数中应用最广泛的传感器之一。

电阻应变式传感器由弹性元件与电阻应变片构成。弹性元件就是传感器中的敏感元件，要根据被测参数来设计或选择它的结构形式。电阻应变片就是传感器中的转换元件，是电阻应变式传感器的核心元件。

电阻应变式传感器的基本原理是电阻应变效应。电阻丝在外力作用下发生机械变形时，其电阻值发生变化，传感器将被测物理量的变化转换成传感器元件电阻值的变化，再经过转换电路变成电信号输出。

1. 电阻应变效应

导电材料的电阻与材料的电阻率、几何尺寸（长度与截面积）有关，在外力作用下发生机械变形，引起该导电材料的电阻值发生变化，这种现象称为电阻应变效应。

设有一根电阻丝，其电阻率为 ρ，长度为 L，截面积为 S，在未受力时电阻值为

$$R = \rho \frac{L}{S} \tag{1-1}$$

电阻丝在拉力 F 作用下，长度 L 增加，截面积 S 减小，电阻率 ρ 也相应变化，将引起电阻变化，即

$$\frac{\Delta R}{R} = \frac{\Delta L}{L} - \frac{\Delta S}{S} + \frac{\Delta \rho}{\rho} \tag{1-2}$$

对于半径为 r 的电阻丝，截面积 $S = \pi r^2$，则有 $\Delta S/S = 2\Delta r/r$。令电阻丝的轴向应变为 $\varepsilon = \Delta L/L$，径向应变为 $\Delta r/r$，由材料力学可知 $\Delta r/r = -\mu(\Delta L/L) = -\mu\varepsilon$，$\mu$ 为电阻丝材料的泊松系数，经整理可得

$$\frac{\Delta R}{R} = (1+2\mu)\varepsilon + \frac{\Delta \rho}{\rho} \tag{1-3}$$

通常把单位应变所引起的电阻相对变化称为电阻丝的灵敏度系数，其表达式为

$$K = \frac{\Delta R/R}{\varepsilon} = (1+2\mu) + \frac{\Delta \rho/\rho}{\varepsilon} \tag{1-4}$$

从式（1-4）可以看出，电阻丝灵敏度系数 K 由两部分组成：受力后由材料几何尺寸变化引起的 $1+2\mu$；由材料电阻率变化引起的 $(\Delta\rho/\rho)\varepsilon^{-1}$。对于金属丝材料，$(\Delta\rho/\rho)\varepsilon^{-1}$ 项的值比 $1+2\mu$ 小很多，可以忽略，故 $K \approx 1+2\mu$。大量实验证明，在电阻丝拉伸比例极限内，电阻相对变化与应变成正比，即 K 为常数。通常金属丝的 $K = 1.7 \sim 3.6$。表达式（1-4）可写成

$$\frac{\Delta R}{R} = K\varepsilon \tag{1-5}$$

2. 电阻应变片的结构与分类

1）电阻应变片的结构

电阻应变片的结构形式很多，但其主要组成部分基本相同。图 1-9 给出了金属电阻应变片的结构及组成。

电阻应变片通常用高电阻率的电阻丝制成。为了获得高阻值，将电阻丝排列成栅状，称为敏感栅，并粘贴在绝缘的基片上，电阻丝的两端焊接引线。敏感栅上粘贴保护用的覆盖层。

（1）敏感栅：电阻应变片中实现应变到电阻转换的敏感元件。通常由直径为 $0.015 \sim 0.05$ mm 的金属丝绕成栅状或用金属箔腐蚀成栅状。图 1-9 中，L 表示栅长，b 表示栅宽，

其电阻值一般在 100 Ω 以上。

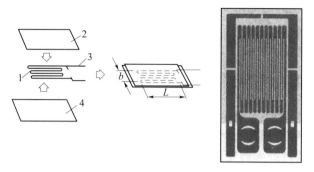

图 1-9　金属电阻应变片的结构及组成

1—敏感栅；2、4—基底；3—引线

（2）基底：为保持敏感栅固定的形状、尺寸和位置，通常用黏结剂将其固定在纸质或胶质的基底上，基底起着把试件应变准确传递给敏感栅的作用。为此，基底必须很薄，一般为 0.02~0.04 mm。

（3）引线：引线起着敏感栅与测量电路之间的过渡连接和引导作用，通常取直径为 0.1~0.15 mm 的低阻镀锡铜线，并用钎焊与敏感栅端连接。

（4）盖层：用纸、胶做成覆盖在敏感栅上的保护层，起着防潮、防蚀、防损等作用。

（5）黏结剂：在制造电应变片时，用它分别把盖层和敏感栅固结于基底，起着传递应变的作用。

2）电阻应变片的分类

电阻应变片有丝式、箔式和薄膜式三种类型，如图 1-10 所示。

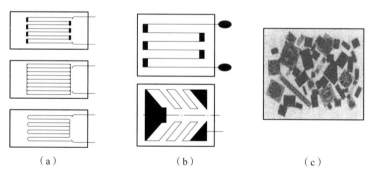

（a）　　　　　　　　（b）　　　　　　　　（c）

图 1-10　电阻应变片的三种类型

（a）丝式；（b）箔式；（c）薄膜式

（1）丝式：金属电阻丝（合金，电阻率高，直径约 0.02 mm）粘贴在绝缘基片上，上面覆盖一层薄膜，变成一个整体。

（2）箔式：利用光刻、腐蚀等工艺制成一种很薄的金属箔栅，厚度一般在 0.003~0.010 mm，粘贴在基片上，上面再覆盖一层薄膜而制成。其优点是表面积和截面积之比大，散热条件好，允许通过的电流较大，可制成各种需要的形状，便于批量生产；缺点是电阻值分散性比金属丝大，需进行阻值调整。常温下金属箔式电阻应变片已逐步取代金属丝式电阻应变片。

（3）薄膜式：薄膜式应变片是薄膜技术发展的产物，是采用真空蒸发或真空沉积等方法，在薄绝缘基片上形成厚度在 0.1 μm 以下的金属电阻材料薄膜的敏感栅，最后加上保护层。其优点是应变灵敏度系数大，允许电流密度大，工作范围广，可达−197~317 ℃；缺点是难以控制电阻与温度和时间的变化关系。

3. 电阻应变片的主要特性

1）刚度

刚度是弹性元件在外力作用下变形大小的量度，一般用 k 表示，即

$$k=\frac{\mathrm{d}F}{\mathrm{d}x} \tag{1-6}$$

式中：F——作用在弹性元件上的外力；

x——弹性元件产生的变形。

2）灵敏度

灵敏度是指弹性元件在单位力作用下产生变形的大小，在弹性力学中称为弹性元件的柔度。它是刚度的倒数，用 K 表示，也称为灵敏度系数，即

$$K=\frac{\mathrm{d}x}{\mathrm{d}F} \tag{1-7}$$

在测控系统中，我们希望 K 是常数。

3）弹性滞后

实际的弹性元件在加载/卸载的正、反行程中，变形曲线是不重合的，这种现象称为弹性滞后现象，它会给测量带来误差。产生弹性滞后的主要原因是弹性元件在工作过程中分子间存在内摩擦。当比较两种弹性材料时，应都用加载变形曲线或都用卸载变形曲线，这样才有可比性。

4）弹性后效

当载荷从某一数值变化到另一数值时，弹性元件不是立即完成相应的变形，而是经一定的时间间隔逐渐完成变形的，这种现象称为弹性后效。由于弹性后效的存在，弹性元件的变形始终不能迅速跟上力的变化，所以在动态测量时将引起测量误差。造成这一现象的原因是弹性元件中的分子间存在内摩擦。

5）固有振荡频率

弹性元件都有自己的固有振荡频率 f_0，它将影响传感器的动态特性。传感器的工作频率应避开弹性元件的固有振荡频率，所以往往希望 f_0 较高，以确保传感器的正常运作。

实际选用或设计弹性元件时，若遇到上述特性矛盾时，则应根据测量的对象和要求综合考虑。

1.3.2　电阻应变片的测量电路

电阻应变片可把机械量变化转换成电阻变化，但电阻变化是很小的，用一般的电子仪表很难直接检测。例如，常规的金属电阻应变片的灵敏度系数 K 值在 1.8~4.8，机械应变

在 $10 \sim 6\,000\,\mu\varepsilon$，相对变化电阻 $\dfrac{\Delta R}{R} = K\varepsilon$ 就比较小。

【例 1-1】 设某被测件在额定载荷下产生的机械应变为 $1\,000\,\mu\varepsilon$，粘贴的电阻应变片阻值 $R = 120\,\Omega$，灵敏度系数 $K = 2$，则其电阻的相对变化为

$$\frac{\Delta R}{R} = K\varepsilon = 2 \times 1\,000 \times 10^{-6} = 0.002 \tag{1-8}$$

电阻变化率仅为 0.2%。这样小的电阻变化，必须用专门的电路才能测量。测量电路把微弱的电阻变化转换为电压的变化，电桥电路就是能进行这种转换的最常用的方法之一。

1. 电阻应变片测量电路的构成

采用直流电桥或交流电桥。电桥是由无源元件电阻 R（或电感 L、电容 C）组成的四端网络。它在测量电路中的作用是将组成电桥各桥臂的电阻 R（或电感 L、电容 C）等参数的变化转换为电压或电流输出，如图 1-11 所示。

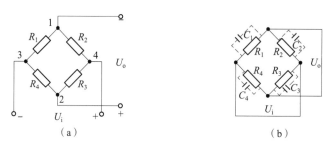

图 1-11　直流电桥和交流电桥

（a）直流电桥；（b）交流电桥

2. 直流电桥

若将组成桥臂的一个或几个电阻换成电阻应变片，就构成了应变片测量的直流电桥。根据接入电阻应变片的数量及电路组成不同，应变片测量电桥可分为以下三种形式：单臂、半桥、全桥。

1）直流电桥的平衡条件

在图 1-12 所示的直流电桥中，大部分电阻应变式传感器的电桥输出端与直流放大器相连，由于直流放大器输入电阻远大于电桥电阻，当 $R_L \to \infty$ 时，电桥输出电压为

$$U_o = U_{BD} = U_{AB} - U_{AD} = \frac{R_1}{R_1 + R_2} \cdot E - \frac{R_3}{R_3 + R_4} \cdot E = \frac{R_1 R_4 - R_2 R_3}{(R_1 + R_2)(R_3 + R_4)} E \tag{1-9}$$

当 $R_1 R_4 - R_2 R_3 = 0$，即 $R_1 R_4 = R_2 R_3$ 时，$U_o = 0$，电桥处于平衡状态，$R_1 R_4 = R_2 R_3$ 称为电桥平衡条件。

注意：电桥在测量前应对其调零，以使工作时电桥输出电压只与应变片的电阻变化有关，为得到最大灵敏度，设定初始条件为 $R_1 = R_2 = R_3 = R_4 = R$，此时电桥称为等臂电桥。

2）单臂测量电路

只有一个应变片接入电桥，设 R_1 为接入的应变片，其他三个桥臂保持固定电阻不变，如图 1-13 所示。

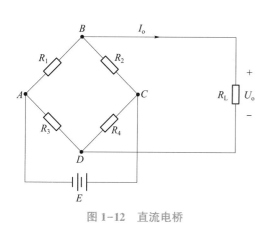

图 1-12　直流电桥

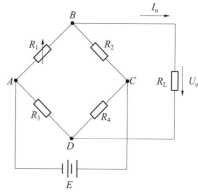

图 1-13　单臂测量电路

应变时，若应变片电阻 R_1 的变化为 ΔR，其他桥臂固定不变，电桥输出电压 $U_o \neq 0$，则电桥不平衡，输出电压为

$$U_o = E\left(\frac{R_1+\Delta R_1}{R_1+\Delta R_1+R_2} - \frac{R_3}{R_3+R_4}\right) = E\frac{\Delta R_1 R_4}{(R_1+\Delta R_1+R_2)(R_3+R_4)} = E\frac{\dfrac{R_4}{R_3}\dfrac{\Delta R_1}{R_1}}{\left(1+\dfrac{\Delta R_1}{R_1}+\dfrac{R_2}{R_1}\right)\left(1+\dfrac{R_4}{R_3}\right)}$$

$$(1-10)$$

设桥臂比 $n = \dfrac{R_2}{R_1}$，由于 $\Delta R_1 < R_1$，分母中 $\Delta R_1 / R_1$ 可忽略，并考虑到平衡条件 $\dfrac{R_2}{R_1} = \dfrac{R_4}{R_3}$，则上式可写成

$$U_o = \frac{n}{(1+n)^2}\frac{\Delta R_1}{R_1}E \qquad\qquad (1-11)$$

电桥电压灵敏度定义为

$$K_U = \frac{U_o}{\dfrac{\Delta R_1}{R_1}} = \frac{n}{(1+n)^2}E$$

电桥电压灵敏度 K_U 正比于电桥供电电压 E，E 越高，K_U 越高，但供电电压的提高受到应变片允许功耗的限制，所以要适当选择桥臂比 n，保证电桥具有较高的电压灵敏度。当 $n=1$ 时，K_U 为最大值，即在供桥电压 E 确定后，当 $R_1 = R_2 = R_3 = R_4 = R$ 时，电桥电压灵敏度最高，此时有

$$U_o = \frac{E}{4}\frac{\Delta R_1}{R_1} = \frac{E \cdot \Delta R}{4R} = \frac{E}{4}K\varepsilon \qquad\qquad (1-12)$$

$$K_U = \frac{E}{4} \qquad\qquad (1-13)$$

3）半桥测量电路

有两只相同型号的应变片接入电桥，并作为相邻两臂，在试件上安装两个工作应变片，一个受拉应变，一个受压应变，接入电桥相邻桥臂，如图 1-14 所示。

该电桥输出电压为

$$U_o = \left(\frac{\Delta R_1 + R_1}{R_1 + \Delta R_1 + R_2 - \Delta R_2} - \frac{R_3}{R_3 + R_4} \right) \cdot E \qquad (1\text{-}14)$$

若 $\Delta R_1 = \Delta R_2$，$R_1 = R_2$，$R_3 = R_4$，则得

$$U_o = \frac{E}{2} \frac{\Delta R_1}{R_1} = \frac{E}{2} K \varepsilon$$

由此可知：U_o 与 $\Delta R_1 / R_1$ 呈线性关系，无非线性误差，而且电桥电压灵敏度 $K_U = \dfrac{E}{2}$，是单臂工作时的 2 倍。

4）全桥测量电路

电桥的四个桥臂均接入应变片，两个受拉应变，两个受压应变，应变符号相反，将两个应变符号相同的接入相对桥臂上，组成两对差动，如图 1-15 所示。

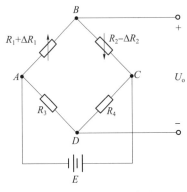

图 1-14　半桥测量电路

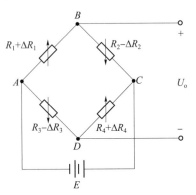

图 1-15　全桥测量电路

该电桥输出电压为

$$U_o = \frac{(R_1 + \Delta R_1)(R_4 + \Delta R_4) - (R_2 - \Delta R_2)(R_3 - \Delta R_3)}{(R_1 + \Delta R_1 + R_2 - \Delta R_2)(R_3 - \Delta R_3 + R_4 + \Delta R_4)} E \qquad (1\text{-}15)$$

由于变形程度相同，$\Delta R_1 = \Delta R_2 = \Delta R_3 = \Delta R_4$，且 $R_1 = R_2 = R_3 = R_4 = R$，则可推出

$$U_o = E \frac{\Delta R}{R}, \quad K_U = E \qquad (1\text{-}16)$$

由此可知：全桥测量电路不仅没有非线性误差，而且电压灵敏度为单臂工作时的 4 倍。

3. 电阻应变片的温度误差及补偿

1）电阻应变片的温度误差

用作测量应变的金属应变片，希望其阻值仅随应变变化，而不受其他因素的影响。实际上应变片的阻值受环境温度（包括被测试件的温度）影响很大。由于测量现场环境温度的改变而给测量带来的附加误差，称为电阻应变片的温度误差。因环境温度改变而引起电阻变化的两个主要因素：其一是应变片的电阻丝具有一定的温度系数；其二是电阻丝材料与测试材料的线膨胀系数不同。

2）电阻应变片的温度补偿

电阻应变片的温度补偿方法通常有线路补偿和应变片自补偿两大类。

（1）线路补偿法。

电桥补偿是最常用且效果较好的线路补偿。图1-16（a）是电桥补偿法的工作原理。测量应变时，工作应变片 R_1 粘贴在被测试件表面上，补偿应变片 R_B 粘贴在与被测试件材料完全相同的补偿块上，且仅工作应变片承受应变，如图1-16（b）所示。在不测量应变时电路成平衡状态，即

$$R_1R_3 = R_4R_B \qquad (1-17)$$

当温度升高或降低 $\Delta t = t - t_0$ 时，两个应变片因温度而引起的电阻变化量相等，电桥仍处于平衡状态，即

$$(R_1 + \Delta R_{1t})R_3 = (R_B + \Delta R_{Bt})R_4 \qquad (1-18)$$

应当指出，若要实现完全补偿，上述分析过程必须满足以下4个条件：

①在应变片工作过程中，保证 $R_3 = R_4$。

②R_1 和 R_B 两个应变片应具有相同的电阻温度系数 α、线膨胀系数 β、灵敏系数 K 和初始电阻值 R_0。

③粘贴补偿片的补偿块材料和粘贴工作片的被测试件材料必须一样，两者线膨胀系数相同。

④两应变片应处于同一温度场。

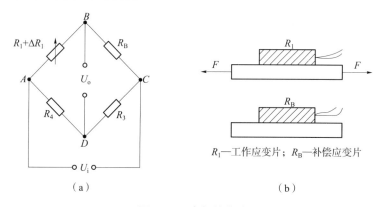

图1-16 电桥补偿法
（a）工作原理；（b）工作应变片和补偿应变片

（2）应变片自补偿法。

这种温度补偿法是利用自身具有温度补偿作用的应变片（称为温度自补偿应变片）来补偿的。根据温度自补偿应变片的工作原理，要实现温度自补偿，必须有

$$\alpha_0 = -K_0(\beta_g - \beta_s) \qquad (1-19)$$

上式表明，当被测试件的线膨胀系数 β_g 已知时，如果合理选择敏感栅材料，即其电阻温度系数 α_0、灵敏度系数 K_0 以及线膨胀系数 β_s，满足式（1-19），则不论温度如何变化，均有 $\dfrac{\Delta R_t}{R_0} = 0$，从而达到温度自补偿的目的。

1.3.3 电阻应变片的选择、安装与保护

应变片的选择，应根据实验环境、应变性质、应变梯度及测量精度等因素来决定。

1. 测量环境

测量时应根据构件的工作环境温度选择合适的应变片，使在给定的实验温度范围内，应变片能正常工作。潮湿对应变片性能影响极大，会使其出现绝缘电阻降低、黏结强度下降等现象，严重时将无法进行测量。因此，在潮湿环境中，应选用防潮性能好的胶膜应变片，如酚醛—缩醛、聚酯胶膜应变片等，并采取有效的防潮措施。

应变片在强磁场作用下，敏感栅会伸长或缩短，影响应变片产生输出。因此，敏感栅材料应采用磁致伸缩效应小的镍铬合金或铂钨合金。

2. 应变性质

对于静态应变测量，温度变化是产生误差的重要原因，如有条件，可针对具体试件材料选用温度自补偿应变片。对于动态应变测量，应选用频率响应快、疲劳寿命高的应变片，如箔式应变片。

3. 应变梯度

应变片测出的应变值是应变片栅长范围内分布应变的平均值，要使这一平均值接近于测点的真实应变，在均匀应变场中，可以选用任意栅长的应变片，对测试结果无直接影响；在应变梯度大的应变场中，应尽量选用栅长较短的应变片；当应变梯度垂直于所贴应变片的轴线时，应选用栅宽较窄的应变片。

4. 测量精度

一般认为以胶膜为基底、以铜镍合金和镍铬合金材料为敏感栅的应变片性能较好，它具有精度高、长时间稳定性好以及防潮性能好等优点。

电阻应变片在常温下安装，通常采用粘贴方法。应变片粘贴操作过程如下：

（1）检查和分选应变片。

应变片粘贴前应对应变片进行外观检查和阻值测量。检查应变片敏感栅有无锈斑，基底和盖层有无破损，引线是否牢固等。阻值测量的目的是检查应变片是否有断路、短路情况，并按阻值进行分选，以保证使用同一温度补偿片的一组应变片的阻值相差不超过 $0.1\ \Omega$。

（2）粘贴表面的准备。

首先除去粘贴在构件（或试件）表面的油污、漆、锈斑、电镀层等，用砂布交叉打磨出细纹，以增加黏结力，接着用浸有酒精（或丙酮）的脱脂棉球擦洗，并用钢划针划出贴片定位线，再用细砂布轻轻磨去划线毛刺，然后再进行擦洗，直至棉球上不见污迹。

（3）贴片。

黏结剂不同，应变片粘贴的过程也不同。以氰基丙烯酸酯黏结剂 502 胶为例，在应变片基底底面涂上 502 胶（挤上一小滴 502 胶即可），立即将应变片底面向下放在被测位置上，并使应变片轴线对准定位线，然后将氟塑料薄膜盖在应变片上，用手指揉和滚压挤出多余的胶，然后手指静压一分钟，使应变片与被测件完全黏合后再放开，从应变片无引线的一端向有引线的一端揭掉氟塑料薄膜。

（注意：502 胶不能用得过多或过少，过多使胶层太厚影响应变片测试性能，过少则黏结不牢不能准确传递应变，也影响应变片测试性能。此外，小心不要被 502 胶粘住手指，如被粘住可用丙酮泡洗）

（4）固化。

贴片时最常用的是氰基丙烯酸酯黏结剂（如 502 胶水、501 胶水）。用它贴片后，只要在室温下放置数小时即可充分固化，而具有较强的黏结能力。对于需要加温加压固化的黏结剂，应严格按黏结剂的固化规范进行。

（5）测量导线的焊接与固定。

待黏结剂初步固化以后，即可焊接导线。常温静态应变测量时，导线可采用 $\phi 0.1 \sim 0.3$ mm 的单丝包铜线或多股铜芯塑料软线。

导线与应变片引线之间的连接最好使用接线端子片，如图 1-17 所示。接线端子片是用敷铜板腐蚀而成的。接线端子片应粘贴在应变片引线端附近，将应变片引线与导线都焊在接线端子片上。常温应变片均用锡焊。为了防止虚焊，必须除尽焊接端的氧化皮、绝缘物，再用酒精等溶剂清洗，并且焊接要准确迅速，焊点要丰满光滑，不带毛刺。

已焊好的导线应在试件上沿固定，固定的方法有用胶布或用胶（如用 502 胶）等。

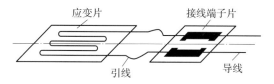

图 1-17　导线与应变片引线之间的连接

（6）检查。

对已充分固化并已连接好导线的应变片，在正式使用前必须进行质量检查。除对应变片做外观检查外，还应检查应变片是否粘贴良好、贴片方位是否正确、有无短路和断路、绝缘电阻是否符合要求等。

（7）防护。

对安装后的应变片，应采取有效的防潮措施。

防潮剂应具有良好的防潮性，对被测件表面和导线有良好的黏力；弹性模量低，不影响被测件的变形；对黏结剂无损坏作用，对应变片无腐蚀作用；使用工艺简单。

防护方法的选择取决于应变片的工作条件、工作期限及所要求的测量精度。对于常温应变片，常采用硅橡胶密封防护方法。这种方法是用硅橡胶直接涂在经清洁处理过的应变片及其周围，在室温下经 $12 \sim 24$ h 固化，放置时间越长，固化越好。硅橡胶使用方便、防潮性能好、附着力强、储存期长、耐高低温、对应变片无腐蚀作用，但黏结强度较低。

1.4　实践操作

1.4.1　接线

按照称重传感器实验接线图（见图 1-8）完成设备连接。

1.4.2　称重显示器标定设置

本次标定只设定称重标准，出厂已经完成标定。

称重标准设置如下：显示屏首次"E001"不需要修改，按【输入】键进入下一步；"dc 2"不需要修改，表示显示两位小数点位数，按【输入】键进入下一步；"F030.00"需要修改，按【除皮】键和【置零】键进行修改，改为"F100.00"，表示满值100 kg，按【输入】键进入下一步；"r0"按【除皮】键进行修改，改为"r2"，按【输入】键进入下一步；"P000.00"按【除皮】键和【置零】键进行修改，改为"P100.00"，表示称重传感器（也就是SQB 100 kg）最大称重100 kg，按【输入】键进入下一步；"C00000"按【除皮】键和【置零】键进行修改，改为"C20000"，表示称重传感器（也就是SQB 100 kg）灵敏度为2.0 mV/V，按【输入】键进入下一步；"t0"按【除皮】键进行修改，改为"t1"，表示称重传感器（也就是SQB 100 kg）输入秤台净重，我们放置一个砝码，按【输入】键进入下一步；"L000.00"按【除皮】键和【置零】键进行修改，改为"L***.**"，表示称重传感器（也就是SQB 100 kg）上面放置的砝码的数值，单位是kg，按【输入】键。现在可以称重显示砝码的实际数值。

1.4.3　称重显示器RS485设置

所有产品已经完成RS485设置，接下来完成配置的是RS485，通信地址1，通信方式为Modbus-RTU通信协议，奇偶校验无校验，模拟量4~20 mA；打印单位kg。

同时按【F】和【置零】键进入参数设置选择，"SET 0"按【除皮】键进行修改，改为"SET 1"，按【输入】键进入下一步；"H 1111"可以默认设置不修改，表示可进行RS485通信和RS232通信以及大屏幕和模拟量，我们实验中用到的是RS485通信和模拟量，按【输入】键进入下一步；"n 421"默认，按【输入】键进入下一步；"FLt 2"默认，按【输入】键进入下一步；"Adr001"按【除皮】键和【置零】键可进行修改，表示RS485通信地址01，按【输入】键进入下一步；"b1 1"按【除皮】键和【置零】键可进行修改，表示RS485通信波特率9 600，按【输入】键进入下一步；"t1 0"按【除皮】键和【置零】键可进行修改，改为"t1 3"，表示称重显示器使用RS485通信方式MODBUS-RTU通信协议，按【输入】键进入下一步；"P 0"按【除皮】可进行修改，表示称重显示器使用R485通信奇偶校验无校验，按【输入】键进入下一步；"b2 1"默认，按【输入】键进入下一步；"t2 1"默认，按【输入】键进入下一步；"AtP 1"默认，按【输入】键进入下一步；"Unit 0"默认，按【输入】键进入下一步；"F 0"默认，按【输入】键进入下一步；"Z000.00"默认，表示模拟输出零点对应质量，按【输入】键进入下一步；"A030.00"按【除皮】键和【置零】键修改，表示模拟输出满量程对应质量，本项目默认，按【输入】键进入下一步；"L12520"默认，按【输入】键进入下一步；"H62590"默认，按【输入】键进入下一步，修改完成。

模拟输出满量程对应质量可以进行修改，设定值越大，显示值越不明显；设定值越小，显示值越明显。因此，本项目就设置为30 kg，方便RS485和模拟量输出数值变化。

1.4.4　网络图

本次项目如果使用台式电脑，可以在设备下方的电源明盒中的网口连接。本实验PLC网口连接的是背后的交换机，电源明盒内部连接的也是背后的交换机。如果使用台式电脑，可以使用直流电源模块中网络接口网线连接，如图1-18所示。

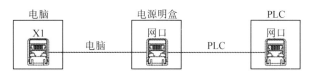

图 1-18 网络接口

1.4.5 设备组态

打开博图软件，双击创建新项目——创建——设备与网络——添加新设备；双击 6ES7215-1AG40-0XB0；双击"设备组态"选项，添加 6ES7241-1CH32-0XB0、6ES7234-4HE32-0XB0 以及 6ES7278-4BD32-0XB0。

双击"设备组态"选项，双击 6ES7215-1AG40-0XB0 图案，查看属性 PROFINET 接口 [X1] ——以太网地址——IP 协议——IP 地址：192.168.1.1，将 IP 地址修改为 192.168.1.＊＊＊，如图 1-19 所示。

图 1-19　以太网地址设置

单击"系统和时钟存储器"选项，勾选"启用系统存储器字节"和"启用时钟存储器字节"，如图 1-20 所示。

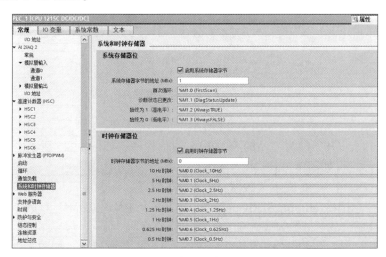

图 1-20　系统和时钟存储器设置

　　双击"设备组态"选项，双击 6ES7241-1CH32-0XB0 图案，查看属性——RS422/485 接口，如图 1-21 所示。

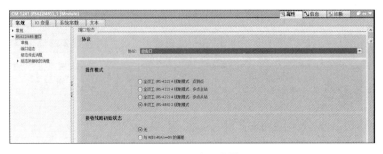

图 1-21　端口设置

　　根据设置的称重显示器参数，波特率 9 600，无奇偶校验，可以查看 RS485 断路里面的参数，如图 1-22 所示。

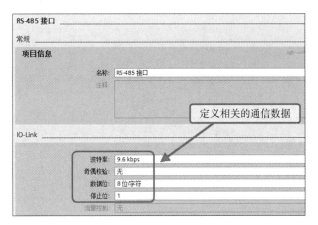

图 1-22　通信数据定义

　　双击"设备组态"选项，双击 6ES7241-1CH32-0XB0 图案，查看属性——系统常数，查看硬件标识符：269，如图 1-23 所示。

图 1-23　系统常数设置

　　编写 MODBUS 主站程序，如图 1-24 所示。

　　打开主站 PLC，开始编写主站的 MODBUS 通信程序，如图 1-25 所示。

　　打开 OB1 后进行如图 1-26 所示的操作。

　　MODE：读/写指令，0 表示读数据；1 表示写数据。

　　注意：不要忘记将 MB_MASTER 的背景 DB 填写到 MB_COMM_LOAD 指令的"MB_DB"针脚。

　　实验程序中，269 是 CM1241 的硬件标识符，9 600 是波特率，如图 1-27 所示。

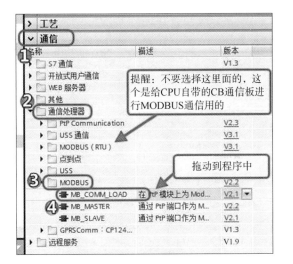

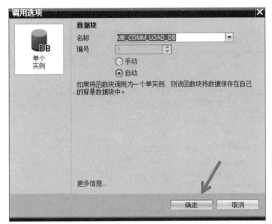

图 1-24 MODBUS 主站程序设置

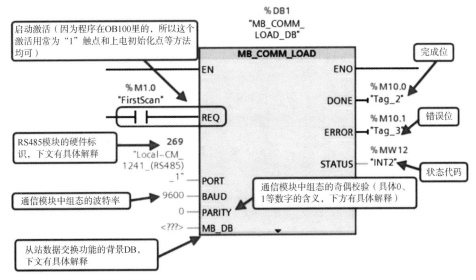

图 1-23 MODBUS 通信程序参数设置

项目 1 电阻式传感器及其应用

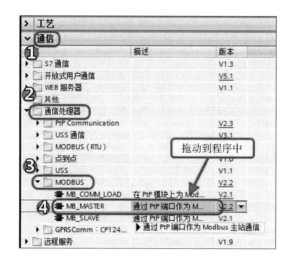

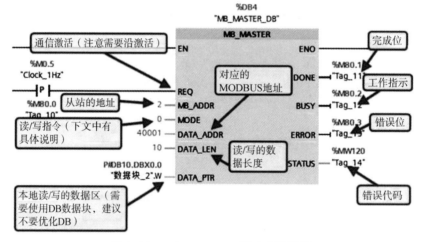

图 1-26　MODBUS OB1 程序参数设置

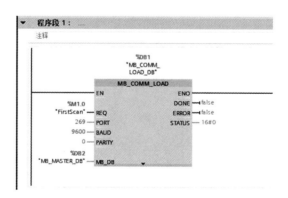

图 1-27　实验程序

　　添加新监控表，双击新建的监控表，地址输入 MD10-46，显示格式根据输入寄存器变量类型来输入，如图 1-28 所示。

输入寄存器（只读，R）（地址不连续时不能用连续读）

地址	变量	说明
0	净重（32 位有符号整数）	
2	毛重（32 位有符号整数）	
4	皮重（32 位有符号整数）	
6	净重（浮点数）	
8	毛重（浮点数）	
10	皮重（浮点数）	
12	通道 1 累计质量（浮点数）	

	i	名称	地址	显示格式	监
1			%MD10	带符号十进制	
2			%MD14	带符号十进制	
3			%MD18	带符号十进制	
4			%MD22	浮点数	
5			%MD26	浮点数	
6			%MD30	浮点数	
7			%MD34	浮点数	

图 1-28　监控表

单击  选项，单击 按钮，下载。

单击 转至在线，单击 Main [OB1]，单击 按钮，单击 M5.0 选项，修改——修改为 1，单击新建的监控表，单击 按钮，将需要检测的工件放置在传感器检测位上，可以监视 MW10~30 的值。可以查看毛重和皮重，也就是 MD22 和 MD26 的值，表示称重 1.6 kg，如图 1-29 所示。

	i	名称	地址	显示格式	监视值
1			%MD10	带符号十进制	160
2			%MD14	带符号十进制	160
3			%MD18	带符号十进制	0
4			%MD22	浮点数	1.6
5			%MD26	浮点数	1.6
6			%MD30	浮点数	0.0

图 1-29　实验参数监控表

双击"设备组态"选项，双击 6ES7234-4HE32-0XB0 图案，属性——AI 4/AQ 2——模拟量输入——通道 0。测量类型：电流；电流范围：4~20 mA，如图 1-30 所示。

添加新监控表，双击新建的监控表，地址输入 IW96，显示格式：带符号十进制，如图 1-31 所示。

模拟量程序。IW96 表示称重显示器模拟量读值，因为模拟量初始值为 102~110，所以先减去 102，如图 1-32 所示。

图 1-30 模拟量参数设置表

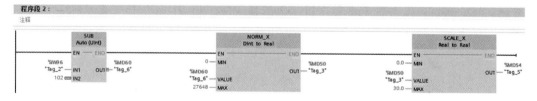

图 1-31 模拟量参数监控表

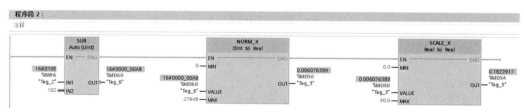

图 1-32 模拟量程序

单击 选项，单击 按钮，下载。

单击 转至在线 按钮，单击新建的监控表，单击 按钮，查看程序，如图 1-33 所示。

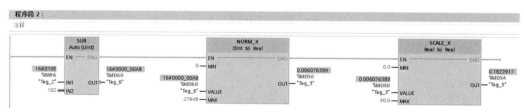

图 1-33 在线程序

称重传感器不放置东西，现在查看 IW96，每个称重显示器模拟量读值 IW96 初始会有 100 左右的偏差，可以在程序上进行修正。模拟量参数监视值如图 1-34 所示。

	i	名称	地址	显示格式	监视值
15		"Tag_2"	%IW96	带符号十进制	106

图 1-34　模拟量参数监视值

1.5　综合评价

各小组展示实验结果，介绍任务的完成过程并提交阐述材料，进行学生自评、学生小组内互评、教师评价，并完成表 1-2。

表 1-2　考核评价表

评价项目	评价内容	分值	自评 20%	互评 20%	教评 60%	合计
职业素养 40分	爱岗敬业，安全意识、责任意识、服从意识	10				
	积极参加任务活动，完成实训内容	10				
	团队合作、交流沟通能力，集体主义精神	10				
	劳动纪律	5				
	现场"6S"标准，行为规范	5				
专业能力 50分	专业资料检索能力，分析能力	10				
	制订计划能力，严谨认真	10				
	操作符合规范，精益求精	10				
	工作效率，分工协作	5				
	任务验收质量，质量意识	15				
创新能力 10分	创新性思维和活动	10				
合计		100				

1.6　知识拓展

1.6.1　电阻式传感器的其他应用

1. 应变式容器内液体质量传感器

图 1-35 应变式液体质量传感器示意图。该传感器有一根传压杆，上端安装微压传感器，为了提高灵敏度，共安装了两只。下端安装感应膜，感应膜感受上面液体的压力。当容器中溶液增多时，感应膜感受的压力就增大。将上面两个传感器电桥接成正向双电桥电路，此时输出电压为

$$U_o = U_1 - U_2 = (K_1 - K_2)h\rho g \tag{1-20}$$

式中：K_1、K_2——传感器传输系数。

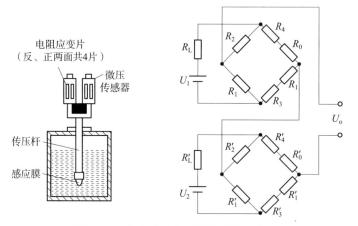

图 1-35　应变式液体质量传感器示意图

由于 $h\rho g$ 表征感应膜上面液体的质量，对于等截面的柱式容器，有

$$h\rho g = \frac{Q}{A} \tag{1-21}$$

式中：Q——容器内感应膜上面溶液的质量；

　　　A——柱式容器的截面积。

两个微压传感器的电桥接成正向串接的双电桥电路，电桥输出电压与柱式容器内感应膜上面溶液的质量呈线性关系，因此可测量容器内储存的溶液质量。

将式（1-20）和式（1-21）联立，得到容器内感应膜上面溶液质量与电桥之间的关系式为

$$U_o = \frac{(K_1 - K_2)Q}{A} \tag{1-22}$$

式（1-22）表明，电桥输出电压与柱式容器内感应膜上面溶液的质量呈线性关系，

因此，此方法可以测量容器内储存的溶液质量。

2. 应变式加速度传感器

应变式加速度传感器主要用于物体加速度的测量，其工作原理为物体运动的加速度与作用在它上面的力成正比，与物体的质量成反比，即

$$a = F/m$$

图 1-36 是应变式加速度传感器结构示意图，等强度梁的自由端安装质量块，另一端固定在壳体上，等强度梁上粘贴 4 个应变电阻，壳体内充满硅油，产生必要阻尼。

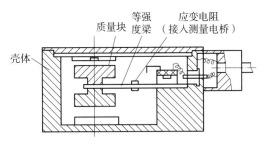

图 1-36　应变式加速度传感器结构示意图

当壳体与被测物体一起做加速度运动时，梁在质量块的惯性作用下做反方向运动，使梁体发生形变，粘贴在梁上的应变片阻值发生变化，通过测量阻值的变化求出待测物体的加速度。应变式加速度传感器不适用于频率较高的振动和冲击场合，一般适用频率为 10~60 Hz。

1.6.2　半导体压阻式传感器

1. 半导体压阻效应

半导体单晶硅材料在受到外力作用下，会产生极微小应变，其原子结构内部的电子能级状态发生变化，导致电阻率剧烈的变化。半导体材料的电阻率随作用力变化而发生变化的现象称为压阻效应。半导体应变片就是用半导体材料制成的，其工作原理基于半导体材料的压阻效应。当半导体应变片受轴向力作用时，其电阻相对变化为

$$\frac{\mathrm{d}R}{R} = (1+2\mu)\varepsilon + \frac{\mathrm{d}\rho}{\rho} \tag{1-23}$$

式中：$\mathrm{d}\rho/\rho$——半导体应变片的电阻率相对变化量，其值与半导体敏感元件在轴向所受的应变力有关，其关系式为

$$\frac{\mathrm{d}\rho}{\rho} = \pi\sigma = \pi E\varepsilon \tag{1-24}$$

式中：π——半导体材料的压阻系数；

σ——半导体材料所受的应变力；

E——半导体材料的弹性模量；

ε——半导体材料的应变。

将式（1-24）代入式（1-23），并写成增量形式，可得

$$\frac{\mathrm{d}R}{R} = \left[\pi E + (1+2\mu)\right]\varepsilon = K_s\varepsilon \tag{1-25}$$

式中：$K_s = \pi E + (1+2\mu)$——半导体材料的应变灵敏度系数。

实验证明，πE 比 $1+2\mu$ 大上百倍，所以 $1+2\mu$ 可以忽略，因而引起半导体应变片电阻变化的主要因素是压阻效应，故式（1-25）可近似写成

$$\frac{\mathrm{d}R}{R} \approx \pi E\varepsilon \tag{1-26}$$

半导体应变片的灵敏度系数比金属丝式的高 50~80 倍，但半导体材料的温度系数大，应变时非线性比较严重，因此应用范围受到一定的限制。

半导体应变片结构和实物如图 1-37 所示。它的使用方法与丝式的电阻应变片相同，即粘贴在被测物体上，随被测物体的应变，其电阻发生相应的变化。

图 1-37　半导体应变片结构和实物

（a）半导体应变片结构；（b）半导体应变片实物

半导体应变片的优点是体积小、灵敏度高、频率响应范围宽、输出幅值大、无须放大器，以及可直接与记录仪连接且测量系统简单。

用半导体应变片测量应变或应力时，在外力作用下，当被测对象产生应变（或应力）时，应变片随之发生相同的变化，同时应变片电阻值也发生相应变化。当测得的应变片电阻值变化量为 ΔR 时，便可得到被测对象的应变值，根据应变与应变力的关系，得到应变力为

$$\sigma = E\varepsilon \tag{1-27}$$

由此可知，应变力 σ 正比于应变 ε，而试件应变 ε 正比于电阻值的变化，所以应变力 σ 正比于电阻值的变化，这就是利用半导体应变片测量应变的基本原理。

2. 半导体压阻式传感器的工作原理与结构

半导体压阻式传感器是利用半导体的压阻效应和集成电路技术制成的新型传感器。由于它没有可动部分，所以有时也称为固态传感器。它是利用半导体集成工艺中的扩散技术，将 4 个半导体应变电阻制作在同一硅片上，所以工艺一致性很好，具有易于微型化、灵敏度高、测量范围宽、频率响应好、精度高和便于批量生产等特点。由于半导体压阻式传感器克服了电阻应变片存在的问题，并能将电阻条、补偿线路、信号转换电路集成在一块硅片上，甚至将计算机处理电路和传感器集成在一起，制成智能型传感器，因此得到广泛应用。

半导体压阻式压力传感器由外壳、硅膜片和引线等组成，内部结构如图 1-38（a）所

示。其核心是正方形的硅膜片，硅膜片两边有两个压力腔，一个是和被测压力相连接的高压腔，另一个是和大气相通的低压腔。它的进气孔用柔性不锈钢隔离膜片隔离，并用硅油传导压力。硅杯不与液体相通，耐腐蚀。将芯片封接在传感器的壳体内，再连接引线就制成了典型的压阻式传感器。硅膜片芯体结构如图 1-38（b）所示，通常选用 N 型硅晶片作硅膜片，在它上面利用集成电路工艺制作了 4 个阻值相等的电阻，电阻之间利用面积较大、阻值较小的扩散电阻(图中阴影区)作为引线连接构成全桥电路，如图 1-38（c）所示。当受到压力作用时，电桥失去平衡，输出一个与压力成正比的电压。

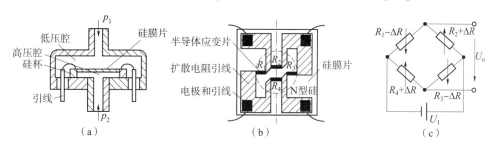

图 1-38　半导体压阻式压力传感器结构示意图
（a）部结构结构；（b）全桥片芯体结构；（c）全桥电路

思考与练习

1. 在电工电子技术课程中我们学习过电阻定理的内容 $R=\rho\dfrac{L}{S}=\rho\times\dfrac{L}{\pi R^2}$，其中三个自变量分别是什么含义呢？

2. 什么是电阻应变效应？举例说明电阻应变效应的应用情况。

3. 分析电阻应变片与半导体应变片的异同点。

4. 汽车安全带能有效地减少交通事故中人员伤亡的概率，当有人坐在驾驶座上时，不系安全带，汽车就会发出报警（见图 1-39），试分析一下这是什么原理？

图 1-39　4 题图

5. 电阻应变式传感器的选型。根据图 1-40，完成下题：

（1）识别五种结构的传感器类型：轮辐式力传感器、S形力传感器、剪切梁式力传感器、弯曲梁式力传感器、柱式力传感器；

（2）以小组讨论的方式，明确五种类型传感器的特点，探讨怎么选择；

（3）记录并总结讨论结果。

图1-40　5题图

知识目标	1. 了解位移测量的基本方法和位移传感器类型。 2. 掌握电感式传感器的工作原理、基本特性和结构类型。 3. 掌握电感式传感器的测量电路及应用。 4. 掌握电涡流式传感器的工作原理、主要特性、测量电路和典型应用。 5. 根据需要选择合适的位移传感器进行测量电路设计
技能目标	掌握电感式传感器的识别、选用和检测方法
素质目标	1. 提高学生分析问题和解决问题的能力。 2. 培养学生的沟通能力及团队协作精神

　　在机械行业中，轴承是重要的标准零件之一，其质量在一定程度上影响整个机械系统的性能。实际生产中，轴承直径测量如图 2-1 所示，因为数量较大，人工测量的方法测量精度低，随机误差大，检测结果较不稳定，自动化程度低，工人劳动强度大，已不能满足高精度测量的要求。世界上第一台金属探测器诞生于 1960 年，工业时代最初的金属探测器主要应用于矿业，是检查矿物纯度、提高工作效率的得力助手。随着社会的发展、犯罪案件的增加，金属探测器被引入一个新的应用领域——安全检查。金属探测器如图 2-2 所示。

图 2-1　轴承直径测量

图 2-2　金属探测器

2.1　项目描述

电感式传感器是利用电磁感应原理，将被测非电量转换成线圈自感量或互感量的变化，进而由测量电路转换为电压或电流的变化量输出的一种装置。电感式传感器种类很多，主要有自感式、互感式和电涡流式三种，可用来测量位移、压力、流量、振动、速度等。电感式传感器结构简单、工作可靠、抗干扰能力强、测量精度高、零点稳定、对工作环境要求不高、寿命长、分辨率较高、输出功率大，但自身频率响应低，不适用于快速动态测量和分辨率低的应用场合。

接近式传感器是一种具有感知物体接近能力的器件，它利用位移传感器对接近的物体具有敏感特性来识别物体的接近，并输出相应开关信号，因此，通常又把接近式传感器称为接近开关。它是代替开关等接触式检测，以无须接触被检测对象为目的的传感器的总称，它能检测对象的移动和存在信息并转化成电信号。本项目利用智能传感器综合实训平台，完成电感式接近开关实验。通过本次实验并结合 PLC（S7-1200），学生可了解电感式接近开关的基本知识以及安装接线、工作原理等知识。

2.2　项目准备

2.2.1　实训设备

智能传感器综合实训平台是集传感器选型、接线与功能应用为一体的综合实训平台，主要由电阻式、电容式、电磁式、电感式、光电式、温度、流量、压力、激光、安全光幕、安全门开关、RFID、绝对式编码器、增量式编码器、位移编码器等传感器组成。本项目所需实训设备如表 2-1 所示。

表 2-1　本项目所需实训设备

序号	设备名称	型号规格	代号
1	智能传感器综合实训平台	PCG01	—
2	可编程控制器	6ES7215-1AG40-0XB0	PLC
3	电感式传感器	E2B-M12KN08-WZ-C1	B2
4	编程软件—博途	TIA V16	
5	迷插头对	KT3ABD53 红（1 m）/3 根	—
6	迷插头对	KT3ABD53 蓝（1 m）/2 根	—
7	迷插头对	KT3ABD53 绿（1 m）/1 根	—
8	迷插头对	KT3ABD53 黑（1 m）/1 根	—
9	网线	—	—

2.2.2 电感式接近开关

电感式接近开关如图2-3所示，PNP、NPN型传感器接线图如图2-4所示，电感式传感器实验接线图如图2-5所示。

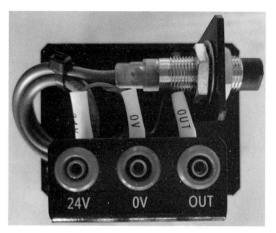

图 2-3 电感式接近开关

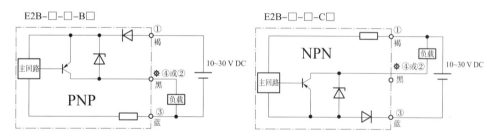

图 2-4 PNP、NPN 型传感器接线图

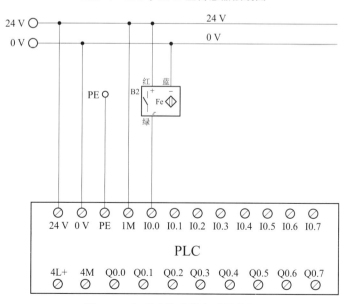

图 2-5 电感式传感器实验接线图

　　电感式传感器根据转换原理，可以分为自感式和互感式两类。按照结构形式，自感式传感器又可分为变气隙式、螺线管式和差动式等结构，互感式传感器也有变气隙式和螺线管式等结构。

　　电感式传感器的能量变换可用图 2-6 表示。由图可见，传感器的核心是将机械能转换为磁场能的部分，机械变化激励形成一个磁场信号，被测对象以机械能的方式调制磁场能，而磁场能则通过测量电路（检测磁场线圈）检出，转换为相应的电信号。据此将电感式传感器分为以下几类：

　　（1）具有气隙的电感式传感器。这类传感器利用铁磁体构成集中的磁路，其磁阻主要在气隙中形成。依据改变气隙磁阻的方法，又可分为变气隙式和变截面积式。同时，还可以依据是否有独立的检测磁场线圈分为自感式和互感式（变压器式）。

　　（2）具有螺线管的电感式传感器。这类传感器具有较长的空气磁路，利用铁芯改变空气磁路的磁阻。同样，在这类传感器中，也有自感式和互感式之分。

　　（3）电涡流传感器。这类传感器没有明确的磁场边界，属于分布参数磁场，利用主磁场和电涡流磁场的互感耦合来改变电感。这类传感器可以看作互感式传感器的一种特殊情况。

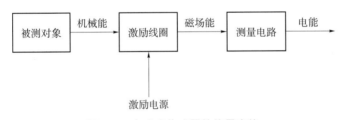

图 2-6　电感式传感器的能量变换

2.3.1　自感式传感器的类型

　　自感式传感器的实质就是一个带气隙的铁芯线圈。它是基于机械量变化会引起线圈磁回路磁阻的变化，从而导致电感量变化这一物理现象制成的。目前常用的自感式传感器有变气隙式、螺线管式、差动式三种类型。自感式传感器如图 2-7 所示。

1. 变气隙式传感器

　　变气隙式传感器，又称闭磁路式传感器，其结构如图 2-8 所示。它由线圈、铁芯（定铁芯）和衔铁（动铁芯）三部分组成。工作时衔铁与被测物体连接，被测物体的位移将引起气隙厚度发生变化。气隙磁阻的变化，导致了线圈电感量的变化。

　　在铁芯和衔铁之间有气隙，气隙厚度为 δ，传感器的运动部分与衔铁相连。当衔铁移动时，气隙厚度 δ 发生改变，引起磁路中磁阻变化，也导致电感线圈的电感量发生变化。因此，只要能测出这种电感量的变化，就能确定衔铁位移量的大小和方向。

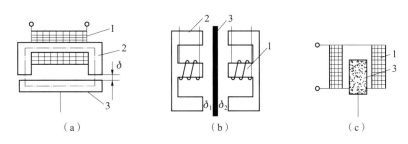

图 2-7　自感式传感器

（a）变气隙式传感器；（b）差动式传感器；（c）螺线管式传感器

1—线圈；2—铁芯；3—衔铁

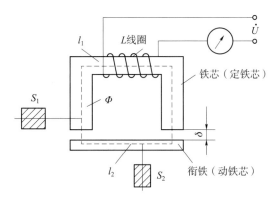

图 2-8　变气隙式传感器的结构

在图 2-8 中，根据电感定义，线圈中电感量关系式为

$$L = \Psi/I = W\Phi/I \tag{2-1}$$

式中：Ψ——线圈总磁链；

　　　I——通过线圈的电流；

　　　W——线圈的匝数；

　　　Φ——穿过线圈的磁通。

由磁路欧姆定律，得 $\Phi = IW/R_m$，可得

$$L = \frac{W^2}{R_m} = \frac{W^2 \mu_0 S_0}{2\delta} \tag{2-2}$$

此式表明，当线圈匝数 W 为常数时，电感量 L 仅仅是磁路中磁阻 R_m 的函数，只要改变气隙厚度 δ 或气隙的截面积 S_0 均可导致电感量变化。因此该类传感器又可分为变 δ 或变 S_0 的变气隙式传感器，使用最广泛的是变 δ 的变气隙式传感器。

当衔铁上移，使气隙厚度减小 $\Delta\delta$ 时，$\delta = \delta_0 - \Delta\delta$，则此时输出电感量为 $L = L_0 + \Delta L$，即

$$L = L_0 + \Delta L = \frac{W^2 \mu_0 S_0}{2(\delta_0 - \Delta\delta)} = \frac{L_0}{1 - \dfrac{\Delta\delta}{\delta_0}} \tag{2-3}$$

当 $\dfrac{\Delta\delta}{\delta_0} \leqslant 1$ 时，$\dfrac{\Delta L}{L_0} = \dfrac{\Delta\delta}{\delta_0}$。

当衔铁下移，使气隙厚度增加 $\Delta\delta$ 时，可以得出同样的结论。

式（2-3）也表明，实际使用的变气隙式传感器与 δ 之间是非线性关系。

变气隙式传感器的测量范围与灵敏度及线性度相矛盾，所以变气隙式传感器用于测量微小位移时是比较精确的。为了减小非线性误差，提高灵敏度，实际测量中广泛采用差动变气隙式传感器。

2. 螺线管式传感器

螺线管式传感器，又称开磁路式传感器，工作行程较大，若取 $L_\delta = 2\ \mathrm{mm}$，则行程为 $0.2\sim0.5\ \mathrm{mm}$。较大行程的位移测量，常利用螺线管式传感器。螺线管式传感器有单线圈和差动两种结构形式。单线圈螺线管式传感器的主要元件为一只螺线管线圈和一根圆柱形铁芯，如图 2-9 所示。传感器工作时，因铁芯在线圈中伸入长度的变化，引起螺线管线圈自感量的变化。当用恒流源激励时，线圈的输出电压与铁芯的位移量有关。螺线管线圈内磁场分布曲线如图 2-10 所示。

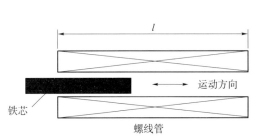

图 2-9　单线圈螺线管式传感器的结构

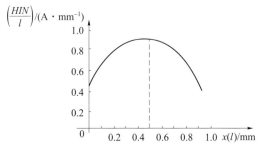

图 2-10　螺线管线圈内磁场分布曲线

铁芯在开始插入（$x=0$）或几乎离开线圈时的灵敏度，比铁芯插入线圈的 1/2 长度时的灵敏度小得多。只有在线圈中段才有可能获得较高的灵敏度，并且有较好的线性特性。

若被测量与伸入长度的变化量 Δl 成正比，则变化的电感量 ΔL 与被测量也成正比。

实际上由于磁场强度分布不均匀，输入量与输出量之间的关系是非线性的。

为了提高灵敏度与线性度，常采用差动螺线管式传感器，其结构如图 2-11 所示。

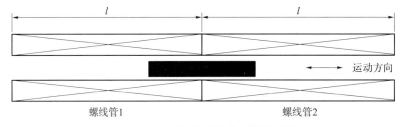

图 2-11　差动螺线管式传感器的结构

图 2-12 为差动螺线管式传感器的磁场分布曲线：$H=f(x)$。曲线表明：为了得到较好的线性度，当铁芯长度取线圈长度的 0.61 倍时，铁芯工作在 H 曲线的拐弯处，此时 H 变化小。这种差动螺线管式传感器的测量范围为 $5\sim50\ \mathrm{mm}$，非线性误差在 0.5% 左右。

综上所述，螺线管式传感器具有以下特点：结构简单，因此制造装配容易；灵敏度低，但线性范围大；易受外部磁场干扰；线圈分布电容大；要求线圈框架尺寸和形状必须稳定。变气隙式和螺线管式传感器的比较，如表 2-2 所示。

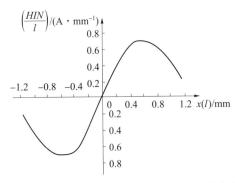

图 2-12　差动螺线管式传感器的磁场分布曲线

表 2-2　变气隙式和螺线管式传感器的比较

项目	变气隙式传感器	螺线管式传感器
灵敏度	高	低
测量上限值/μH	100	60
衔铁自由行程	较小	任意安排
测量误差	3%左右	5%左右
制造装配	困难	方便，批量生产中互换性强
应用	逐渐减少	越来越广

3. 差动式传感器

目前，自感式传感器中普遍使用的是差动技术。差动式传感器有以下优点：线性好；与普通自感式传感器相比，灵敏度提高 1 倍，即衔铁位移相同时输出信号大 1 倍；对一些共模干扰，如温度变化、电源波动、环境噪声对传感器精度的影响，由于能相互抵消而减小；电磁吸力对测力变化的影响也由于能相互抵消而减小。

差动式传感器工作原理及等效电路如图 2-13 所示，差动式传感器由两个相同的电感线圈 L_1、L_2 和衔铁组成。测量时，衔铁通过导杆与被测位移量相连，当被测体上下移动时，导杆带动衔铁也以相同的位移上下移动，衔铁与上下线圈的距离 δ_1、δ_2 一个增大，一个减小，使两个磁路中磁阻发生大小相等、方向相反的变化，导致一个线圈的电感量增加，另一个线圈的电感量减小，形成差动形式。

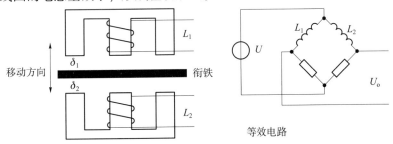

图 2-13　差动式传感器工作原理及等效电路

若将这两个差动线圈分别接入测量电桥邻臂，则当磁路总气隙改变时，自感亦相应变化。差动式传感器电感相对变化量为

$$\frac{\Delta L}{L_0}=2\frac{\Delta\delta}{\delta_0} \tag{2-4}$$

2.3.2　自感式传感器的测量电路

自感式传感器的测量电路有交流电桥式、交流变压器式、谐振式等。其中，交流电桥是自感式传感器的主要测量电路，它的作用是将线圈电感量的变化转换成电桥电路的电压或电流输出。图 2-14 为交流电桥的三种常见形式。为了提高灵敏度、改善线性度，自感线圈一般接成差动形式，如图 2-14（a）所示，把传感器的两个线圈作为电桥的两个桥臂 Z_1、Z_2，另外两个相邻的桥臂用纯电阻 R_1、R_2 代替。此外，也可以是变压器式电桥或紧耦合电感臂电桥。

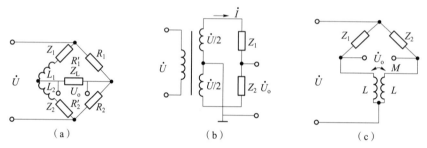

图 2-14　交流电桥的三种常见形式

（a）电阻平衡臂电桥；（b）变压器式电桥；（c）紧耦合电感臂电桥

1. 电阻平衡臂电桥

电阻平衡臂电桥如图 2-14（a）所示。Z_1、Z_2 为传感器阻抗。设 $R'_1=R'_2=R'$，$L_1=L_2=L$，则有 $Z_1=Z_2=Z=R'+j\omega L$，另有 $R_1=R_2=R$。由于电桥工作臂是差动形式，则在工作时，$Z_1=Z+\Delta Z$ 和 $Z_2=Z-\Delta Z$。当 $Z_1\to\infty$ 时，电桥的输出电压为

$$\dot{U}_{\circ}=\frac{Z_1}{Z_1+Z_2}\dot{U}-\frac{R_1}{R_1+R_2}\dot{U}=\frac{2RZ_1-R(Z_1+Z_2)}{2R(Z_1+Z_2)}\dot{U}=\frac{\dot{U}}{2}\cdot\frac{\Delta Z}{Z} \tag{2-5}$$

当 $\omega L\gg R'$ 时，式（2-5）可近似为

$$\dot{U}_{\circ}\approx\frac{\dot{U}}{2}\cdot\frac{\Delta L}{L} \tag{2-6}$$

由式（2-6）可以看出，电阻平衡臂电桥的输出电压与传感器线圈电感量的相对变化量是成正比的。

2. 变压器式电桥

变压器式电桥如图 2-14（b）所示。它的平衡臂为变压器的两个二次绕组，当负载阻抗无穷大时输出电压为

$$\dot{U}_{\circ}=\dot{I}Z_2-\frac{\dot{U}}{2}=\frac{\dot{U}}{Z_1+Z_2}Z_2-\frac{\dot{U}}{2}=\frac{\dot{U}}{2}\frac{Z_2-Z_1}{Z_1+Z_2} \tag{2-7}$$

由于是双臂工作形式，当衔铁下移时，$Z_1=Z-\Delta Z$，$Z_2=Z+\Delta Z$，则有

$$\dot{U}_\circ = \frac{\dot{U}}{2} \frac{\Delta Z}{Z} \qquad\qquad (2\text{-}8)$$

同理，当衔铁上移时有

$$\dot{U}_\circ = \frac{\dot{U}}{2} \frac{\Delta Z}{Z}$$

由式（2-8）可知，输出电压反映了传感器线圈阻抗的变化，由于是交流信号，还要经过适当的电路处理才能判别衔铁位移的方向。

图 2-15 所示为带相敏整流的交流电桥。差动式传感器的两个线圈作为交流电桥相邻的两个工作臂，指示仪表是中心为零刻度的直流电压表或数字电压表。

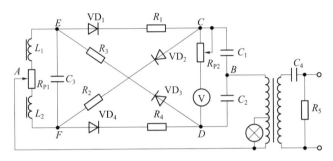

图 2-15　带相敏整流的交流电桥

设差动式传感器的线圈阻抗分别为 Z_1 和 Z_2。当衔铁处于中间位置时，$Z_1 = Z_2 = Z$，电桥处于平衡状态，C 点电位等于 D 点电位，电压表指示为零。

当衔铁上移，上部线圈阻抗增大，$Z_1 = Z + \Delta Z$，下部线圈阻抗减少，$Z_2 = Z - \Delta Z$。

如果输入交流电压为正半周，则 A 点电位为正，B 点电位为负，二极管 VD_1、VD_4 导通，VD_2、VD_3 截止。在 $A\text{-}E\text{-}C\text{-}B$ 支路中，C 点电位由于 Z_1 增大而比平衡时的 C 点电位低；而在 $A\text{-}F\text{-}D\text{-}B$ 支路中，D 点电位由于 Z_2 的减小而比平衡时 D 点的电位高，所以 D 点电位高于 C 点电位，电压表正向偏转。

如果输入交流电压为负半周，A 点电位为负，B 点电位为正，二极管 VD_2、VD_3 导通，VD_1、VD_4 截止，则在 $A\text{-}E\text{-}C\text{-}B$ 支路中，C 点电位由于 Z_2 减少而比平衡时的 C 点电位低（输入电压若为负半周，即 A 点电位为正，B 点电位为负，C 点相对于 A 点为负电压，Z_2 减小时，C 点电位更低）；而在 $A\text{-}F\text{-}D\text{-}B$ 支路中，D 点电位由于 Z_1 的增加而比平衡时的电位高，所以仍然是 D 点电位高于 C 点电位，电压表仍正向偏转。

同样可以得出结论，当衔铁下移时，电压表总是反向偏转，输出为负。可见，采用带相敏整流的交流电桥，输出信号既能反映位移的大小，又能反映位移的方向。

3. 紧耦合电感臂电桥

图 2-14（c）所示为紧耦合电感臂电桥。它用差动式传感器的两个线圈作为电桥工作臂，而紧耦合的两个电感作为固定臂组成电桥电路。采用这种测量电路可以消除与电感臂并联的分布电容对输出信号的影响，使电桥平衡稳定，同时简化了接地和屏蔽的问题。

2.3.3　自感式传感器的应用

上面介绍的自感式传感器是将被测位移转换成电感量的变化，再用测量电路把电感的变化转变成电信号进行测量的。在工程技术中，自感式传感器可用来测量位移、尺寸、振动、压力、转矩、应变、流量和比重等非电量。下面介绍几种典型的自感式传感器的应用。

1. 变气隙式压力传感器

变气隙式压力传感器结构示意图如图 2-16 所示。它主要由膜盒、铁芯、衔铁及线圈等组成，衔铁与膜盒的上端连在一起。当压力进入膜盒时，膜盒的顶端在压力 p 的作用下产生与压力 p 大小成正比的位移，于是衔铁也发生移动，从而使气隙厚度发生变化，电流表的指示值就反映了被测压力的大小。

2. 变气隙式差动压力传感器

图 2-17 是变气隙式差动压力传感器结构示意图。它主要由 C 形弹簧管、衔铁、线圈等组成。当被测压力进入 C 形弹簧管时，C 形弹簧管产生形变，其自由端发生位移，带动与自由端连成一体的衔铁移动，使线圈 1 和线圈 2 中的电感量发生大小相等、方向相反的变化，即一个线圈的电感量增大，另一个线圈的电感量减小。电感量的这种变化通过电桥电路转换成电压输出。由于输出电压与被测压力之间成比例关系，所以只要测量仪表有输出电压，即可得知被测压力的大小。

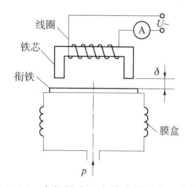

图 2-16　变气隙式压力传感器结构示意图

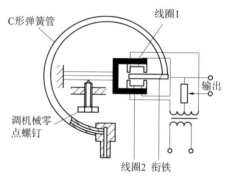

图 2-17　变气隙式差动压力传感器结构示意图

3. 电感测微仪

电感测微仪结构示意图如图 2-18 所示，电感测微仪测试系统如图 2-19 所示。在图 2-18 中，测量端用螺纹拧在测杆上，测杆可在滚珠导轨上做轴向移动。测杆的上端固定着磁芯，当测杆随着被测体一起移动时，带动磁芯在线圈中移动，线圈置于固定磁筒中，磁芯与固定磁筒都用铁氧体做成。两个线圈的线端 H、G 和公共端 A 用导线引出，以便接入被测电路。传感器的测力由弹簧产生，防转销用来限制测杆转动，以提高示值的重复性。密封套用来防止灰尘进入测量头内。测量头外面有两个半径不同的夹持部分，以适应不同的安装要求。使用时，将测微头与被测体相连。当被测体移动时，带动测微头、测杆和磁芯一起移动，从而使差动式传感器的两阻抗值 Z_1 和 Z_2 发生大小相等、极性相反的变化，再经测量电路，即可用指零电压表指示出被测位移的大小和方向。

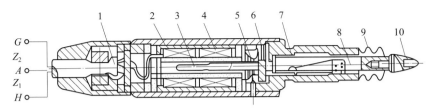

图 2-18　电感测微仪结构示意图

1—导线；2—固定磁筒；3—磁芯；4—线圈；5—弹簧；6—防转销；7—滚珠导轨；
8—测杆；9—密封套；10—测量端

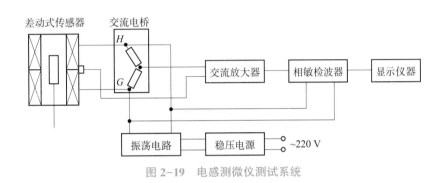

图 2-19　电感测微仪测试系统

2.3.4　互感式传感器的类型

互感式传感器本身就是变压器（变压器的铁芯做成活动的），有一次绕组和二次绕组。一次侧接入激励电源后，二次侧接入将因互感而产生感应电动势输出。当绕组间互感随被测量变化时，输出感应电动势将产生相应的变化。这种传感器二次绕组一般有两个，接线方式是差动的一次绕组的同名端对调后再串联，故又称为差动变压器。

差动变压器结构形式较多，有变气隙式、螺线管式等，应用最多的是螺线管式差动变压器，它可以测量 1~100 mm 的机械位移，并且具有测量精度高、灵敏度高、结构简单及性能可靠等优点。

1. 变气隙式差动变压器

变气隙式差动变压器的结构示意图如图 2-20 所示，图中，在 A、B 两个铁芯上绕有 $W_{1a} = W_{1b} = W_1$ 的两个初级绕组和 $W_{2a} = W_{2b} = W_2$ 的两个次级绕组。两个初级绕组的同名端顺向串联，两个次级绕组的同名端逆向串联。

当被测体没有位移时，衔铁 C 处于平衡位置，它与两个铁芯的间隙有 $\delta_{a0} = \delta_{b0} = \delta_0$，则绕组 W_{1a} 和 W_{2a} 之间的互感 M_a 与绕组 W_{1b} 和 W_{2b} 的互感 M_b 相等，使两个次级绕组的互感电动势相等，即 $\dot{E}_{2a} = \dot{E}_{2b}$。由于次级绕组反向串联，差动变压器输出电压 $\dot{U}_o = \dot{E}_{2a} - \dot{E}_{2b} = 0$。

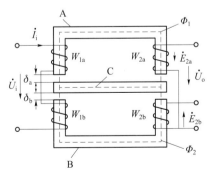

图 2-20　变气隙式差动变压器的结构示意图

当被测体有位移时，与被测体相连的衔铁的位置将产生相应的变化，使 $\delta_a \neq \delta_b$，互感 $M_a \neq M_b$，两个次级绕组的互感电动势 $\dot{E}_{2a} \neq \dot{E}_{2b}$，输出电压 $\dot{U}_o = \dot{E}_{2a} - \dot{E}_{2b} \neq 0$，即差动变压器有电压输出，此电压的极性和大小就反映了被测体位移的方向及大小。

2. 螺线管式差动变压器

螺线管式差动变压器按线圈绕组排列方式的不同可分为一节式、二节式、三节式、四节式和五节式等类型。一节式灵敏度较高，二节式零点残余电压较小，三节式零点电位较小，四节式和五节式改善了传感器的线性度，通常采用的是二节式和三节式两类。

图 2-21 所示为三节式螺线管式差动变压器结构示意图，将两个匝数相等的次级绕组（$W_{2a} = W_{2b}$）的同名端反向串联，在忽略铁损、导磁体磁阻和线圈分布电容的理想条件下，其等效电路如图 2-22 所示。

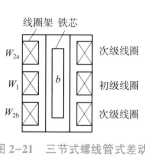

图 2-21　三节式螺线管式差动
变压器结构示意图

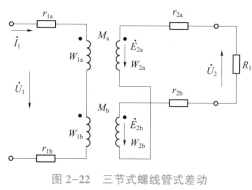

图 2-22　三节式螺线管式差动
变压器等效电路

当初级绕组 W_1 加激磁电压 U_1 时，根据差动变压器的作用原理，在两个次级绕组 W_{2a} 和 W_{2b} 中就会产生感应电动势 $\dot{E}_{2a}$ 和 $\dot{E}_{2b}$（次级开路时即为 $\dot{U}_{2a}$ 和 $\dot{U}_{2b}$）。如果工艺上差动变压器结构完全对称，则当活动衔铁处于初始平衡位置时，必然会使两个次级绕组磁路的磁阻相等，磁通相同，互感系数 $M_a = M_b$，根据电磁感应原理，将有 $\dot{E}_{2a} = \dot{E}_{2b}$。由于差动变压器两个次级绕组反向串联，因而 $\dot{U}_2 = \dot{E}_{2a} - \dot{E}_{2b} = 0$，即差动变压器输出电压为零。

由于磁阻的影响，当活动衔铁向次级绕组 W_{2a} 方向移动时，即 W_{2a} 中的磁通将大于 W_{2b} 中的磁通，使 $M_a > M_b$，因而必然会使 $\dot{E}_{2a}$ 增大，$\dot{E}_{2b}$ 减小，反之，$\dot{E}_{2b}$ 增大，$\dot{E}_{2a}$ 减小。因为 $\dot{U}_2 = \dot{E}_{2a} - \dot{E}_{2b}$，所以当 $\dot{E}_{2a}$、$\dot{E}_{2b}$ 随衔铁位移 Δx 变化时，$\dot{U}_2$ 也必将随 Δx 变化。螺线管式差动变压器输出特性如图 2-23 所示。

由图可知，当铁芯移动时，差动变压器输出电压（空载时在数值上即为感应电动势）与活动衔铁位移 Δx 呈线性关系。以上即为螺线管式差动变压器的工作原理。

理论上，当差动变压器的衔铁位于初始平衡位置（零位移）时，由于对称的两个次级线圈反向串联，它们的感应电动势大小相等，方向相反，因此差动变压器输出电压为零。但实际上，差动变压器的输出电压并不等于零，我们把差动变压器在零位移时的输出电压称为零点残余电压（或称为零位输出电压，简称零位电压）。零点残余电压使传感器输出特性不过零点，造成实际特性与理想特性不完全一致，如图 2-24 所示。

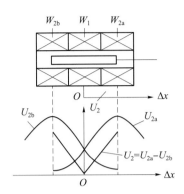

图2-23　螺线管式差动变压器输出特性

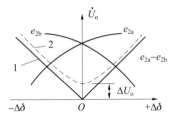

图2-24　零点残余电压输出特性

为了消除或减小零点残余电压，可采取以下方法：

（1）尽可能保证传感器几何尺寸、线圈电气参数和磁路的相互对称，这是减小传感器零点残余电压的最有效方法。磁性材料必须经过热处理，消除内部残余应力，使其磁性能均匀稳定。

（2）测量电路如采用相敏整流电路，既可以判别衔铁移动方向，又可以改善输出特性，减小零点残余电压。

（3）传感器磁路工作区域设计在铁芯磁化曲线的线性段（避开饱和区），以减小由于磁化曲线的非线性而产生的三次谐波。

（4）用导磁性能良好的材料制作传感器壳体，使之兼顾屏蔽作用，以便减小外界电磁场的干扰。抗干扰要求较高时，还可以用良好的导电材料再设置静电屏蔽层。

（5）用外电路补偿法来减小零点残余电压。设计补偿电路的基本原则：串联电阻可以减小零点残余电压的基波分量，并联电阻、电容可以减小零点残余电压的谐波分量，加反馈支路可使基波与谐波分量均减小。

2.3.5　互感式传感器的测量电路

互感式传感器在实际测量时，常常采用差动相敏检波电路和差动整流电路两种电路。互感式传感器输出的是交流电压，若用交流电压表测量，只能反映衔铁位移的大小，而不能反映移动方向（相位）。此外，测量值中往往包括零点残余电压。这两种测量电路能很好地辨别移动方向和消除零点残余电压。

1. 差动相敏检波电路

图2-25所示为差动相敏检波电路。用四个性能相同的二极管，以同一方向串联成一个闭合回路，形成环形电桥。

根据电路进行分析，对于一个完整的信号周期，可得输出电压为

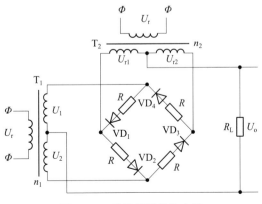

图2-25　差动相敏检波电路

$$U_o = \frac{R_L U_r}{n_1(R+2R_L)} \tag{2-9}$$

式中：n_1、n_2——变压器T_1、T_2的变比；

R_L——负载电阻。

可见，差动相敏检波电路反映的规律是U_o的值反映位移Δx的大小，而U_o的极性则反映了位移Δx的方向，即输出电压U_o的变化规律充分反映了被测位移的变化规律。

2. 差动整流电路

差动整流电路结构简单，一般无须调整相位，无须考虑相位调整和零点残余电压的影响，分布电容影响小，适于远距离传输。

2.3.6 互感式传感器的应用

互感式传感器不仅可以直接用于位移的测量，还可以测量与位移有关的任何机械量，如振动、加速度、应变、比重、张力和厚度等。下面介绍几种典型的互感式传感器的应用。

1. 互感式压力传感器

图2-26（a）所示为微压传感器结构。它是由互感式传感器、接头、底座、衔铁、线路板、罩壳、插头、通孔和膜片、膜盒、弹簧管等弹性元件组合而成的，用来测量压力或压差。

测量电路如图2-26（b）所示。当被测压力输入膜盒中，膜盒的自由端面便产生一个与被测压力成正比的位移，此位移带动衔铁上下移动，从而使互感式传感器有正比于被测压力的电压输出。该传感器的信号输出处理电路与传感器组合在一个壳体内，输出信号可以是电压，也可以是电流。由于电流信号不易受干扰，且便于远距离传输，所以，使用中多采用电流输出型。

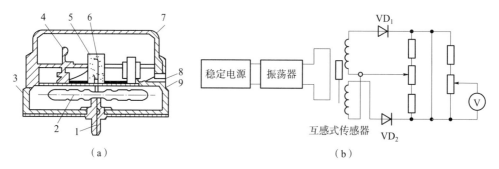

图2-26 互感式压力传感器结构原理

（a）微压传感器结构；（b）测量电路

1—接头；2—膜盒；3—底座；4—线路板；5—互感式传感器；6—衔铁；7—罩壳；8—插头；9—通孔

2. 互感式加速度传感器

图2-27所示为互感式加速度传感器测量振动的原理框图及其结构。互感式加速度传感器主要由悬臂梁和互感式传感器构成。测量时，将悬臂梁底座及互感式传感器的线圈骨架固定，而将衔铁的A端与被测振动体相连。当被测体带动衔铁振动时，互感式传感器的输出电压也按相同规律变化。悬臂梁起支撑与动平衡作用。

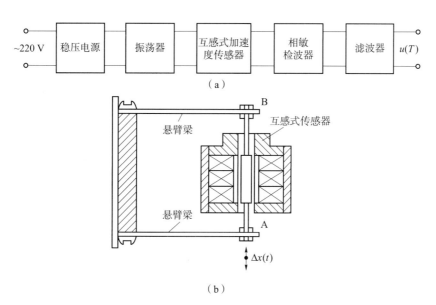

图 2-27 互感式加速度传感器测量振动的原理框图及其结构
（a）测量振动的原理框图；（b）互感式加速度传感器的结构

2.4 实践操作

2.4.1 接线

按照电感式传感器实验接线图完成（见图 2-5）设备连接。

2.4.2 网络图

本项目如果使用台式电脑，可以在设备下方的电源明盒中的网口连接。本实验的 PLC 网口连接的是背后的交换机，电源明盒内部连接的也是背后的交换机。如果使用台式电脑，可以使用直流电源模块中网络接口网线连接，如图 2-28 所示。

图 2-28 网络接口

2.4.3 设备组态

打开博途软件，双击创建新项目——创建——设备与网络——添加新设备；双击

6ES7215-1AG40-0XB0；双击"设备组态"选项，添加 6ES7241-1CH32-0XB0、6ES7234-4HE32-0XB0 和 6ES7278-4BD32-0XB0。

双击"设备组态"选项，双击 6ES7215-1AG40-0XB0 图案，查看属性 PROFINET 接口［X1］——以太网地址——IP 协议——IP 地址：192.168.1.1，将 IP 地址修改为 192.168.1.***，如图 2-29 所示。

图 2-29　以太网地址设置

单击 PLC 变量——显示所有变量——名称输入传感器，地址 I0.0，如图 2-30 所示。

图 2-30　输入传感器设置

单击  选项，单击 按钮，下载。

单击 转至在线 按钮，查看 PLC 变量。单击 按钮，现在可以监视 I0.0 的值，可以将工件放置在传感器检测范围内，如图 2-31 所示。

图 2-31　传感器监视值设置

2.5　综合评价

各小组展示实验结果，介绍任务的完成过程并提交阐述材料，进行学生自评、学生小组内互评、教师评价，并完成表 2-3。

表 2-3　考核评价表

评价项目	评价内容	分值	自评20%	互评20%	教评60%	合计
职业素养40分	爱岗敬业，安全意识、责任意识、服从意识	10				
	积极参加任务活动，完成实训内容	10				
	团队合作、交流沟通能力，集体主义精神	10				
	劳动纪律	5				
	现场"6S"标准，行为规范	5				
专业能力50分	专业资料检索能力，分析能力	10				
	制订计划能力，严谨认真	10				
	操作符合规范，精益求精	10				
	工作效率，分工协作	5				
	任务验收质量，质量意识	15				
创新能力10分	创新性思维和活动	10				
合计		100				

2.6　知识拓展

电涡流式传感器

根据电磁感应原理，块状金属导体放在变化着的磁场中或在磁场中做切割磁力线运动时，导体内将产生呈涡旋状的感应电流，该电流就是电涡流，所呈现的现象就是电涡流效应。根据这种效应制成的传感器就是电涡流式传感器。

电涡流式传感器长期工作时具有可靠性好、测量范围宽、灵敏度高、分辨率高、响应速度快、抗干扰能力强、不受油污等介质的影响、结构简单等优点，可以对齿轮箱、汽轮机、水轮机、鼓风机、压缩机、空分机、大型冷却泵等大型旋转机械轴的径向振动、轴向位移、鉴相器、轴转速、胀差、偏心以及转子动力学研究和零件尺寸检验等进行在线检测和保护。常见电涡流式传感器外形结构如图 2-32 所示。

图 2-32　常见电涡流式传感器外形结构

1. 电涡流式传感器的结构

按照电涡流在导体内的贯穿情况，可将电涡流式传感器分为高频反射式和低频透射式两类。

高频反射式电涡流式传感器应用较为广泛。高频反射式电涡流式传感器结构简单，由框架和安装在框架上的线圈组成，线圈一般采用高强度漆包线绕制成扁平或矩形，线圈框架采用损耗小、电性能好、热膨胀系数小的材料，常用材料有高频陶瓷、聚酰亚胺、环氧玻璃纤维、氮化硼和聚四氟乙烯等。图 2-33 所示为高频反射式电涡流式传感器结构示意图。线圈位于传感器的端部，采用高强度多股漆包线绕成（提高 Q 值）；线圈框架采用损耗小、电绝缘性能好的聚四氟乙烯等材料制作；电缆和插头接后续测量电路，由于激励频率高，一般采用专用的高频电缆和插头。

2. 电涡流式传感器的工作原理

将整块的金属物体置于变化的磁场中，或者其在磁场中运动，金属导体中会感应出一圈圈自相闭合的电流，称为电涡流。电涡流式传感器是一个由绕在骨架上的导线所构成的空心线圈，它与正弦交流电源接通，通过线圈的电流会在线圈周围空间产生交变磁场。当导电的金属靠近这个线圈时，金属导体中便会产生电涡流，如图 2-34 所示。电涡流的大小与金属导体的电阻率 ρ、磁导率 μ、厚度 d、线圈与金属导体的距离 x 以及线圈激磁电流的角频率 ω 等参数有关。如果固定其中某些参数，就能由电涡流的大小测量出另外一些参数。

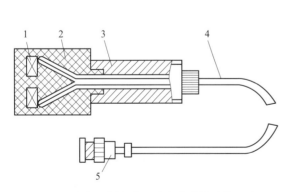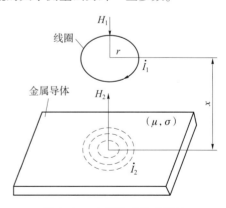

图 2-33　高频反射式电涡流式传感器结构示意图
1—线圈；2—框架；3—框架衬套；
4—输出屏蔽电缆；5—电缆插头

图 2-34　电涡流式传感器的
工作原理

由电涡流所造成的能量损耗将使线圈电阻有功分量增加，由电涡流产生反磁场的去磁作用将使线圈电感量减小，从而引起线圈等效阻抗 Z 及等效品质因数 Q 值的变化。因此，凡是能引起电涡流变化的非电量，例如金属的电导率、磁导率、几何形状、线圈与导体的距离等，均可通过测量线圈的等效电阻 R、等效电感 L、等效阻抗 Z 及等效品质因数 Q 来测量。

3. 电涡流式传感器的测量电路

电涡流式传感器测量的基本原理是传感器的线圈与被测体之间的距离发生变化，将引起线圈的等效阻抗变化，也就是等效阻抗 Z、等效电感 L、传感器线圈的等效品质因素 Q 都是位移的单值函数。因此，测量电路的任务就是把这些参数转换为有用的电压或电流的变化。常用的电涡流式传感器的测量电路有调幅电路和调频电路。

1）调幅电路

如图 2-35 所示，该电路主要是把传感器等效电感的变化转化为电路振荡频率的变化，再经检波、放大，得到输出电压。传感器激励线圈 L 与固定电容 C_0 组成并联谐振回路，由石英晶体振荡器提供高频激励信号。

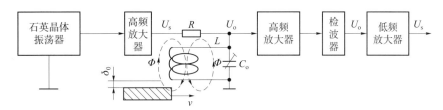

图 2-35 高频调幅式测量转换电路

当传感器接近被测金属导体时，线圈的等效电感 L 发生变化，谐振回路的谐振频率也随之变化，导致回路失谐而偏离激励频率，谐振峰将向左或向右移动，如图 2-36（a）所示。在没有金属导体的情况下，调整电路的 LC 谐振回路的谐振频率 $f_0 = 1/(2\pi\sqrt{LC})$ 等于激励振荡器的振荡频率（如 1 MHz），这时 LC 谐振回路呈现阻抗最大，输出电压的幅值也最大。

以非磁性材料为例，输出电压与间距 x 的关系曲线如图 2-36（b）所示。从图中可以看出，特性曲线是非线性的，在一定范围内（$x_1 \sim x_2$）是线性的。使用时，传感器应安装在线性段中间 x_0 表示的间距处，这个距离的安装位置称为理想安装位置。

由此可知，若被测体为非磁性材料，线圈的等效电感减小，回路的谐振频率提高，谐振峰向右偏离激励频率，如图 2-36（a）中 f_1、f_2 所示；若被测材料为软磁材料，线圈的等效电感增大，回路的谐振频率降低，谐振峰向左偏离激励频率，如图 2-36（b）中 f_3、f_4 所示，从而使输出电压下降。L 的变化与传感器和金属导体的距离 x 有关，因此，回路输出电压也随距离 x 变化。输出电压经放大、检波后，有仪表直接显示 x 的大小。

2）调频电路

调频法测量转换电路如图 2-37 所示。传感器线圈接在 LC 振荡器中作为振荡器的电感，与可调电容 C_0 组成振荡器，以振荡器的频率 f 作为输出量。

当电涡流线圈与被测金属导体的距离 x 改变时，电涡流线圈的电感量 L 也随之改变，引起 LC 振荡器输出频率改变。该频率可用数字频率计直接测量，或者通过 $f-v$ 变换，用数字电压表测量对应的电压。振荡器的频率是 x 的函数：

$$f = \frac{1}{2\pi \sqrt{L(x)C_o}} \tag{2-10}$$

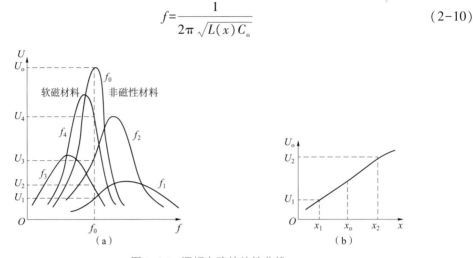

图 2-36　调幅电路的特性曲线

（a）谐振曲线；（b）输出电压与间距 x 的关系曲线

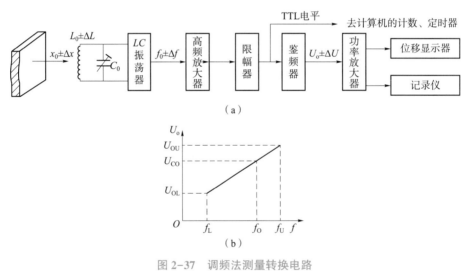

图 2-37　调频法测量转换电路

（a）信号传输流程；（b）鉴频器特性；

4. 电涡流式传感器的应用

1）低频透射式电涡流厚度传感器

图 2-38 为低频透射式电涡流厚度传感器的结构原理。在被测金属板上方设有发射传感器线圈 L_1，在被测金属板下方设有接收传感器线圈 L_2。当在 L_1 上加低频电压 U_1 时，L_1 上产生交变磁通 Φ_1，若两线圈间无金属板，则交变磁通直接耦合至 L_2 中，L_2 产生感应电压 U_2。如果将被测金属板放入两线圈之间，则 L_1 线圈产生的磁场将导致金属板中产生电涡流，并将贯穿金属板，此时磁场能量受到损耗，使到达 L_2 的磁通将减弱为 Φ_2，从而使 L_2 产生的感应电压 U_2 下降。金属板越厚，电涡流损失就越大，电压 U_2 就越小。因此，可根据电压 U_2 的大小得知被测金属板的厚度。低频透射式电涡流厚度传感器的检测范围可达 1~100 mm，分辨率为 0.1 μm，线性度为 1%。

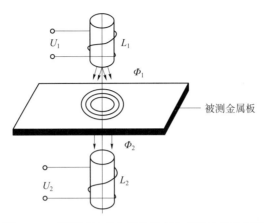

图 2-38 低频透射式电涡流厚度传感器的结构原理

2）高频反射式电涡流厚度传感器

高频反射式电涡流厚度传感器测试系统如图 2-39 所示。

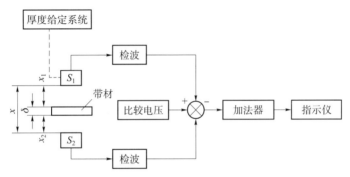

图 2-39 高频反射式电涡流厚度传感器测试系统

3）齿轮转轴箱的振动测量

从转子动力学、轴承学的理论分析，大型旋转机械的运动状态主要取决于转轴，而电涡流式传感器能实现非接触直接测量转轴的振动状态，为转子的不平衡、不对中、轴承磨损、轴裂纹及发生摩擦等机械问题的早期故障判定提供关键信息。在齿轮箱、汽轮机或空气压缩机中常用电涡流式传感器来监控主轴的径向振动。

在研究轴的振动时，需要了解轴的振动形式，绘出轴的振动图，为此，可将多个电涡流式传感器探头并列安装在轴的侧面附件。用多通道指示仪输出并记录，以获得主轴各个部位的瞬时振幅及轴振动图。电涡流振幅计可以对各种振动的幅值进行非接触测量，如图 2-40 所示。

4）电涡流转速计

图 2-41 为电涡流转速计示意图。在旋转体上开一条或数条槽（凹槽或凸槽），旁边安装一个电涡流式传感器。当轴转动时，传感器与转轴之间的距离发生改变，使输出信号也随之变化。该输出信号经放大、整形后，由频率计测出变化的频率，从而测出转轴的转速。若转轴上开有 m 个槽，频率计读数为 f（单位为 Hz），则转轴的转速 n（单位为 r/min）为 $n = \dfrac{60f}{m}$。

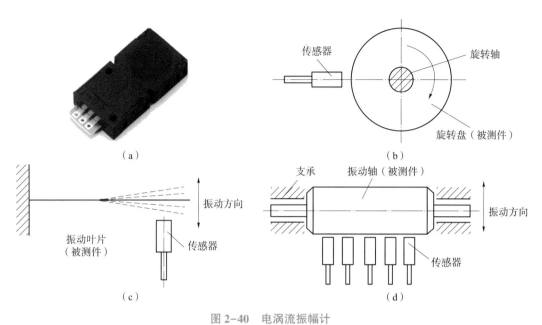

图 2-40　电涡流振幅计

（a）实物图；（b）主轴径向振动监控；（c）涡轮片振幅的检测；（d）振动形状测量

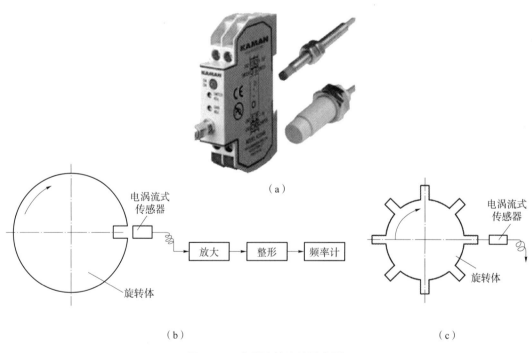

图 2-41　电涡流转速计示意图

（a）实物图；（b）转轴带凹槽；（c）转轴带凸槽

5. 电涡流式传感器的注意事项

　　电涡流式传感器以改变其与被测金属物体之间的磁耦合程度为检测基础，传感器的线圈装置仅为实际检测系统的一部分，而另一部分是被测体。因此，电涡流式传感器在实际使用中必须注意以下几个问题。

1）电涡流轴向贯穿深度的影响

（1）导体厚度的选择。

利用电涡流式传感器测距离时，应使导体厚度远大于电涡流的轴向贯穿深度。采用透射法测厚度时，应使导体厚度小于轴向贯穿深度。

（2）励磁电源频率的选择。

导体材料确定之后，可以通过改变励磁电源频率来改变轴向贯穿深度。电阻率大的材料应选用较高的励磁电源频率，电阻率小的材料应选用较低的励磁电源频率。

2）电涡流的径向形成范围

线圈电流所产生的磁场不能涉及无限大的范围，电涡流的密度有一定的径向形成范围。在线圈轴线附近，电涡流的密度非常小，越靠近线圈的外径处，电涡流的密度越大，在等于线圈外径 1.8 倍处，电涡流密度将衰减到最大值的 5%。为了充分利用电涡流效应，被测金属导体的横向尺寸应大于线圈外径的 1.8 倍；对圆柱形被测物体，其直径应大于线圈外径的 3.5 倍。

3）电涡流强度与距离的关系

电涡流强度随着距离与线圈外径比值的增加而减少，当线圈与导体之间距离大于线圈半径时，电涡流强度已很微弱。为了能够产生相当强度的电涡流强度，通常取距离与线圈外径的比值为 0.05~0.15。

4）非被测金属物体的影响

由于任何金属物体接近高频交流线圈时都会产生电涡流，为了保证测量精度，测量时应禁止其他金属物体接近传感器线圈。

6. 集肤效应

当高频（100 kHz 左右）信号源产生的高频电压施加到一个靠近金属导体附近的电感线圈 L_1 时，将产生高频磁场 H_1。如被测导体置于该交变磁场范围之内时，被测导体就产生电涡流 i_2。i_2 在金属导体的纵深方向并不是均匀分布的，而只集中在金属导体的表面，这称为集肤效应（也称趋肤效应）。

集肤效应与励磁电源频率 f、工件的电导率 ρ、磁导率 μ 等有关。励磁电源频率 f 越高，电涡流渗透的深度就越浅，集肤效应越严重。

7. 电涡流式传感器的其他应用

电涡流式传感器是一种基于电涡流效应的传感器，用于机械中的振动与位移、转子与机壳的热膨胀量的长期监测，生产线的在线自动监测与自动控制，以及科学研究中的多种微小距离与微小运动的测量等。

1）电加热

电涡流在用电中是有害的，应尽量避免，如电机、变压器的铁芯用相互绝缘的硅钢片叠成，以切断电涡流的通路；但是它在电加热方面却有着广泛应用，如金属热加工的 400 Hz 中频炉、表面淬火的 2 MHz 高频炉、烹饪用的电磁炉等。

以电磁炉为例，如图 2-42 所示，高频电流通过励磁线圈，产生交变磁场，在铁质锅底会产生无数的电涡流，使锅底自行发热，烧熟锅内食物。

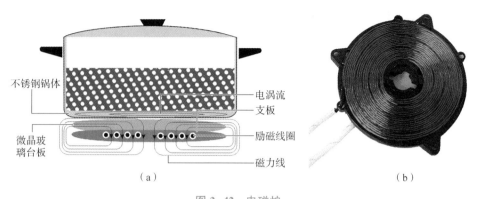

图 2-42　电磁炉

(a) 结构示意图；(b) 励磁线圈

2）金属探测安检门

金属探测安检门如图 2-43 所示。安检门的内部设置了发射线圈和接收线圈。当有金属物体通过时，交变磁场就会在该金属导体表面产生电涡流，会在接收线圈中感应出电压，计算机根据感应电压的大小、相位来判定金属物体的大小。当有金属物体通过安检门时即报警。

图 2-43　金属探测安检门

电涡流式通道安检门能够有效地探测出枪支、匕首等金属武器及其他金属器物，典型应用场合包括机场和海关码头、政府大楼、法院、监狱、有访问控制或发生特殊事件的公共建筑等。

3）电涡流探伤仪

电涡流探伤仪是一种无损检测装置，如图 2-44 所示，可用于探测金属导体表面或近表面裂纹、热处理裂纹以及焊缝裂纹等缺陷。在探伤时，传感器与被测导体的距离保持不变，遇有裂纹时，金属的电阻率、磁导率发生变化，引起传感器的输出信号也发生变化，从而达到探伤的目的。

4）涂层测厚仪

涂层测厚仪，又称为覆层测厚仪，如图 2-45 所示，它所利用的电涡流技术，既可测量导磁材料的厚度（如钢铁上的铜、锌、镉、铬的镀层和油漆层表面非导磁覆盖层的厚度），又能测量镀在铁磁性金属物质表面材料的厚度（如铝的阳极氧化层，以及铝、铜、锌等材料表面油漆、喷塑和橡胶的非铁磁性金属镀层的厚度）。

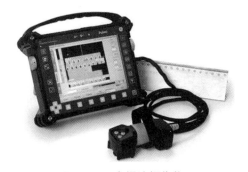

图 2-44　电涡流探伤仪

图 2-45　涂层测厚仪

思考与练习

1. 如图 2-46 所示，将一只 380 V 交流接触器线圈与交流毫安表串联后，接到机床用控制变压器的 36 V 交流电压源上，观察交流毫安表的读数。用手慢慢将交流接触器的活动铁芯（称为衔铁）向下按，再观察交流毫安表的读数。当衔铁与固定铁芯之间的气隙等于零时，再观察交流毫安表的读数。

请仔细观察交流毫安表的变化情况，分析得出电感式传感器的基本工作原理。

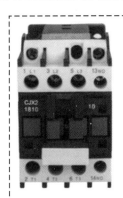

图 2-46　1 题图

2. 如图 2-47 所示，根据测量微量位移的特性，分析两种测微传感器（电涡流式传感器和差动螺线管式传感器）各自的优缺点，选择其中一种作为测量滚柱直径的传感器，并说明原因。

3. 根据对电感式传感器的认识，完成光电式传感器与 PLC（S7-1200）的硬件接线，进行输入信号的测试。

图 2-47　2 题图

根据图 2-48，完成实验要求：

（1）根据电路图进行接线，实现电感式传感器与 PLC 之间的连接；

（2）接通电源，当传感器检测到金属物料后，PLC 相应输入通道指示灯亮；当传感器检测到非金属物料后，指示灯熄灭；

（3）根据测试结果完成表 2-4；

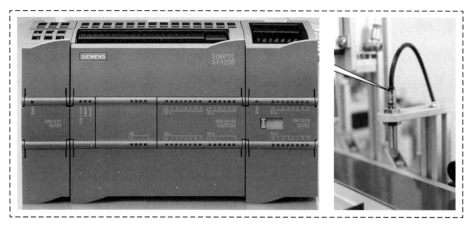

图 2-48　3 题图

（4）记录测试细节及发现的问题。

表 2-4　测试结果

指示 状态	输入通道			
	I2.0	I2.1	I2.2	I2.3
初始状态				
传感器检测 金属物料				

学习目标

知识目标	1. 了解电容式传感器的类型和基本结构。 2. 掌握变极距型、变面积型、变介电常数型电容式传感器的工作原理。 3. 能对电容式传感器进行识别和测量。 4. 能对电容式传感器进行正确接线。 5. 掌握电容式传感器的典型应用
技能目标	掌握电容式传感器的识别、选用和检测方法
素质目标	1. 提高学生分析问题和解决问题的能力。 2. 培养学生的沟通能力及团队协作精神

　　汽车油箱（见图 3-1）的油量多少关系到可持续行车的里程，是驾驶员需要知道的重要参数。我们可以从汽车仪表盘的油量指示表读出油箱油量，那么油量是如何测量的呢？传统的机械式汽车油位传感器存在精度低、稳定性不高、使用寿命短、使用环境存在局限等问题，导致汽车的使用成本相应增加。为了克服并改善传统汽车油位传感器存在的局限性，电容式油位传感器（见图 3-2）克服了传统油位传感器存在的上述缺点，而且在精度、稳定性等指标上有了质的飞跃，并具有数据精度高、稳定性强、使用寿命长等优点。

图 3-1　汽车油箱　　　　　　图 3-2　电容式油位传感器

在各类自动化生产线中，当工件进入某个固定工位时，检测系统是怎样判别出来的呢？这就需要一类具有位置"感知"能力的传感器——位置传感器的电气控制元件来充当自动化生产线的"五官"去识别判断了。利用这类传感器对物体进行的测量称为位置测量。在工业控制上，为了提高设备可靠性与安全性，常常应用接近式传感器对工件或其他物体的靠近来检测，以实现安全可靠的自动控制。根据输出信号的不同，位置测量可以分为连续输出量测量和开关量测量，后者用于对接近物体、物料或液位进行检测时，常称为接近开关、物位开关或接近式传感器，又称为无触点行程开关。一般情况下，接近式传感器采用较多的是电容式接近式传感器。

3.1 项目描述

电容式传感器采用电容器作为传感元件，将被测非电量（如位移、压力等）的变化转换为电容的变化。电容式传感器可分为变极距型、变面积型、变介电常数型三种。电容式传感器结构简单、体积小、分辨率高，可非接触式测量，并能在高温、辐射和强烈振动等恶劣条件下工作，广泛应用于压力、差压、液位、振动、位移加速度、成分含量等方面测量。

接近式传感器是一种具有感知物体接近能力的器件，它利用位移传感器对接近的物体具有敏感特性来识别物体的接近，并输出相应开关信号，因此，通常又把接近式传感器称为接近开关。它是代替开关等接触式检测方式，以无须接触被检测对象为目的的传感器的总称，它能检测对象的移动和存在信息并转化成电信号。本项目利用智能传感器综合实训平台，完成电容式接近开关实验。结合 PLC（S7-1200），通过本次实验，学生可了解电容式接近开关的基本知识以及安装接线、工作原理等知识。

3.2 项目准备

3.2.1 实训设备

智能传感器综合实训平台是集传感器选型、接线与功能应用为一体的综合实训平台，主要由电阻式、电容式、电磁式、电感式、光电式、温度、流量、压力、激光、安全光幕、安全门开关、RFID、绝对式编码器、增量式编码器、位移编码器等传感器组成。本项目所需实训设备如表 3-1 所示。

表 3-1 本项目所需实训设备

序号	设备名称	型号规格	代号
1	智能传感器综合实训平台	PCG01	—
2	可编程控制器	6ES7215-1AG40-0XB0	PLC
3	电容式传感器	CR18-8DN	B1

续表

序号	设备名称	型号规格	代号
4	编程软件—博途	TIA V16	—
5	迭插头对	KT3ABD53 红（1 m)/3 根	—
6	迭插头对	KT3ABD53 蓝（1 m)/2 根	—
7	迭插头对	KT3ABD53 绿（1 m)/1 根	—
8	迭插头对	KT3ABD53 黑（1 m)/1 根	—
9	网线	—	—

3.2.2 电容式接近开关

电容式接近开关如图 3-3 所示，NPN、PNP 型传感器接线图如图 3-4 所示，电容式传感器实验接线图如图 3-5 所示。

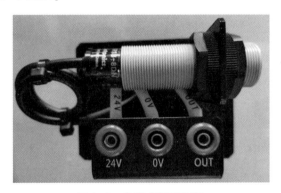

图 3-3 电容式接近开关

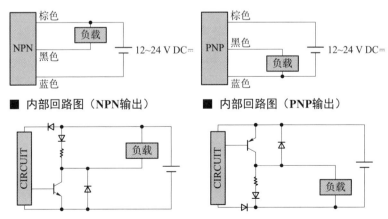

图 3-4 NPN、PNP 型传感器接线图

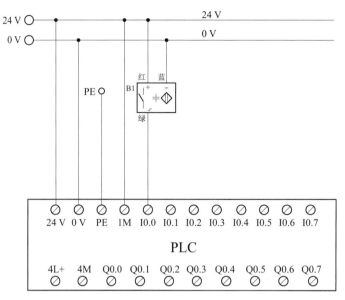

图 3-5　电容式传感器实验接线图

3.3　知识学习

3.3.1　电容式传感器

电容式传感器由电容可变的电容器和测量电路组成，其变量间的转换原理如图 3-6 所示。

图 3-6　电容式传感器变量间的转换关系

图 3-7 所示为常用的平行板电容器结构示意图。

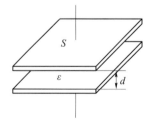

图 3-7　常用的平行板电容器结构示意图

由电学可知，两个平行金属极板组成的电容器，如果不考虑边缘效应，其电容为

$$C = \frac{S\varepsilon}{d} \qquad (3-1)$$

式中：ε——介质的介电常数；

S——两个极板相对有效面积；

d——两个极板间的距离。

由式（3-1）可知，改变电容 C 的方法有三种：一是改变介质的介电常数 ε；二是改变形成电容的有效面积 S；三是改变两个极板间的距离 d。根据被测量的变化得到电参数的输出为电容的增量 ΔC，这就是电容式传感器的基本工作原理。

根据上述原理，应用中的电容式传感器有三种基本类型，即变极距（或称为变间隙）型、变面积型和变介电常数型。它们的电极形状又有平板形、圆柱形和球平面形三种。

1. 变极距型电容式传感器

图 3-8 所示为变极距型电容式传感器结构示意图。图中 1、3 为固定极板，2 为可动极板，其位移由被测量变化引起。当可动极板向上移动 $\Delta d(\delta)$，图 3-8（a）所示结构的电容增量为

$$\Delta C = \frac{\varepsilon S}{d - \Delta d} - \frac{\varepsilon S}{d} = \frac{\varepsilon S}{d} \cdot \frac{\Delta d}{d - \Delta d} = C_0 \cdot \frac{\Delta d}{d - \Delta d} \qquad (3-2)$$

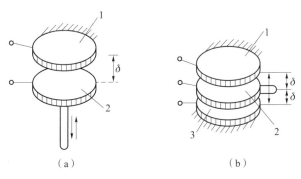

（a）   （b）

图 3-8　变极距型电容式传感器结构示意图

（a）单组式；（b）差动式

1，3—固定极板；2—可动极板

式（3-2）说明 ΔC 与 Δd 不是线性关系。但当 $\Delta d \ll d$（即变化量远小于极板间初始距离）时，可以认为 ΔC 与 Δd 是线性的。因此，这类传感器一般用来测量微小变化的量，如 0.01 μm 至零点几毫米的线位移等。

在实际应用中，为了改善非线性、提高灵敏度和减少外界因素（如电源电压、环境温度等）的影响，电容式传感器也和电感式传感器一样常常做成差动形式，如图 3-8（b）所示。当可动极板向上移动 Δd 时，极板 1、2 间电容增加，极板 2、3 间电容减小，这样可以消除外界因素所造成的测量误差和非线性误差。

2. 变面积型电容式传感器

图 3-9 所示为变面积型电容式传感器的结构示意图。与变极距型相比，它们的测量范围大，可测较大的线位移或角位移。图中 1、3 为固定极板，2 为可动极板。当被测量变化

使可动极板位移时，即改变了电极间的遮盖面积，电容 C 也就随之变化。当电容间遮盖面积由 S 变为 S' 时，电容的变化量为

$$\Delta C=\frac{S\varepsilon}{d}-\frac{S'\varepsilon}{d}=\frac{\varepsilon(S-S')}{d}=\frac{\varepsilon\cdot\Delta S}{d} \tag{3-3}$$

式中：$\Delta S=S-S'$。

由上式可知，在理想情况下，电容的变化量与面积的变化量呈线性关系，但由于电场的边缘效应等因素影响，其仍存在一定的非线性误差。

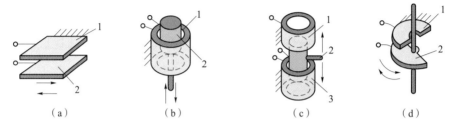

图 3-9　变面积型电容式传感器的结构示意图

（a）平面线位移型；（b）圆柱线位移单边型；（c）圆柱线位移差动型；（d）角位移型

1，3—固定极板；2—可动极板

在实际应用中，为了提高测量精度，变面积型电容式传感器大多采用差动式结构，如图 3-9（c）所示。当可动极板 2 上下移动后，1、2 之间与 2、3 之间的两个电容，一个遮盖面积增大，电容增大，另一个遮盖面积减小，电容减小。两者变化的数值相等、方向相反，构成差动变化。

3. 变介电常数型电容式传感器

变介电常数型电容式传感器大多用来测量电介质的厚度、位移、液位、液量，还可根据极间介质的介电常数随温度、湿度、容量的变化而变化来测量温度、湿度、容量等。以测液面高度为例，电容式液位传感器结构原理与等效电路如图 3-10 所示。

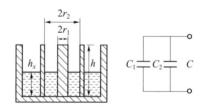

图 3-10　电容式液位传感器结构原理与等效电路

图 3-10 所示同轴圆柱形电容器的初始电容为

$$C_0=\frac{2\pi\varepsilon_0 h}{\ln(r_2/r_1)} \tag{3-4}$$

测量时，电容器的介质一部分是被测液体，一部分是空气。设 C_1 为液体有效高度 h_x 形成的电容，C_2 为空气高度（$h-h_x$）形成的电容，则有

$$C_1=\frac{2\pi\varepsilon h_x}{\ln(r_2/r_1)} \tag{3-5}$$

$$C_2 = \frac{2\pi\varepsilon_0(h-h_x)}{\ln(r_2/r_1)} \tag{3-6}$$

由于 C_1 和 C_2 并联，所以总电容为

$$C = \frac{2\pi\varepsilon h_x}{\ln(r_2/r_1)} + \frac{2\pi\varepsilon_0(h-h_x)}{\ln(r_2/r_1)} = \frac{2\pi\varepsilon_0 h}{\ln(r_2/r_1)} + \frac{2\pi(\varepsilon-\varepsilon_0)h_x}{\ln(r_2/r_1)} = C_0 + C_0\frac{(\varepsilon-\varepsilon_0)}{\varepsilon_0 h}h_x \tag{3-7}$$

其电容与被测量的关系为

$$C = \frac{2\pi\varepsilon_0 h}{\ln(r_2/r_1)} + \frac{2\pi(\varepsilon-\varepsilon_0)h_x}{\ln(r_2/r_1)} \tag{3-8}$$

式中：h——极筒高度；

r_1、r_2——内极筒外半径和外极筒内半径；

h_x、ε——被测液位高度及其介电常数；

ε_0——间隙内空气的介电常数。

可见，电容 C 理论上与液面高度 h_x 呈线性关系，只要测出传感器电容 C 的大小，就可得到液位高度。

3.3.2 电容式传感器的等效电路

在进行测量系统分析计算时，还需要知道电容式传感器的等效电路。以图 3-11 (a) 所示平板电容器的接线为例，研究从输出端 A、B 两点看得到的等效电路，它可以用图 3-11 (b) 表示。其中，L 为传输线的电感；R 为传输线的有功电阻，在集肤效应较小的情况下，即当传感器的励磁电压频率较低时，其值很小；C 为传感器的电容；C_p 为归结 A、B 两端的寄生电容，它与传感器的电容是并联的；R_p 为极板间等效漏电阻，它包括两个极板支架上的有功损耗及极间介质有功损耗，其值在制造工艺上和材料选取上应保证足够大。

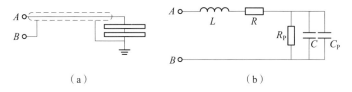

（a）　　　　　　　　　　（b）

图 3-11　平板电容器的接线

（a）接线；（b）等效电路

从上述电容式传感器的特点可知，克服寄生电容的影响，是电容式传感器能否实际应用的首要问题。从上述等效电路可知，在较低频率下使用时（激励电路频率较低），L 及 R 可以忽略不计，而只考虑 R_p 对传感器的分路作用。当使用频率增高时，就应考虑 L 及 R 的影响，而且主要是 L 的存在使 A、B 两端的等效电容 C_e 随频率的增加而增加，可求得

$$C_e = \frac{C}{1-\omega^2 LC} \tag{3-9}$$

式中：ω——角频率。

同时，电容式传感器的等效灵敏度 K_e 也将随激励源频率改变，有

$$K_e = \frac{\Delta C_e}{\Delta d} \tag{3-10}$$

式中：K_e——电容式传感器的等效灵敏度；

      ΔC_e——电容式传感器等效电容由于输入被测量 Δd 的改变而产生的增量。

由此可得

$$\Delta C_e = \frac{\Delta C}{(1-\omega^2 LC)^2} \tag{3-11}$$

即有

$$K_e = \frac{K}{(1-\omega^2 LC)^2} \tag{3-12}$$

由此可见，等效灵敏度将随激励频率而改变。因此在较高激励频率下使用这种传感器时，当改变激励频率或者更换传输电线时都必须对测量系统重新进行标定。

3.3.3 电容式传感器的应用

电容器的电容受到三个因素的影响，即极距、相互遮盖面积和极间介电常数，固定其中的两个变量，电容就是另一个变量的一元函数。只要想办法将被测非电量转换成极距、相互遮盖面积或介电常数的变化，就能通过测量电容这个参数来达到测量非电量的目的。

电容式传感器的用途有很多，例如可以利用相互遮盖面积变化的原理，测量直线位移、角位移，构成电子千分尺；利用介电常数变化的原理，测量环境相对湿度、液位、物位；利用极距变化的原理，测量压力、振动等。

1. 电容式料位计

电容式料位计示意图如图 3-12 所示。

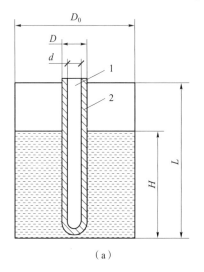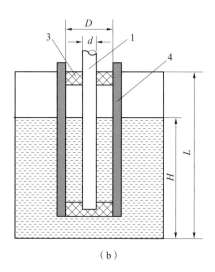

        （a）   （b）

图 3-12 电容式料位计示意图

（a）金属外套聚四氟乙烯式；（b）同轴内外金属管式

1—内电极；2—绝缘套管；3—绝缘环；4—外电极

1) 被测物料为导电体

如图 3-12（a）所示，电容式料位计以直径为 d 的不锈钢或纯铜棒作为电极，外套聚四氟乙烯塑料绝缘套管。将其插在储液罐中，此时导电介质本身为外电极，内、外电极极距为聚四氟乙烯塑料绝缘套管的厚度，当料位发生变化时，内、外极板的相互遮盖面积发生变化，从而使电容随之变化。

2) 被测物料为绝缘体

如图 3-12（b）所示，电容式料位计可采用裸电极作为内电极，外套以开有液体流通孔的金属外电极通过绝缘环装配。当被测液体的液面在两个电极间上下变化时，电极间介电常数不同的两种介质（上部为空气，下部为被测液体）的高度发生变化，从而使电容器的电容改变。被测液位的高度正比于电容器的电容变化。

2. 电容式测厚仪

电容式测厚仪主要用于测量金属带材在轧制过程中的厚度，其结构示意图如图 3-13 所示。在被测金属带材的上下两侧同样距离处各安装一个面积相等的极板，并且用导线连接作为电容的一个极板，金属带材作为电容的另一个极板。金属带材的厚度发生变化时，将引起电容上下两个极板间距的变化，从而引起电容的变化，用交流电桥检测并放大，可检测厚度变化。

3. 电容式听诊器

图 3-14 所示为生物医学上应用的电容式听诊器结构示意图，绷紧的膜片作为可动极板。当膜片受到声压的作用时，其与固定极板的间隙发生变化，从而改变了极板间的电容。

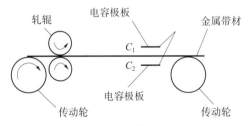

图 3-13　电容式测厚仪结构示意图

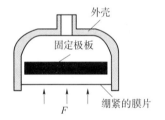

图 3-14　电容式听诊器结构示意图

4. 电容式荷重传感器

电容式荷重传感器结构示意图如图 3-15 所示。在一块浇铸性好、弹性极高的特种钢同一高度打上一排圆孔，在孔的内壁用特殊的黏结剂固定两个截面为 T 形的绝缘体，保持

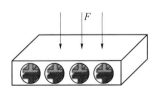

图 3-15　电容式荷重传感器结构示意图

其平行又留有一定间隙，在 T 形绝缘体顶平面粘贴铜箔，从而形成一排平行的平板电容。当钢块上端面承受质量时，将使圆孔变形。每个孔中的电容极板的间隙随之变小，其电容增大。由于在电路上各电容是并联的，所以输出反映的是平均作用力的变化。

3.3.4　接近开关（接近式传感器）

接近开关，即接近式传感器，也称为无触点接近开关，是理想的电子开关量传感器。

当检测体接近开关的感应区域，开关就能无接触、无压力、无火花地迅速发出电气指令，准确反映运动机构的位置和行程。即使用于一般的行程控制，其定位精度、操作频率、使用寿命、安装调整的方便性和对恶劣环境的适用能力，也是一般机械式行程开关所不能比的。它广泛地应用于医疗设备、电子设备、机床、冶金、化工、轻纺和印刷等行业，在自动控制系统中可作为限位、计数、定位控制和自动保护环节等。

1. 接近开关的分类

1）按原理分类

常见的接近开关有电感式、电涡流式、电容式、霍尔式、干簧式、热释电式、多普勒式、电磁感应式、微波式、超声波式。

2）按结构分类

一体式，即感应头和信号处理电路置于一体中；分离式，即感应头和信号处理电路分开安装；组合式，即多个感应头和信号处理电路组合在一体中。

3）按工作电压分类

直流型，即工作电压为 5~30 V；交流型，即工作电压为 AC 220 V 或 AC 110 V。

4）按输出信号分类

正逻辑输出方式，即传感器感应到信号时，输出从 0 跳变成 1；负逻辑输出方式，即传感器感应到信号时，输出从 1 跳变成 0。

5）按输出引线分类

四线制，有 2 根电源线和 2 根正、负逻辑输出的信号线；三线制，有 2 根电源线和 1 根正或负逻辑输出的信号线；二线制，2 根电源线与信号线合二为一。

6）按输出信号性质分类

电流输出：输出 50~500 mA 的电流，能直接驱动执行器；

电压输出：用于和各种数字电路相配合；

触点输出：用微型继电器的触点输出；

光耦输出：感应信号与输出信号隔离，用于计算机控制。

7）按信号传送方式分类

有线传送：感应头信号与后置处理电子线路直接相连；

无线传送：用于运动中的物体测试，或不能靠近、不能连线的场合。

2. 接近开关的选用要求与原则

在接近开关的选用和安装中，必须认真考虑检测距离、设定距离，传感器才能可靠动作，如图 3-16 所示。

1）检测距离

检测距离是指检测物件按一定方式移动时，从基准位置到检测面的空间距离。额定检测距离是指接近开关检测距离的标称值。

2）设定距离

设定距离是指接近开关在实际工作中的额定距离，一般为额定检测距离的 0.8 倍。被测物与接近开关之间的安装距离一般等于额定检测距离，以保证工作可靠。安装后还需通过调试，然后紧固。

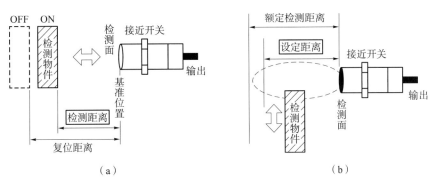

图 3-16　检测距离与设定距离

(a) 检测距离；(b) 设定距离

3）复位距离

复位距离是指接近开关检测后，又再次复位时与被测物件的距离，它略大于检测距离。

4）回差值

回差值是指检测距离与复位距离之间的绝对值。

对于不同材质的检测物件和不同的检测距离，应选用不同类型的接近开关，以使其在系统中具有较高性价比，在选型中应遵循以下原则。

（1）在一般的工业生产场所，通常都选用电涡流式接近开关和电容式接近开关。因为这两种接近开关对环境条件的要求较低。

（2）当被测对象是导电物体或是可以固定在一块金属物上的物体时，一般选用电涡流式接近开关，因为其响应频率高、抗环境干扰性能好、应用范围广、价格较低。

（3）若所测对象是非金属（如木材、纸张、玻璃等）、液位高度、粉状物高度、塑料、烟草等，则应选用电容式接近开关。这种开关响应频率低，但稳定性好。

（4）若被测物为导磁材料，当检测灵敏度要求不高时，可选用价格低廉的磁性接近开关或霍尔式接近开关。

（5）在环境条件比较好、无粉尘污染的场合，可采用光电式接近开关。光电式接近开关工作时对被测对象几乎无任何影响。因此，光电式接近开关在传真机及烟草机械上被广泛应用。

（6）在防盗系统中，自动门通常使用热释电接近开关、超声波接近开关、微波接近开关。

有时为了提高识别的可靠性，上述几种接近开关往往被复合使用。

无论选用哪种接近开关，都要注意所用传感器能符合对工作电压、负载电流、响应频率、检测距离等各项指标的要求。

选用接近开关应考虑的主要因素有使用要求、检测距离、输出信号要求、工作电源、信号感应面的位置、工作环境和价格。

对于接近开关的合理选用，必须从以上多个方面综合权衡，选择最佳组合。

3. 接近开关的安装方式

接近开关的安装方式有齐平式和非齐平式两种，如图 3-17 所示。

齐平式（又称埋入式）的接近开关表面可与被安装的金属物件形成同一表面，这样不易被碰坏，但灵敏度较低；非齐平式（又称非埋入式）的接近开关则要把感应头露出一定高度，否则将降低灵敏度。

图 3-17　齐平式（埋入式）和非齐平式（非埋入式）

1）响应频率

响应频率是指接近开关 1 s 内动作循环的最大次数，重复频率大于该值时，接近开关无反应。

2）输出形式

输出形式分 NPN 二线、NPN 三线、NPN 四线、PNP 二线、PNP 三线、PNP 四线、DC 二线、AC 二线，AC 五线（自带继电器）等几种。

4. 接近开关的接线

一般接近开关有两线、三线之分，三线制的有 PNP、NPN 两种接法，分别对应相应的 PLC 输出点，比如源型和漏型的输入点。接线时可以根据线的颜色进行区分，棕色或红色接电源正极，蓝色接电源负极，黑色接输入信号。

NPN 接通时是低电平输出，即接通时黑色线输出低电平（通常为 0 V）。图 3-18（a）所示即为 NPN 型三线接近开关原理图，中间电阻代表负载，此负载可以是金属感应物、继电器或 PLC 等，中间三个圆圈代表开关引出的三根线，其中棕线接正，蓝线接负，黑线为信号线，图中开关为常开开关。当开关动作时，黑色和蓝色两线接通，如图 3-18（b）所示，这时黑线输出电压与蓝线输出电压相同，自然就是负极（通常为 0 V）。

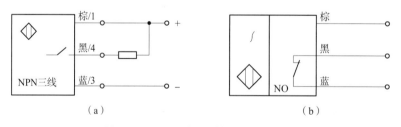

图 3-18　NPN 型三线接近开关原理图

（a）接线原理图；（b）NPN 接近开关动作时工作状态

PNP 接通时为高电平输出，即接通时黑线输出高电平（通常为 24 V）。图 3-19 为 PNP 型三线接近开关原理图，电阻代表负载，当开关动作时，图 3-19（a）中常开开关闭合，即黑线和棕线接通，如图 3-19（b）所示，此时棕线和黑线相当于一条线，电压自然就是正极电压（通常为 24 V）。

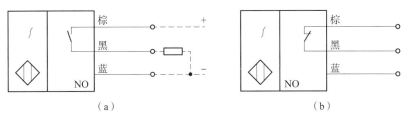

图 3-19　PNP 型三线接近开关原理图

（a）接线原理图；（b）PNP 接近开关动作时工作状态

需要特别注意的是接到 PLC 数字量输入模块的三线制接近开关的型式选择。PLC 数字量输入模块一般可分为两类：一类的公共输入端为电源 0 V，电流从输入模块流出（日本模式），此时，一定要选用 NPN 型三线接近开关；另一类的公共输入端为电源正端，电流流入输入模块，即阱式输入（欧洲模式），此时，一定要选用 PNP 型三线接近开关。

两线制接近开关受工作条件的限制，导通时开关本身产生一定压降，截止时又有一定的剩余电流流过，因此选用时应予以考虑。三线制接近开关虽然多了一根线，但不受剩余电流等不利因素的困扰，工作更为可靠。

有的厂商将接近开关的"常开"和"常闭"信号同时引出，或增加其他功能，此种情况，需按具体产品说明书接线。常见接近开关接线方式如图 3-20 所示。

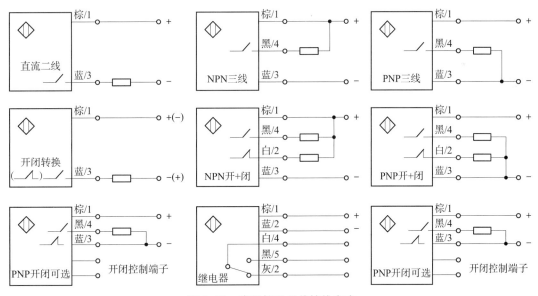

图 3-20　常见接近开关接线方式

5. 接近开关的装调与维护

接近开关在使用和安装时要注意以下注意事项。

（1）螺旋式开关安装时不可采用过大力矩紧固，紧固时请务必采用齿垫圈；无螺旋式柱形开关的安装采用调节螺钉时，紧固力矩不要超过 20~40 N·cm。

（2）在金属件上安装接近开关时，要防止非检测物体的干扰，要预留一定空间以避免接近开关误动作。

（3）在安装电容式接近开关时应注意：①检测区不应有金属物体，传感器与周围金属物体距离应大于 80 mm；②远离高频电场。

（4）防止接近开关之间的相互干扰。当开关对置或并列安装时，要保留合适间距，以免相互干扰而产生误动作。

（5）大部分接近开关检测距离（灵敏度）都可通过微调电位器调节。一般顺时针检测距离增大（灵敏度降低），逆时针相反，切忌在检测距离最大临界状态下使用。

（6）安装接近开关时，要将离开关 10 cm 左右的引线位置用线夹固定，防止开关引线受外力作用而损坏。

（7）直流接近开关应使用绝缘变压器，并确保稳压电源纹波。当有电力线、动力线通过开关引线周围时，要防止开关损坏或误动作，应将金属管套在开关引线上并接地。

（8）接近开关的使用距离要设定在额定距离以内，以免受温度和电压影响。

要使接近开关能长期、稳定工作，还要经常进行以下检查。

（1）检查被测物体及接近开关的安装位置有无偏移、松动和变形。

（2）检查接近开关的配线及连接部位有无松动、接触不良和断线。

（3）检查接近开关有无黏附金属粉末等沉积物和油污。

（4）检查使用场所的温度、湿度及环境条件有无异常。

（5）检查接近开关检测距离有无异常等。

如果在定期检查中发现问题，就要及时处理，适当维修，保证接近开关正常工作。

3.4　实践操作

3.4.1　接线

按照电容式传感器实验接线图（见图 3-5）完成设备连接。

3.4.2　网络图

本项目如果使用台式电脑，可以在设备下方的电源明盒中的网口连接。本实验的 PLC 网口连接的是背后的交换机，电源明盒内部接的也是背后的交换机。如果使用台式电脑，可以使用直流电源模块中网络接口网线连接，如图 3-21 所示。

图 3-21　网络接口

3.4.3 设备组态

打开博途软件 ，双击创建新项目——创建——设备与网络——添加新设备；双击 6ES7215-1AG40-0XB0；双击"设备组态"选项，添加 6ES7241-1CH32-0XB0、6ES7234-4HE32-0XB0 和 6ES7278-4BD32-0XB0。

双击"设备组态"选项，双击 6ES7215-1AG40-0XB0 图案，查看属性 PROFINET 接口〔X1〕——以太网地址——IP 协议——IP 地址：192.168.1.1，将 IP 地址修改为 192.168.1.***，如图 3-22 所示。

图 3-22 以太网地址设置

单击 PLC 变量——显示所有变量——名称输入传感器，地址 I0.0，如图 3-23 所示。

图 3-23 输入传感器设置

单击 选项，单击 按钮，下载。

单击 转至在线 按钮，查看 PLC 变量。单击 按钮，现在可以监视 I0.0 的值，可以将工件放置在传感器检测范围内，如图 3-24 所示。

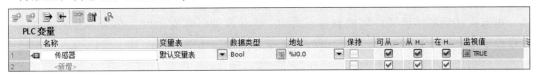

图 3-24 传感器监视值设置

3.5　综合评价

各小组展示实验结果，介绍任务的完成过程并提交阐述材料，进行学生自评、学生小组内互评、教师评价，并完成表 3-2。

表 3-2　考核评价表

评价项目	评价内容	分值	自评 20%	互评 20%	教评 60%	合计
职业素养 40分	爱岗敬业，安全意识、责任意识、服从意识	10				
	积极参加任务活动，完成实训内容	10				
	团队合作、交流沟通能力，集体主义精神	10				
	劳动纪律	5				
	现场 "6S" 标准，行为规范	5				
专业能力 50分	专业资料检索能力，分析能力	10				
	制订计划能力，严谨认真	10				
	操作符合规范，精益求精	10				
	工作效率，分工协作	5				
	任务验收质量，质量意识	15				
创新能力 10分	创新性思维和活动	10				
合计		100				

3.6　知识拓展

电容式传感器的测量电路

电容式传感器转换元件将被测非电量的变化转换为电容变化后，必须通过测量电路将其转换成电压、电流或频率信号。电容式传感器的测量电路有很多种，常用的有交流桥式电路、调频电路、运算放大器电路、脉冲宽度调制电路等。

1. 交流桥式电路

1) 交流单臂桥式电路

图 3-25 所示为交流单臂桥式电路。高频电源经变压器接到电桥的一条对角线上，电容 C_1、C_2、C_3、C_x 构成电桥的四臂，其中 C_1、C_2、C_3 为固定电容，C_x 为电容式传感器。交流电桥平衡时，$\dot{U}=0$，要求

$$\frac{C_1}{C_2}=\frac{C_3}{C_x} \tag{3-13}$$

当 C_x 改变时，$\dot{U}\neq0$。电容式传感器的 C_x 值随被测物理量的变化而变化，所以输出电压就反映了被测物理量的变化值。

2) 交流差动桥式电路

图 3-26 所示为交流差动桥式电路。其中，C_{x1} 和 C_{x2} 为差动式电容传感元件，二者变化的数值相等、方向相反。当电桥输出端开路（负载阻抗为无穷大）时，输出电压为

$$\dot{U}_o=\frac{\dot{U}_i}{2}\times\frac{C_{x1}-C_{x2}}{C_{x1}+C_{x2}} \tag{3-14}$$

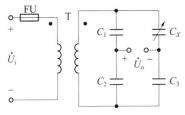

图 3-25 交流单臂桥式电路

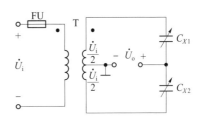

图 3-26 交流差动桥式电路

如果 C_{x1} 和 C_{x2} 选用变极距型电容式传感器时，$C_{x1}=\dfrac{\varepsilon A}{d_0-\Delta d}$，$C_{x2}=\dfrac{\varepsilon A}{d_0+\Delta d}$，代入式（3-14），则有

$$\dot{U}_o=\frac{\dot{U}_i}{2}\times\frac{\Delta d}{d_0} \tag{3-15}$$

式中：d_0——电容极板初始极距；

Δd——电容极板极距变化值。

由式（3-15）可见，交流差动桥式电路对于变极距型电容式传感器，其输出电压与极板极距变化值也呈线性关系。

应该指出的是，由于电桥输出电压与电源电压成比例，因此要求电源电压波动极小，需采用稳幅、稳频等措施；传感器必须工作在平衡位置附近，否则电桥非线性将增大；接有电容式传感器的交流电桥输出阻抗很高（一般达几至几十兆欧），输出电压幅值又小，所以必须后接高输入阻抗放大器将信号放大后才能测量。

2. 调频电路

把电容式传感器接入调频振荡的 LC 谐振网络中，当电容式传感器电容 C_x 发生改变时，其振荡频率 f 也发生相应变化，实现由电容到频率的转换。由于振荡器的频率受电容式传感器的电容调制，这样就实现 C—f 的转换，故称为调频电路。但伴随频率的改变，

振荡器输出幅值也往往要改变,为克服后者,在振荡器之后再加入限幅环节。虽然可将此频率作为测量系统的输出量,用以判断被测量的大小,但这时系统是非线性的,而且不易校正,因此在系统之后可再加入鉴频器,用此鉴频器可调整非线性特性去补偿其他部分的非线性,使整个系统获得线性特性,这时整个系统的输出将为电压或电流等模拟量。调频电路如图 3-27 所示。

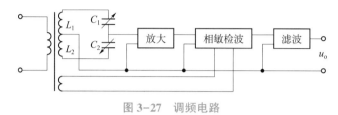

图 3-27　调频电路

图中调频振荡器的频率可由下式决定:

$$f = \frac{1}{2\pi\sqrt{LC_x}} \tag{3-16}$$

式中:L——振荡回路的电感;

　　　C_x——电容式传感器总电容。

若电容式传感器尚未工作,则 $C_x = C$,即为传感器的初始电容值,此时振荡器的频率为常数 f_0,即

$$f_0 = \frac{1}{2\pi\sqrt{LC_0}} \tag{3-17}$$

f_0 常选在 1 MHz 以上。

当电容式传感器工作时,$C_x = C_0 \pm \Delta C$,ΔC 为电容变化量,则谐振频率相应的改变量为 Δf,则有

$$f_0 \pm \Delta f = \frac{1}{2\pi\sqrt{L(C_0 \pm \Delta C)}} \tag{3-18}$$

振荡器输出的高频电压将是一个受被测信号调制的调频波。

3. 运算放大器电路

变极距型电容式传感器的电容与极距之间成反比关系,传感器存在原理上的非线性。图 3-28 是运算放大器电路原理图。C_x 是电容式传感器,e_s 是交流电源电压,e_o 是输出信号电压。根据放大器工作原理,有

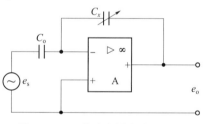

图 3-28　运算放大器电路原理图

$$e_o = -e_s \frac{C_o}{C_x} \tag{3-19}$$

利用运算放大器的反相比例运算,可以使转换电路的输出电压与极距之间的关系变为线性关系,从而使整个测试装置的非线性误差大大减小。

运算放大器电路的原理较为简单,灵敏度和精度最高。但一般需用"驱动电缆"技术来消除电缆电容的影响,电路较为复杂且调整困难。

4. 脉冲宽度调制电路

脉冲宽度调制电路（PWM）是利用电容式传感器的电容充放电，使电路输出脉冲的占空比随电容式传感器的电容变化而变化，然后通过低通滤波器得到对应于被测量变化的直流信号，能获得线性输出。双稳态输出信号一般是 100 kHz~1 MHz 的矩形波，所以直流输出只需经低通滤波器简单引出，不需要解调器，即能获得直流输出。电路采用稳定度较高的直流电源，这比其他测量线路中要求高稳定度的稳频、稳幅的交流电源易于做到。如果将双稳态触发器 Q 端的电压信号送到计算机的定时、计数引脚，则可以用软件来测出占空比 q，从而计算出 ΔC 的数值。这种直接采用数字处理的方法不受电源电压波动的影响。

图 3-29 所示为由电容式传感器构成的脉冲宽度调制电路。当双稳态触发器的 Q 端输出为高电平时，A 点通过 R_1 向 C_1 充电，F 点电位逐渐升高。在 Q 端为高电平期间，$\overline{Q}$ 端为低电平，电容 C_2 通过低内阻的二极管 VD_2 迅速放电，G 点电位被钳位在低电平。当 F 点电位升高超过参考电压 U_R 时，比较器 A_1 产生一个"置 0 脉冲"，触发双稳态触发器翻转，A 点跳变为低电位，B 点跳变为高电位。此时，C_1 经二极管 VD_1 迅速放电，F 点被钳位在低电平，而同时 B 点高电位经 R_2 向 C_2 充电。当 G 点电位超过 U_R 时，比较器 A_2 产生一个"置 1 脉冲"，使触发器再次翻转，A 点恢复为高电位，B 点恢复为低电位。如此周而复始，在双稳态触发器的两输出端各自产生一个宽度受电容 C_1、C_2 调制的脉冲波形，实现 C/U 转换。对于差动脉冲宽度调制电路，无论是改变平板电容的极距还是极板间的相互遮盖面积，其变化量与输出量都呈线性关系。

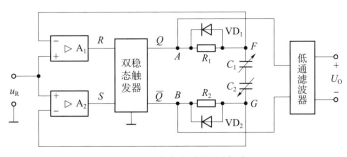

图 3-29 脉冲宽度调制电路

🎵 思考与练习

1. 电容式传感器的工作原理。

如图 3-30 所示，使用万用表测量两片圆形铜片间的电容数值。

（1）将两片直径为 30 mm 的圆形铜片相互接近，用万用表的电容 1 000 pF 量程测量两者之间的电容。

（2）在两者之间逐渐插入塑料薄膜，观察电容的变化值。

（3）保持两者的距离，将这两片铜片向水平方向分开，观察万用表测得的电容变化情况。

（4）记录测试细节并总结得出电容式传感器的工作原理。

2. 总结电容式传感器的分类及特点，绘制出电容式传感器分类的思维导图。

3. 电容式接近开关的识别和检测。

要求：观察各个电容式接近开关的线制和导线颜色，查看使用说明书，初步确定接线方式，并将主要技术参数填入表 3-3 中。

图 3-30　1 题图

表 3-3　电容式接近开关主要技术参数

序号	开关类型	接线方式	输出类型	供电方式	检测距离	工作电流	工作电压
1							
2							
3							
4							
5							
6							

4. 电容式接近开关的应用。

根据图 3-31，完成下列要求：

图 3-31　4 题图

（1）根据电路原理图进行接线，实现利用电容式传感器检测物体接近的回路；

（2）接通电源，观察物体靠近、远离电容式传感器时指示灯的状态；

（3）查阅资料页，调节电容式传感器的灵敏度，观察电容式传感器对不同材质的工件的感应距离，以及灵敏度的调节情况。

（4）记录测试细节及问题总结。

5. 电容式传感器有哪几种类型？差动式电容传感器有什么优点？

6. 电容式传感器有哪几种类型的测量电路？各有什么特点？

项目4　光电式传感器及其应用

知识目标	1. 认识不同类型的光电式传感器（光敏电阻、光敏晶体管、光电管等）。 2. 掌握不同光电式传感器的工作原理。 3. 掌握光电式传感器的接线方式，并能熟练应用
技能目标	掌握光电式传感器的识别、选用和检测方法
素质目标	1. 提高学生分析问题和解决问题的能力。 2. 培养学生的沟通能力及团队协作精神

现在许多家庭经常会买一个小夜灯（见图4-1），晚上起床时就不会什么都看不见，而且小夜灯光照强度不大，对眼睛不会造成很强的刺激。而在白天，这个小夜灯会自动熄灭，晚上又会自动点亮，极为便捷。

为了更好地节约用电，楼道灯一般会采用声光来进行控制（见图4-2）。也就是说，无论是在白天还是在晚上，只有有人经过发出声音的时候，楼道灯才会点亮，否则楼道灯是不会点亮的。

图4-1　小夜灯

图4-2　声光楼道灯

　项目描述

光电式传感器是将被测量的变化转换成光信号的变化，再通过光电器件将光信号的变化转换成电信号的一种传感器。光电式传感器一般由光源、光学通路和光敏元件三部分组成。光电检测方法具有频谱高、不易受电磁干扰、响应快、非接触测量、可靠性高等优点，在自动检测、计算机和控制系统中得到了广泛应用。工业用光电式传感器主要有对射式、漫反射式、回归反射式等类型。

对射式光电传感器：若把发光器和收光器分离开，就可使检测距离加大，一个发光器和一个收光器组成对射式光电传感器，也称对射式光电开关。对射式光电开关的检测距离可达几米，甚至几十米。使用对射式光电开关时，把发光器和收光器分别装在检测物通过路径的两侧，检测物通过时阻挡光路，收光器动作，输出一个开关控制信号。

漫反射式光电传感器：也称漫反射式光电开关，其检测头里也装有一个发光器和一个收光器，但漫反射式光电开关前方没有反光板。正常情况下，发光器发出的光收光器是找不到的。在检测时，检测物通过时会挡住光，并把光部分反射回来，收光器就收到光信号，输出一个开关信号。

回归反射式光电传感器：把发光器和收光器装入同一个装置内，在前方装一块反光板，利用反射原理完成光电控制作用，称为回归反射式（或反光板反射式）光电传感器，也称回归反射式光电开光。正常情况下，发光器发出的光源被反光板反射回来再被收光器收到，一旦被检测物挡住光路，收光器收不到光，光电开关就动作，输出一个开关控制信号。

本项目利用智能传感器综合实训平台，完成光电式传感器实验。结合 PLC（S7-1200），通过本次实验，学生可了解光电式传感器的基本知识以及安装接线、工作原理等知识。

4.2　项目准备

4.2.1　实训设备

智能传感器综合实训平台是集传感器选型、接线与功能应用为一体的综合实训平台，主要由电阻式、电容式、电磁式、电感式、光电式、温度、流量、压力、激光、安全光幕、安全门开关、RFID、绝对式编码器、增量式编码器、位移编码器等传感器组成。本项目所需实训设备如表 4-1 所示。

表 4-1　本项目所需实训设备

序号	设备名称	型号规格	代号
1	智能传感器综合实训平台	PCG01	—
2	可编程控制器	6ES7215-1AG40-0XB0	PLC
3	对射式光电传感器	E3Z-T61-（D/L）	B4
4	漫反射式光电传感器	E3Z-LS61	B5

续表

序号	设备名称	型号规格	代号
5	回归反射式光电传感器	E3Z-R61	B6
6	编程软件—博途	TIA V16	—
7	迭插头对	KT3ABD53 红（1 m）/3 根	—
8	迭插头对	KT3ABD53 蓝（1 m）/2 根	—
9	迭插头对	KT3ABD53 绿（1 m）/1 根	—
10	迭插头对	KT3ABD53 黑（1 m）/1 根	—
11	网线	—	—

4.2.2　光电式传感器

对射式光电传感器如图 4-3 所示，漫反射式光电传感器如图 4-4 所示，回归反射式光电传感器如图 4-5 所示，光电式传感器实验接线图如图 4-6 所示。

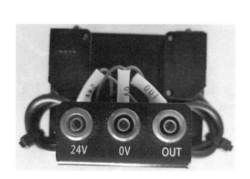

图 4-3　对射式光电传感器

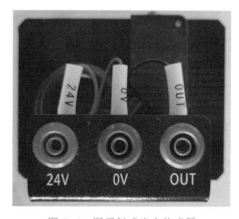

图 4-4　漫反射式光电传感器

图 4-5　回归反射式光电传感器

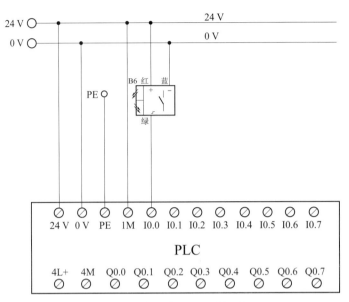

图 4-6　光电式传感器实验接线图

4.3　知识学习

4.3.1　光电式传感器

光电式传感器（或称光敏传感器）是利用光电器件把光信号转换成电信号（电压、电流、电荷、电阻等）的装置。光电式传感器工作时，先将被测量的变化转换为光量的变化，然后通过光电器件把光量的变化转换为相应的电量变化，从而实现对非电量的测量。

光电式传感器具有结构简单、响应速度快、高精度、高分辨率、高可靠性、抗干扰能力强（不受电磁辐射影响，本身也不辐射电磁波）、可实现非接触式测量等特点，可以直接检测光信号，还可以间接测量温度、压力、位移、速度、加速度等。虽然它是发展较晚的一类传感器，但其发展速度快、应用范围广，具有很大的应用潜力。

1. 光电效应

根据爱因斯坦光电效应方程，当光照射在某些物体上时，光能量作用于被测物体而使其释放电子，即物体吸收具有一定能量的光子后所产生的电效应，这就是光电效应。光电效应中所释放的电子叫光电子，光电子在外电场中运动所形成的电流称为光电流，能产生光电效应的敏感材料称作光电材料。光电效应一般分为外光电效应和内光电效应两大类。根据光电效应可以做出相应的光电转换元器件，简称光电器件或光敏器件，它是构成光电式传感器的主要部件。

当光照射到金属或金属氧化物的光电材料上时，光子的能量传给光电材料表面的电子，如果入射到表面的光能使电子获得足够的能量，电子会克服正离子对它的吸引力，脱离材料表面进入外界空间，这种现象称为外光电效应。外光电效应是在光线作用下，电子逸出物体表面的现象。根据外光电效应做出的光电器件有光电管和光电倍增管。

内光电效应是指物体受到光照后所产生的光电子只在物体内部运动，而不会逸出物体的现象。内光电效应多发生于半导体内，可分为因光照引起半导体电阻率变化的光电导效应和因光照产生电动势的光生伏特效应两种。光电导效应是指物体在入射光能量的激发下，其内部产生光生载流子（电子空穴对），使物体中载流子数量显著增加而电阻减小的现象。这种效应在大多数半导体和绝缘体中都存在，但金属因电子能态不同，不会产生光电导效应。光生伏特效应是指光照在半导体中激发出的光电子和空穴在空间分开而产生电位差的现象，是将光能变为电能的一种效应。

基于光电导效应的典型光电器件有光敏电阻；基于光生伏特效应的典型光电器件有光电池。此外，光敏二极管、光敏三极管也是基于光生伏特效应的光电器件。

2. 光敏电阻

光敏电阻又称光导管，是一种均质半导体器件。它具有灵敏度高、工作电流大（可达数毫安）、光谱响应范围宽、体积小、质量轻、机械强度高、耐冲击、耐振动、抗过载能力强、寿命长、使用方便等优点，但存在响应时间长、频率特性差、强光线性差、受温度影响大等缺点，主要用于红外的弱光探测和开关控制领域。

1）光敏电阻的结构和工作原理

当入射光照到半导体上时，若光电导体为本征半导体材料，而且光辐射能量又足够强，则电子受光子的激发由价带越过禁带跃迁到导带，在价带中就留有空穴。在外加电压下，导带中的电子和价带中的空穴同时参与导电，即载流子数增多，电阻率下降。由于光的照射使半导体的电阻变化，所以这种光电器件称为光敏电阻。如果把光敏电阻连接到外电路中，在外加电压的作用下，电路中有电流流过，用检流计可以检测到该电流；如果改变照射到光敏电阻上的光通量（即照度），发现流过光敏电阻的电流发生了变化，即光照能改变电路中电流的大小，实际上是光敏电阻的阻值随照度发生了变化。图4-7（a）为单晶光敏电阻的外形。一般单晶的体积小，感光面也小，额定电流容量低。为了加大感光面，通常采用微电子工艺在玻璃（或陶瓷）基片上均匀地涂敷一层薄薄的光电导多晶材料，经烧结后放上掩蔽膜，蒸镀上两个金（或铟）电极，再在光敏电阻材料表面覆盖一层漆保护膜（用于防止周围介质的影响，但要求该漆保护膜对光敏层最敏感波长范围内的光线透射率最大）。感光面大的光敏电阻的表面大多采用图4-7（b）所示的梳状电极结构，这样可得到比较大的光电流。图4-7（c）为单晶光敏电阻的测量电路。

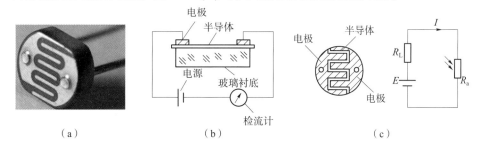

（a）　　　　　　　　（b）　　　　　　　　（c）

图4-7　单晶光敏电阻的外形、结构及测量电路

（a）外形；（b）结构；（c）测量电路

2）典型的光敏电阻

典型的光敏电阻有硫化镉（CdS）、硫化铅（PbS）、锑化铟（InSb）以及碲化镉汞（$Hg_{1-x}Cd_xTe$）系列光敏电阻。

（1）硫化镉光敏电阻是最常见的光敏电阻，其光谱响应特性最接近人眼光谱视觉效率，在可见光波段范围内的灵敏度最高，因此，被广泛用于灯光的自动控制和照相机的自动测光等。硫化镉光敏电阻的峰值响应波长为 0.52 μm。

（2）硫化铅光敏电阻在近红外波段最灵敏，在 2 μm 附近的红外辐射的探测灵敏度很高，常用于火灾等领域的探测。硫化铅光敏电阻通常用真空蒸发或化学沉积的方法制备，是厚度为微米级的多晶薄膜或单晶薄膜。硫化铅光敏电阻的光谱响应特性与工作温度有关，随着工作温度的降低，其峰值响应波长将向长波方向移动。

（3）锑化铟光敏电阻是 3~5 μm 光谱范围内的主要探测器件之一，锑化铟光敏电阻由单晶材料制备，制造工艺较成熟，经过切片、磨片、抛光后的单晶材料，再采用腐蚀的方法减薄到所需要的厚度便制成单晶锑化铟光敏电阻。

（4）碲化镉汞系列光敏电阻是目前所有红外探测器中性能最优良、最有前途的探测器件，尤其是对于 4~8 μm 大气窗口波段辐射的探测。$Hg_{1-x}Cd_xTe$ 系列光敏电阻是由碲化汞（HgTe）和碲化镉（CdTe）两种材料的晶体混合制成的，其中 x 表示镉（Cd）元素含量的组分，其变化范围一般为 0.18~0.4，对应的波长变化范围为 1~30 μm。

3）光敏电阻的主要参数和基本特性

光敏电阻的选用取决于它的主要参数和基本特性，如暗电阻、亮电阻与光电流，光敏电阻的伏安特性、光照特性、光谱特性、频率特性、温度特性，以及其灵敏度、时间常数和最佳工作电压等。

（1）暗电阻、亮电阻与光电流。暗电阻、亮电阻和光电流是光敏电阻的主要参数。光敏电阻在未受到光照时的阻值称为暗电阻，此时流过的电流称为暗电流。受到光照时的电阻称为亮电阻，此时的电流称为亮电流。亮电流与暗电流之差，称为光电流。

光敏电阻的暗电阻越大、亮电阻越小，则性能越好。也就是说，暗电流小，亮电流大，光敏电阻的灵敏度就高。实际上，光敏电阻的暗电阻往往超过 1 MΩ，甚至超过 100 MΩ，而亮电阻即使在正常白昼条件下也可降到 1 kΩ 以下。暗电阻与亮电阻之比一般在 10^2~10^6，可见光敏电阻的灵敏度是相当高的。

（2）光敏电阻的伏安特性。在一定照度下，光敏电阻两端所加的电压与光电流之间的关系称为伏安特性。硫化镉光敏电阻的伏安特性如图 4-8 所示，虚线为允许功耗线或额定功耗线（使用时应不使光敏电阻的实际功耗超过额定值）。由曲线可知，所加的电压越高，光电流越大，而且没有饱和现象，但是电压不能无限增大。在给定的电压下，光电流的数值将随光照增强而增大，其电压—电流关系为直线，即其阻值与入射光量有关。

3）光敏电阻的光照特性。光敏电阻的光照特性用于描述光电流和照度之间的关系，绝大多数光敏电阻的光照特性曲线是非线性的，不同光敏电阻的光照特性是不同的，硫化镉光敏电阻的光照特性如图 4-9 所示。光敏电阻一般在自动控制系统中用作开关式光电信号转换器，而不宜用作线性测量元件。

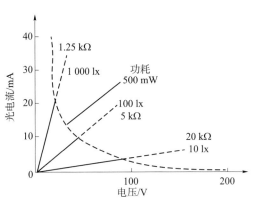

图 4-8　硫化镉光敏电阻的伏安特性

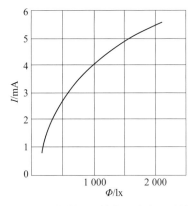

图 4-9　硫化镉光敏电阻的光照特性

（4）光敏电阻的光谱特性。对于不同波长的光，不同的光敏电阻的灵敏度是不同的，即不同的光敏电阻对不同波长的入射光有不同的响应特性。光敏电阻的相对灵敏度与入射光波长的关系称为光谱特性。

几种常用光敏电阻的光谱特性如图 4-10 所示。从图中可以看出，对于不同材料制成的光敏电阻，其光谱响应的峰值是不一样的，即不同的光敏电阻最敏感的光波长是不同的，从而决定了它们的适用范围是不一样的。如硫化镉的峰值在可见光区域，而硫化铊的峰值在红外区域。因此，在选用光敏电阻时，应当把元件和光源的种类结合起来考虑，这样才能获得满意的结果。

（5）光敏电阻的时间常数和频率特性。实验证明，光敏电阻的光电流不能随着光照量的改变而立即改变，即光敏电阻产生的光电流有一定的惰性，这个惰性通常用时间常数来描述。时间常数为光敏电阻自停止光照起到电流下降为原来的 63% 所需要的时间，因此，时间常数越小，响应越迅速。但大多数光敏电阻的时间常数都较大，这是它的缺点之一。不同材料的光敏电阻有不同的时间常数，因此其频率特性也各不相同，与入射的辐射信号的强弱有关。

图 4-11 所示为硫化镉和硫化铅光敏电阻的频率特性。硫化铅的使用频率范围最大，其他都较差。目前正在通过改进生产工艺来改善各种材料光敏电阻的频率特性。

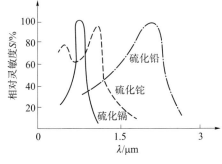

图 4-10　几种常用光敏电阻的光谱特性

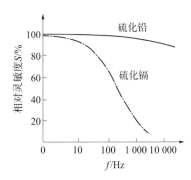

图 4-11　硫化镉和硫化铅光敏电阻的频率特性

（6）光敏电阻的温度特性。光敏电阻为多数载流子导电的光电器件，具有复杂的温度特性。光敏电阻的温度特性与光电导材料有密切关系，不同材料的光敏电阻有不同的温度特性；光敏电阻的光谱响应、灵敏度和暗电阻都要受到温度变化的影响。受温度影响最大的是硫化铅光敏电阻，其温度特性如图 4-12 所示。

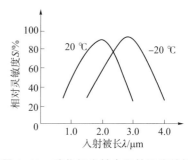

图 4-12　硫化铅光敏电阻的温度特性

随着温度的上升，其温度特性曲线向左（即短波长的方向）移动。因此，要求硫化铅光敏电阻在低温、恒温的条件下使用。

3. 光敏二极管和光敏三极管

1）光敏二极管和光敏三极管的原理

光敏二极管的结构与一般二极管的结构相似。它装在透明的玻璃外壳中，其 PN 结装在管的顶部，可以直接受到光的照射，其结构与符号如图 4-13 所示。光敏二极管在电路中一般处于反向工作状态，其接线图如图 4-14 所示。当没有光照射时，反向电阻很大，反向电流很小，这种反向电流称为暗电流。当光线照射在 PN 结上时，光子打在 PN 结附近，使 PN 结附近产生光生电子和光生空穴对，它们在 PN 结处的内电场作用下做定向移动，形成光电流。光的照度越大，光电流就越大。因此，光敏二极管在不受光照射时处于截止状态，受光照射时处于导通状态。

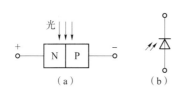

图 4-13　光敏二极管的结构和符号

（a）结构；（b）符号

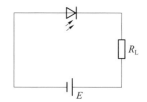

图 4-14　光敏二极管的接线图

光敏三极管与一般三极管相似，具有两个 PN 结，如图 4-15（a）所示，只是它的发射极一般做得很大，以扩大光的照射面积。光敏三极管的接线图如图 4-15（b）所示。大多数光敏三极管的基极无引出线，当集电极加上相对于发射极为正的电压而不接基极时，集电极就是反向偏压，当光照射在集电结时就会在结附近产生电子—空穴对，光使电子移动到集电极，基区留下空穴，使基区与发射极间的电压升高，这样便会有大量的电子流向集电极形成输出电流，且集电极电流为光电流的 β 倍，所以光敏三极管具有放大作用。

光敏三极管的光电灵敏度虽然比光敏二极管高得多，但在需要高增益或大电流输出的场合，需采用达林顿光敏管。图 4-16 所示为达林顿光敏管的等效电路，它是一个光敏三极管与一个三极管以共集电极方式连接的集成器件。由于增大了一级电流放大，所以输出电流能力大大增强，甚至可以不必经过进一步放大，便可直接驱动灵敏继电器。但由于无光照时的暗电流也增加，因此达林顿光敏管适用于开关状态的光电转换。

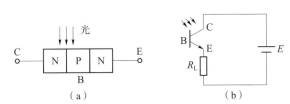

图 4-15　光敏三极管的结构和接线图

（a）结构；（b）接线图

图 4-16　达林顿光敏管的等效电路

2）基本特性

（1）光谱特性。光敏晶体管的光谱特性是指在一定的照度时，输出的光电流（或用相对灵敏度表示）与入射光波长的关系。硅和锗光敏二极管的光谱特性曲线如图 4-17 所示。

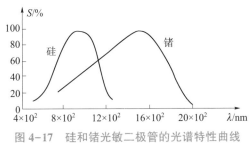

图 4-17　硅和锗光敏二极管的光谱特性曲线

从曲线可以看出，硅的峰值波长约为 0.9 μm，锗的峰值波长约为 1.5 μm，此时二者的相对灵敏度最大，而当入射光的波长增长或缩短时，相对灵敏度都会下降。一般来讲，锗的暗电流较大，因此性能较差，故在可见光或探测炽热状态物体时，一般都用硅管。而在红外线探测时，锗管较为适宜。

（2）伏安特性。图 4-18（a）为硅光敏二极管的伏安特性曲线，横坐标表示所加的反向偏压。当光照时，反向电流随照度的增大而增大，在不同的照度下伏安特性曲线几乎平行，所以只要没达到饱和值，它的输出实际上不受反向偏压大小的影响。图 4-18（b）为硅光敏三极管的伏安特性曲线，纵坐标为光电流，横坐标为集电极-发射极电压。从图中可见，由于晶体管具有放大作用，在同样的照度下，其光电流比相应的二极管大上百倍。

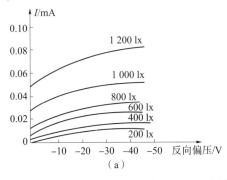

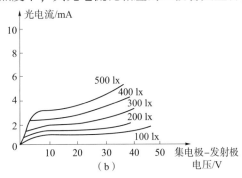

（a）　　　　　　　　　　　　　　（b）

图 4-18　硅光敏二极管的伏安特性曲线

（a）硅光敏二极管；（b）硅光敏三极管

4.3.2　光电式传感器的基本形式

光电式传感器由光路及电路两大部分组成。光路部分实现被测信号对光量的调制；电路部分完成从光信号到电信号的转换。按测量光路组成来看，光电式传感器可分为以下四种基本形式。

1. 透射式光电传感器

透射式光电传感器是利用光源发出恒定光通量的光，并使其穿过被测对象，其中部分光被吸收，而其余的光则到达光敏器件上，转变为电信号输出。如图4-19（a）所示，根据被测对象吸收光通量的多少就可确定出被测对象的特性，此时，光敏器件上输出的光电流是被测对象所吸收光通量的函数。这类传感器可用来测量液体、气体和固体的透明度和混浊度等参数。

2. 反射式光电传感器

反射式光电传感器是将恒定光源发出的光投射到被测对象上，由光敏器件接收其反射光通量，如图4-19（b）所示。反射光通量的变化反映被测对象的特性。例如，光通量变化的大小，可以反映被测物体的表面光洁度；光通量的变化频率，可以反映被测物体的转速。

3. 辐射式光电传感器

这种形式的传感器，其光源本身就是被测对象，即被测对象本身是一种辐射源。光敏器件接收辐射能的强弱变化，如图4-19（c）所示，光通量的强弱与被测参量（例如温度）的高低有关。

4. 开关式光电传感器

在开关式光电传感器的光源与光敏器件间的光路上，有物体时，光路被切断，没有物体时，光路畅通，如图4-19（d）所示。光敏器件上表现为有光（无物体阻挡）就有电信号，无光（有物体阻挡）则无电信号，即仅为"0"或"1"的两种开关状态。它的使用形式有开关、计数和编码三种。

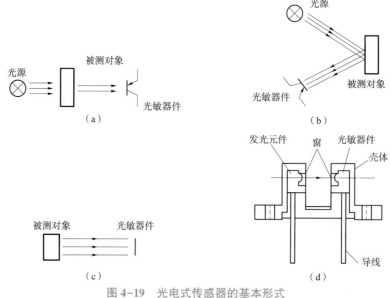

图4-19　光电式传感器的基本形式

（a）透射式；（b）反射式；（c）辐射式；（d）开关式

光电开关中较为常见的有对射式光电开关、漫反射式光电开关和回归镜反射式光电开关。

1）对射式光电开关

如图 4-20 所示，对射式光电开关包含在结构上相互分离且光轴相对放置的发光器和收光器，发光器发出的光线直接进入收光器。当被检测物经过发光器和收光器之间且阻断光线时，光电开关产生开关信号。当检测物不透明时，对射式光电开关是最可靠的检测器件。

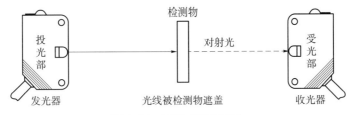

图 4-20　对射式光电开关

2）漫反射式光电开关

如图 4-21 所示，漫反射式光电开关的发光器和收光器集于一体，二者处于同一侧位置，利用光照射到检测物上反射回来的光线进行工作。由于没有反光板，正常情况下发光器发出的光，收光器是无法接收到的，只有当检测物经过时，将发光器发出的光反射回来，使收光器收到信号，传感器才能产生输出信号。对于表面光亮或其发射率极高的检测物，漫反射式光电接近开关是首选的检测器件。

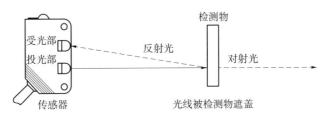

图 4-21　漫反射式光电开关

漫反射式光电开关的特点：检测特性与介质表面的反射率有较大关系；传感器对距离比较敏感，如果传感器位置安装不当，可能检测不到信号，或传感器信号不稳定。

3）回归反射式光电开关

如图 4-22 所示，在其相对位置安置一个反光镜，利用发光器发出的光线经过反光镜反射到收光器上。在光的传输路上如果没有检测物，则收光器可以通过反光镜接收到发光器发出的光线；如果有检测物，则收光器接收不到发光器发出的光线，引起传感器输出信号的变化。

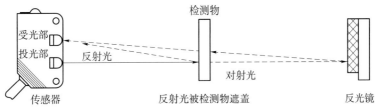

图 4-22　回归反射式光电开关

回归反射式光电开关的特点：可以直接检测不透明的物质，但是如果被检测物表面很光洁且导入时与光轴正交（90°），则可能检测异常；反射镜的位置容易安装；检测距离较大。

4）安装要求

（1）不能安装在水、油、灰尘多的地方；

（2）回避强光及室外太阳光等直射的地方，传感器的接收端不能直接正对很强的光源，如太阳光、大功率电灯或其他光源，一般常用工件挡住强光或将传感器旋转一定角度进行使用；

（3）消除背景物的影响，如果被测物体是可以透光的介质，当光线穿过被测物体后，可能会被其后面的背景物反射回来，影响传感器的检测精度和测量效果。一般的解决办法：在接收端的一侧安装一块遮光板，阻挡反射光线进入传感器接收端，从而避免传感器误动作。

4.4　实践操作

4.4.1　接线

按照光电式传感器实验接线图（见图4-6）完成设备连接。

4.4.2　网络图

本项目如果使用台式电脑，可以在设备下方的电源明盒中的网口连接。本实验的PLC网口连接的是背后的交换机，电源明盒内部接的也是背后的交换机。如果使用台式电脑，可以使用直流电源模块中网络接口网线连接，如图4-23所示。

图 4-23　网络接口

4.4.3　设备组态

打开博途软件，双击创建新项目——创建——设备与网络——添加新设备；双击6ES7215-1AG40-0XB0；双击"设备组态"选项，添加6ES7241-1CH32-0XB0、6ES7234-4HE32-0XB0和6ES7278-4BD32-0XB0。

双击"设备组态"选项，双击6ES7215-1AG40-0XB0图案，查看属性PROFINET接口［X1］——以太网地址——IP 协议——IP 地址：192.168.1.1，将 IP 地址修改为 192.168.1.＊＊＊，如图 4-24 所示。

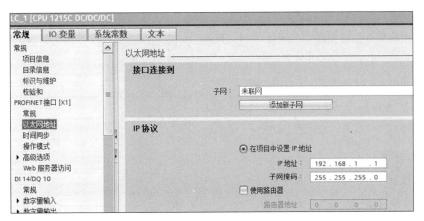

图 4-24　以太网地址设置

单击 PLC 变量——显示所有变量——名称输入传感器，地址 I0.0，如图 4-25 所示。

图 4-25　输入传感器设置

单击 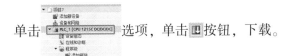 选项，单击 按钮，下载。

单击 转至在线 按钮，查看 PLC 变量。单击 按钮，现在可以监视 I0.0 的值，可以将工件（或者手、纸）放置在传感器检测范围内，如图 4-26 所示。

图 4-26　传感器监视值设置

4.5　综合评价

各小组展示实验结果，介绍任务的完成过程并提交阐述材料，进行学生自评、学生小组内互评、教师评价，并完成表 4-2。

表4-2　考核评价表

评价项目	评价内容	分值	自评 20%	互评 20%	教评 60%	合计
职业素养 40分	爱岗敬业，安全意识、责任意识、服从意识	10				
	积极参加任务活动，完成实训内容	10				
	团队合作、交流沟通能力，集体主义精神	10				
	劳动纪律	5				
	现场"6S"标准，行为规范	5				
专业能力 50分	专业资料检索能力，分析能力	10				
	制订计划能力，严谨认真	10				
	操作符合规范，精益求精	10				
	工作效率，分工协作	5				
	任务验收质量，质量意识	15				
创新能力 10分	创新性思维和活动	10				
合计		100				

4.6　知识拓展

红外传感器

凡是存在于自然界的物体，如人体、火焰、冰等都会发射红外线，只是它们发射的红外线的波长不同而已。人体的温度为36~37 ℃，所发射的红外线波长为10 μm（属于远红外线区）；加热到400~700 ℃的物体，其发射的红外线波长为3~5 μm（属于中红外线区）。红外线传感器可以检测到这些物体发射的红外线，用于测量、成像或控制。

红外传感器是在最近几十年中发展起来的一门新兴技术，它已在科技、国防、医学、建筑、气象、工农业生产等领域获得了广泛的应用。红外传感器按其应用可分为以下几个方面。

（1）红外辐射计，用于辐射和光谱辐射测量。

（2）搜索和跟踪系统，用于搜索和跟踪红外目标，确定其空间位置，并对它的运动进行跟踪。

（3）热成像系统，可产生整个目标红外辐射的分布图像，如红外图像仪、多光谱扫描仪等。

（4）红外测距和通信系统。

（5）混合系统，是指以上各系统中的两个或多个的组合。

用红外线作为检测媒介来测量某些非电量，具有以下几方面的优越性。

（1）可昼夜测量。红外线（指中、远红外线）不受周围可见光的影响，所以可在昼夜进行测量。

（2）不必设光源。由于待测对象发射红外线，所以不必设置光源。

（3）适用于遥感技术。大气对某些波长的红外线吸收非常少，所以适用于遥感技术。

1. 红外辐射

红外辐射俗称红外线，是一种不可见光。由于它是位于可见光中红色光线以外的光线，所以被称为红外线。它的波长范围在 0.76~1 000 m，红外线在电磁波谱中的位置如图 4-27 所示。工程上又把红外线所占据的波段分为四部分，即近红外、中红外、远红外和极远红外。

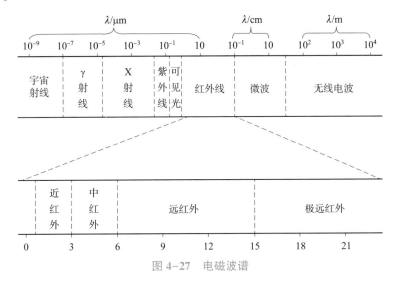

图 4-27　电磁波谱

红外辐射的物理本质是热辐射。一个炽热物体向外辐射的能量大部分是通过红外线辐射的。物体的温度越高，辐射的红外线越多，辐射的能量就越强，而且红外线被物体吸收时，可以显著地转变为热能。

红外辐射与所有电磁波一样，是以波的形式在空间以直线传播的。它在大气中传播时，大气层对不同波长的红外线存在不同的吸收带，红外线气体分析器就是利用该特性工作的。空气中对称的双原子气体（如 N_2、O_2、H_2 等）不吸收红外线。红外线在通过大气层时，有 3 个波段透过率高，它们分别是 2~2.6 m、3~5 m 和 8~14 m，统称它们为"大气窗口"。这 3 个波段对红外探测技术特别重要，因为红外探测器一般都工作在这 3 个波段之内。

2. 红外探测器

红外传感器一般由光学系统、红外探测器、信号调理电路及显示系统等组成。红外探测器是红外传感器的核心。红外探测器种类很多，常见的有两大类：热探测器和光子探测器。

1）热探测器

热探测器是利用红外辐射的热效应，探测器的敏感元件吸收辐射能后引起温度升高，进而使有关物理参数发生相应变化，通过测量物理参数的变化，便可确定探测器所吸收的红外辐射。

与光子探测器相比，热探测器的探测率比光子探测器的峰值探测率低，响应时间长。但热探测器的主要优点是响应波段宽，响应范围可扩展到整个红外区域，可以在室温下工作，使用方便，应用相当广泛。

热探测器主要类型有热释电型、热敏电阻型、热电偶型和气体型。其中，热释电探测器在热探测器中探测率最高，频率响应最宽，所以这种探测器备受重视，发展很快。下面主要介绍热释电探测器。

热释电探测器由具有极化现象的热晶体或称为铁电体的材料制作而成。铁电体的极化强度（单位面积上的电荷）与温度有关。当红外辐射照射到已经极化的铁电体薄片表面时，引起薄片温度升高，使极化强度降低，表面电荷减少，这相当于释放一部分电荷，所以叫热释电探测器。如果将负载电阻与铁电体薄片相连，则负载电阻上便产生一个电信号输出，而输出信号的强弱取决于薄片温度变化的快慢，从而反映入射红外辐射的强弱，热释电探测器的电压响应率正比于入射光辐射率变化的速率。

2）光子探测器

光子探测器利用入射红外辐射的光子流与探测器材料中电子的相互作用，改变电子的能量状态，引起各种电学现象（这一过程也称为光子效应）。通过测量材料电子性质的变化，可以知道红外辐射的强弱。利用光子效应制成的红外探测器，统称为光子探测器。光子探测器有内光电探测器和外光电探测器两种。外光电探测器又分为光电导、光生伏特和光磁电探测器三种。

光子探测器的主要特点是灵敏度高，响应速度快，具有较高的响应频率，但探测波段较窄，一般需在低温下工作。

🎵 思考与练习

1. 什么是光电效应？根据光电效应现象的不同可将光电效应分为哪几类？各举例说明。

2. 光电式传感器可分为哪几类？请分别列举几个例子加以说明。

3. 试简单叙述光敏电阻的结构，应用哪些参数和特性来表示它的性能？

4. 光敏二极管和普通二极管有什么区别？如何鉴别光敏二极管的好坏？

5. 仔细观察你的身边，说一说在生活中你见过的光电式传感器。

6. 请根据图4-28举例说明日常生活中的光电式传感器，并分析其作用。

7. 分析光电式传感器的工作原理，并在图4-29上对光电效应器件进行连线。

8. 根据图4-30，进行光敏电阻的检测。

图 4-28　6 题图

| 光敏电阻 | 光电管 | 光敏三极管 | 光敏倍增管 | 光电池 |

外光电效应：物体吸收能量后，某些电子挣脱束缚，逸出物体表面的现象

内光电效应：电子获得能量但不能逸出物体表面，改变了物体的导电状态

图 4-29　7 题图

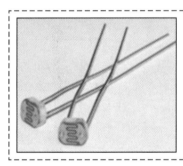 

图 4-30　8 题图

要求：使用万用表测量并记录光敏电阻的暗电阻及亮电阻数值，填入表 4-3 中。

表 4-3　数值记录

传感器参数	亮电阻	暗电阻	结果分析
光敏电阻			

9. 区分光敏二极管和光敏三极管及其正负引脚。

根据图 4-31，完成下列要求：使用万用表测量并记录光敏二极管和光敏三极管在有无光照情况下的电阻值，总结分析如何区分光敏二极管、光敏三极管及其引脚的正负，填入表 4-4 中。

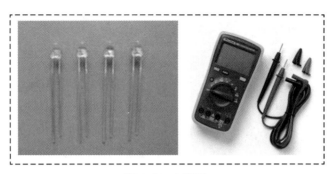

图 4-31　9 题图

表 4-4　总结分析

传感器种类		无光照时阻值	有光照时阻值	结果分析总结
光敏二极管	正向			
	反向			
光敏三极管	正向			
	反向			

10. 根据对光电式传感器的认识，完成光电式传感器与 PLC（S7-1200）的硬件接线，进行输入信号的测试。

根据图 4-32，完成下列要求：

（1）根据电路图进行接线，实现光电式传感器与 PLC 之间的连接；

（2）接通电源，当光电式传感器检测到物料后，PLC 相应输入通道指示灯亮，移走物料后，指示灯灭；

（3）根据测试结果完成表 4-5；

图 4-32 10题图

（4）记录测试细节及发现的问题。

表 4-5　测试结果

指示 状态	输入通道			
	I2.0	I2.1	I2.2	I2.3
初始状态				
传感器检测有物料				

项目 4　光电式传感器及其应用

知识目标	1. 认识光电式编码器。 2. 掌握如何用光电式编码器检测转速和行程
技能目标	掌握光电式编码器的识别、选用和检测方法
素质目标	1. 提高学生分析问题和解决问题的能力。 2. 培养学生的沟通能力及团队协作精神

我们在一些智能车的比赛中会发现智能车通过两个轮子进行比赛，如图5-1所示，那么在比赛中为了保证车子能够保持一定的倾斜角度，会对它的车速进行严格控制，不然一旦加速或减速，车子马上就会倒在地上不能动了。那么智能车是如何精准地测量出车速的呢？它其实是通过编码器来检测的。

数控机床作为一种生产设备，依靠其高精度、高效率的加工优势，在我国的应用日趋广泛。数控机床要实现其安全、可靠的运行，离不开各种各样的检测元件，位置检测装置就是数控机床的重要组成部分，其作用就是检测位移量，并发出反馈信号与数控装置发出的指令信号相比较，若有偏差，经放大后控制执行部件使其向着消除偏差的方向运动，直至偏差等于零。在数控机床中，往往采用光电式编码器（见图5-2）进行速度和位置检测。

图5-1　智能车　　　　　　　　　　图5-2　光电式编码器

5.1　项目描述

光电式编码器有增量式编码器和绝对式编码器两种。增量式编码器是直接利用光电转换原理输出三组方波脉冲 A、B 和 Z 相，A、B 两组脉冲相位差90°，从而可方便地判断出旋转方向，而 Z 相为每转一个脉冲，用于基准点定位。

绝对式编码器由光源、码盘、检测光栅、光电检测器件和转换电路组成。绝对式编码器是用光线扫描旋转码盘上的专用编码码道，以确定被测物体的绝对位置，然后将检测到的编码数据转换为电信号，以脉冲的形式输出测量的位移量。因其每一个位置绝对唯一、抗干扰、无须断电记忆，已经越来越广泛地应用于各种工业系统中的角度、长度测量和定位控制中。

本项目利用智能传感器综合实训平台，完成光电式编码器（增量式、绝对式）实验。结合 PLC（S7-1200），通过本次实验，学生可了解光电式编码器的基本知识以及安装接线、工作原理等知识。

5.2　项目准备

5.2.1　实训设备

智能传感器综合实训平台是集传感器选型、接线与功能应用为一体的综合实训平台，主要由电阻式、电容式、电磁式、电感式、光电式、温度、流量、压力、激光、安全光幕、安全门开关、RFID、绝对式编码器、增量式编码器、位移编码器等传感器组成。本项目所需实训设备如表5-1所示。

表5-1　本项目所需实训设备

序号	设备名称	型号规格	代号
1	智能传感器综合实训平台	PCG01	—
2	可编程控制器	6ES7215-1AG40-0XB0	PLC
3	增量式编码器	E6B2-CWZ6C 1000P/R	B10
4	绝对式编码器	ASGE-S12-KAG 1024P/R	B11
5	编程软件—博途	TIA V16	
6	选插头对	KT3ABD53 红（1 m）/3 根	—
7	选插头对	KT3ABD53 蓝（1 m）/2 根	—
8	选插头对	KT3ABD53 绿（1 m）/1 根	—
9	选插头对	KT3ABD53 黑（1 m）/1 根	—
10	选插头对	KT3ABD53 黄（1 m）/1 根	—
11	网线	—	—

5.2.2　光电式编码器

增量式编码器如图 5-3 所示，绝对式编码器如图 5-4 所示，增量式编码器实验接线图如图 5-5 所示，绝对式编码器实验接线图如图 5-6 所示。

图 5-3　增量式编码器

图 5-4　绝对式编码器

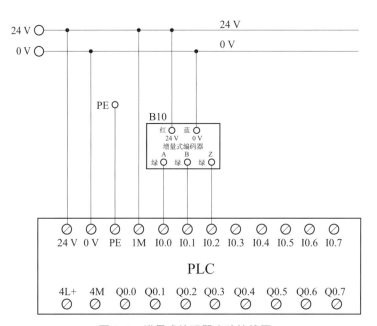

图 5-5　增量式编码器实验接线图

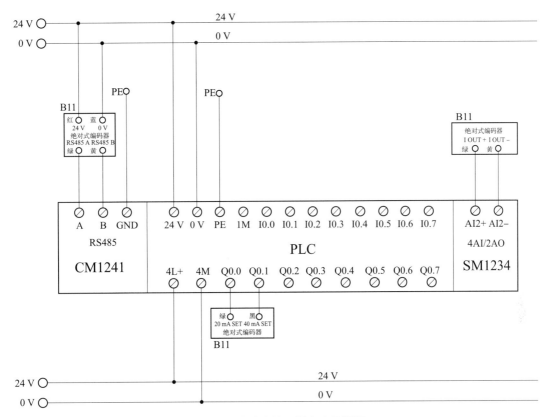

图 5-6　绝对式编码器实验接线图

5.3　知识学习

编码器（Encoder）是将信号（如比特流）或数据进行编制，转换为可用于通信、传输和存储的信号形式的设备。

编码器是把角位移或直线位移转换成电信号的一种装置。前者称为码盘，后者称为码尺。按照读出方式，编码器可以分为接触式和非接触式两种。接触式采用电刷输出，电刷接触导电区或绝缘区来表示代码的状态是"1"还是"0"；非接触式的接受敏感元件是光敏元件或磁敏元件，采用光敏元件时以透光区和不透光区来表示代码的状态是"1"还是"0"。

按照工作原理，编码器可分为增量式和绝对式两类。增量式编码器是将位移转换成周期性的电信号，再把这个电信号转变成计数脉冲，用脉冲的个数表示位移的大小。绝对式编码器的每一个位置对应一个确定的数字码，因此它的示值只与测量的起始和终止位置有关，而与测量的中间过程无关。

根据检测原理，编码器可分为光电式、磁式、感应式和电容式。光电式编码器是一种通过光电转换将输出轴上的机械几何位移量转换成脉冲或数字量的传感器，这是目前应用最多的传感器。

光电式编码器是一种集光、机、电于一体的数字检测装置，主要用于速度或位置（角度）的检测，具有分辨率高、精度高、结构简单、体积小、使用可靠等优点。近十几年来，光电式编码器已经发展为一种成熟的多规格、高性能系列工业化产品，在数控机床、机器人、高精度闭环调速系统、伺服系统、雷达、光电经纬仪、地面指挥仪等领域中得到了广泛的应用。

光电式编码器是由光源、透镜、随轴旋转的码盘和光敏元件等组成。码盘是在一定直径的圆板上等分地开通若干个长方形孔，由于码盘与电动机同轴，电动机旋转时，码盘与电动机同速旋转，经发光二极管等电子元件组成的检测装置检测输出若干脉冲信号，其工作原理示意图如图5-7所示，通过计算每秒光电式编码器输出脉冲的个数就能反映当前电动机的转速。此外，为判断旋转方向，码盘还可提供相位相差90°的两路脉冲信号。

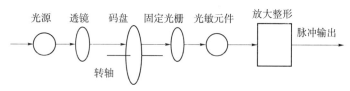

图5-7　光电式编码器工作原理示意图

5.3.1　增量式编码器

按照测量方式，光电式编码器可分为旋转编码器和直尺编码器。旋转编码器是通过测量被测物体的旋转角度，并将测量到的旋转角度转化为脉冲电信号输出。直尺编码器则通过测量被测物体的直线行程长度，并将测量到的行程长度转化为脉冲电信号输出。

按照编码方式，光电式编码器可分为增量式编码器和绝对式编码器。增量式编码器采用光信号扫描分度盘（分度盘与传动轴相连），通过检测、统计信号的通断数量来计算旋转角度。绝对式编码器采用光信号扫描分度盘（分度盘与传动轴相连）上的格雷码刻度盘以确定被测物体的绝对位置值，然后将检测到的格雷码数据转换为电信号，以脉冲的形式输出测量的位移值。

1. 增量式编码器的工作原理

如图5-8所示，增量式编码器由光源、透镜、码盘、光敏元件、固定光栅等构成。在玻璃圆盘上用真空镀膜的方法镀上一层不透光的金属薄膜，再涂上一层均匀的感光材料，然后用精密照相腐蚀的方法，制成沿圆周等距的透光与不透光相间的条纹，从而构成了码盘。

在固定光栅上具有宽度相同的透光条纹。当电动机带动码盘旋转时，光线透过这两个光栅照在光敏元件上，使光敏元件接收到的光通量时明时暗地变化，光敏元件将光信号转换成电信号，再经放大整形等处理，便形成了输出方波信号。如图5-9所示，增量式编码器的固定光栅上有两段条纹A和B，每组条纹的间距（称为节距）与码盘相同，而A组和B组的条纹彼此错开1/4节距，两组条纹相对应的光敏元件所感应的信号彼此相差90°。当电动机正转时，A信号超前B信号90°；当电动机反转时，B信号超前A信号90°。

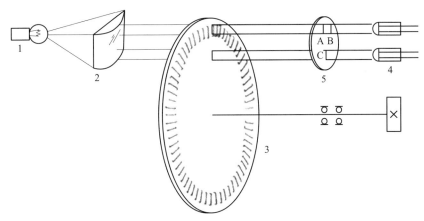

图 5-8　增量式编码器的结构示意图

1—光源；2—透镜；3—码盘；4—光敏元件；5—固定光栅

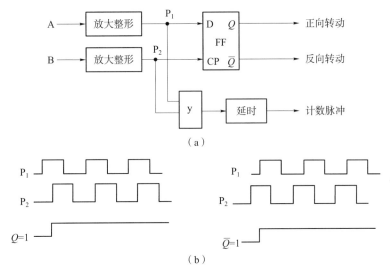

图 5-9　增量式编码器的辨向原理图

（a）原理图；（b）波形图

如图 5-9 所示，A、B 输出信号经放大整形后，产生 P_1 和 P_2 脉冲。将它们分别接到 D 触发器的 D 端和 CP 端，由于 A、B 两相脉冲 P_1 和 P_2 相差 90°，D 触发器 FF 在 CP 脉冲 （P_2）的上升沿触发。正转时，P_1 脉冲超前 P_2 脉冲，D 触发器的 $Q=1$ 表示正转；反转时，P_2 脉冲超前 P_1 脉冲，D 触发器的 $Q=0$ 表示反转。增量式编码器正是利用这一相位关系判断电动机的转动方向，同时利用 A 信号（或 B 信号）的脉冲数计算电动机的旋转角度。因此，采用增量式编码器所构成的位置闭环控制的分辨率主要取决于码盘一圈的条纹数。图 5-10 所示为增量式编码器的工作原理示意图。

此外，在增量式编码器的里圈还有一条透光条纹 C，用以每转产生一个零位脉冲信号。在进给电动机所用的增量式编码器上，零位脉冲可用于精确确定机床的参考点，而在主轴电动机上，则可用于主轴准停以及螺纹加工等。

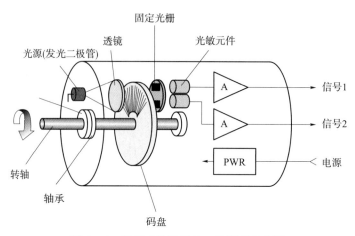

图 5-10　增量式编码器的工作原理示意图

2. 增量式编码器的技术参数

1）分辨率

增量式编码器的分辨率是以转轴转动一周所产生的输出信号基本周期数来表示的，每旋转 360° 提供多少通或暗刻线，即脉冲数/转（PPR），或称多少线。码盘上的透光缝隙的数目就等于编码器的分辨率，码盘上刻的缝隙越多，编码器的分辨率就越高。此外，对光电转换信号进行逻辑处理，可以得到 2 倍频或 4 倍频的脉冲信号，从而进一步提高分辨率。

2）精度

精度是一种度量，在所选定的分辨率范围内，它是确定任一脉冲相对另一脉冲位置的能力。精度通常用角度、角分或角秒来表示。编码器的精度与码盘透光缝隙的加工质量、码盘的机械旋转情况的制造精度因素有关，也与安装技术有关。

3）输出信号的稳定性

输出信号的稳定性是指在实际运行条件下，保持规定精度的能力。影响编码器输出信号稳定性的主要因素是温度对电子器件造成的漂移、外界加于编码器的变形力以及光源特性的变化。

4）响应频率

响应频率取决于光电检测器件、电子处理线路的响应速度。当编码器高速旋转时，如果其分辨率很高，那么编码器输出的响应频率将会很高。编码器的最大响应频率、分辨率和最高转速之间的关系为

$$f_{max} = \frac{R_{max} \times N}{60} \qquad (5-1)$$

式中：f_{max}——最大响应频率；

　　　R_{max}——最高转速；

　　　N——分辨率。

3. 增量式编码器的码盘

码盘的材料有玻璃、金属、塑料，玻璃码盘是在玻璃上沉积很薄的刻线，其热稳定性

好，精度高；金属码盘直接以通或不通刻线，不易碎，但由于金属有一定的厚度，精度有限制，其热稳定性要比玻璃码盘差一个数量级；塑料码盘是经济型的，成本低，但精度、热稳定性、寿命都要差一些。

4. 增量式编码器的特点

（1）当转轴旋转时，增量式编码器有相应的脉冲输出，其旋转方向的判别和脉冲数量的增减需外部的判向电路和计数器来实现。

（2）其计数起点可任意设定，并可实现多圈的无限累加和测量，还可以把每转发出一个脉冲的 C 信号作为参考机械零位。

（3）编码器的转轴转一圈输出固定的脉冲，输出脉冲数与码盘的刻度线相同。

（4）输出信号为一串脉冲，每一个脉冲对应一个分辨角 α，对脉冲进行计数 N，就是对 α 的累加，即角位移 $\theta = \alpha N$。

（5）增量式编码器具有结构简单、体积小、价格低、精度高、响应速度快、性能稳定等优点，在高分辨率和大量程角速度或位移测量系统中，增量式编码器更具优越性。

5.3.2 绝对式编码器

1. 绝对式编码器的工作原理

绝对式编码器由光源、透镜、码盘、光敏二极管、驱动电子线路等构成。图 5-11 所示为绝对式编码器的码盘结构，通过读取码盘上的二进制编码信息来表示绝对位置信息。码盘是按照一定的编码形式制成的圆盘。图中为二进制的码盘，其中空白部分是透光的，用"1"来表示，黑色部分是不透光的，用"0"来表示。通常将组成编码的圈称为码道，每个码道表示二进制数的一位，其中最外侧的是最低位，最里侧的是最高位。如果码盘有 4 个码道，则由里向外的码道分别表示为二进制的 2^3、2^2、2^1 和 2^0。4 位二进制可形成 16 个二进制数，将圆盘划分为 16 个扇区，每个扇区对应一个 4 位二进制数，如 0000，0001，…，1111。

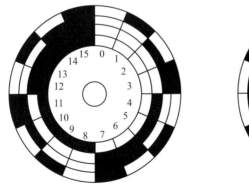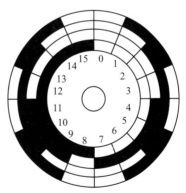

图 5-11　绝对式编码器的码盘结构

按照码盘上形成的码道配置相应的光电式传感器，当码盘转到一定的角度时，扇区中透光的码道对应的光敏二极管导通，输出低电平"0"，遮光的码道对应的光敏二极管不导通，输出高电平"1"，这样形成与编码方式一致的高、低电平输出，从而获得扇区的位置脚。

绝对式编码器的输出信号在一周或多周运转的过程中，其每一位置和角度所对应的输出编码值都是唯一对应的，因此，具备断电记忆功能。绝对式编码器由机械位置决定的每个位置是唯一的，它无须记忆，无须找参考点，而且不用一直计数，什么时候需要知道位置，什么时候就去读取它的位置。这样，编码器的抗干扰特性、数据的可靠性就大大提高了。

2. 绝对式编码器的码盘

1）循环码盘（或称格雷码盘）

循环码盘习惯上又称格雷码盘，它也是一种二进制编码，这种编码的特点是任意相邻的两个代码间只有一位代码有变化，即"0"变为"1"或"1"变为"0"。因此，在两数变换过程中，所产生的读数误差最多不超过"1"，只可能读成相邻两个数中的一个数，如图5-12所示。

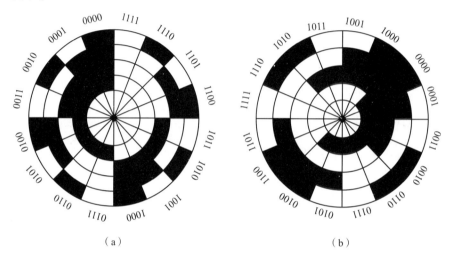

（a）　　　　　　　　　　　　　　　（b）

图5-12　绝对式编码器码盘

（a）光电式四位二进制码盘；（b）光电式四位二进制循环码盘

2）带判位光电装置的二进制循环码盘

这种码盘是在四位二进制循环码盘的最外圈再增加一圈信号位，如图5-13所示。该码盘最外圈的信号位的位置正好与状态交线错开，只有当信号位处的光敏元件有信号时才读数，这样就不会产生非单值性误差。

3. 绝对式编码器的特点

（1）绝对式编码器是按照角度直接进行编码，能直接把被测转角用数字代码表示出来。当转轴旋转时，有与其位置对应的代码（如二进制码、格雷码、BCD码）输出。从代码大小的变更，即可判别正反方向和转轴所处的位置，而无须判向电路。

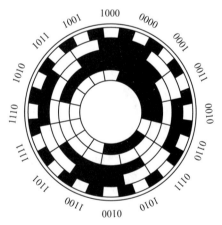

图5-13　带判位光电装置的二进制循环码盘

（2）它有一个绝对零位代码，当停电或关机后，再开机重新测量时，仍然可以准确读出停机或关机位置的代码，并准确地找出零位代码。

（3）一般情况下，绝对式编码器的测量范围为0°~360°。

（4）标准分辨率用位数 $2n$ 表示，即最小分辨率角为 $360°/(2n)$。

（5）当进给数大于一转时，需用减速齿轮将两个以上的编码器连接起来，组成多级检测装置，但其结构复杂、成本高。

5.3.3 光电式编码器测速方法

在电机控制中，可以利用定时器/计数器配合光电式编码器的输出脉冲信号来测量电机的转速。具体的测速方法有 M 法、T 法和 M/T 法三种。

1. M 法测速

M 法又称为测频法，其测速原理是在规定的检测时间 T_c 内，对光电式编码器输出的脉冲信号进行计数的测速方法，如图 5-14 所示。

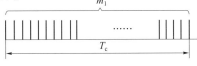

图 5-14 M 法测速原理

设编码器每转产生 N 个脉冲，在闸门时间间隔 T_c 内得到 m_1 个脉冲，则光电式编码器所产生的脉冲频率为

$$f=\frac{m_1}{T_c} \tag{5-2}$$

则被测转速 n（单位为 r/min）为

$$n=60\frac{f}{N}=60\frac{m_1}{T_c N} \tag{5-3}$$

M 法测速适用于测量高转速，因为对于给定的光电式编码器线数为 N 的电机，在测量时间 T_c 条件下，转速越高，计数脉冲 m_1 越大，误差也就越小。

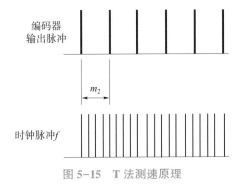

图 5-15 T 法测速原理

2. T 法测速

T 法也称为测周法，其测速原理是通过测量编码器两个相邻脉冲的时间间隔来计算转速，如图 5-15 所示。

设编码器每转产生 N 个脉冲，用已知频率为 f 的时钟脉冲向某计数器发送脉冲数，此计数器由测速脉冲的两个相邻脉冲控制其开始和结束。若计数器的读数为 m_2，则被测转速 n（单位为 r/min）为

$$n=60\frac{f}{Nm_2} \tag{5-4}$$

为了减小误差，希望尽可能记录较多的脉冲数，因此 T 法测速适用于低速运行的场合。但转速太低，一个编码器输出脉冲的时间太长，时钟脉冲数会超过计数器最大计数值而产生溢出。此外，时间太长也会影响控制的快速性。与 M 法测速一样，选用线数较多的光电式编码器可以提高对电机转速测量的快速性与精度。

3. M/T 法测速

M/T 法是前两种方法的结合，通过测量一定数量的编码器脉冲和产生这些脉冲所用的时间来确定被测转速，如图 5-16 所示。

实际工作时，在固定的 T_c 时间内对光电式编码器的脉冲计数，在第一个光电式编码器上升沿到来时刻，定时器开始定时，同时开始记录光电式编码器和时钟脉冲数，定时器

定时 T_c 时间到，对光电式编码器的脉冲停止计数，而在下一个光电式编码器的上升沿到来时刻，时钟脉冲才停止记录。

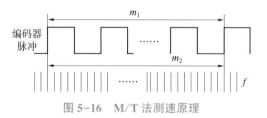

图 5-16　M/T 法测速原理

编码器每转产生 N 个脉冲，被测速脉冲数为 m_1，计数器的读数为 m_2，则被测转速 n（单位为 r/min）为

$$n = 60\frac{f}{N} \cdot \frac{m_1}{m_2} \tag{5-5}$$

采用 M/T 法既有 M 法测速的高转速优点，又有 T 法测速的低转速优点，能够覆盖较广的转速范围，测量的精度也较高，在电机的控制中有着十分广泛的应用。

5.3.4　光电式编码器的应用

1. 在数控机床中的应用

数控机床是一种高精度、高效率的加工设备，而实现其安全可靠的运行需要精确的检测和控制，因而检测元件是数控机床伺服系统的重要组成部分。

数控机床中光电式编码器的一些使用实例如图 5-17~图 5-19 所示。

（1）已知增量式编码器的参数和大、小皮带轮的传动比，若希望加工好一个元件后紧接着加工另一元件，可计算出编码器给出多少脉冲数时，电动机停转，从而继续加工工件，如图 5-17 所示。

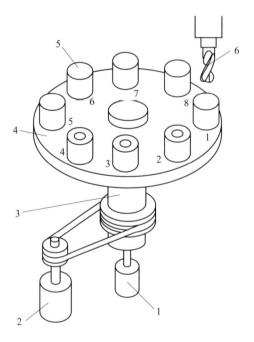

图 5-17　用于定位加工

1—光电式编码器；2—电动机；3—转轴；4—转盘；5—工件；6—刀具

（2）光电式编码器与旋转刀库连接，编码器的输出为当前的刀具号，如图 5-18 所示。

（3）利用光电式编码器测量伺服电机的转速，并通过伺服控制系统控制其各种运行参数，如图5-19所示。

图5-18　用于刀库选刀控制

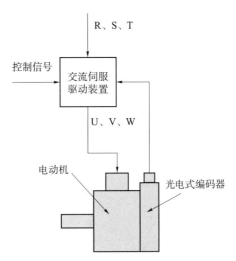

图5-19　用于伺服电机

2. 在定长切割装置中的应用

与早期的直流测速机模拟信号相比，光电式编码器数字信号具有精度高、机械寿命长、抗干扰能力强、无误动作现象等优点，从而被越来越多地应用于位置测量系统中。

在定长切割装置中，通过计算每秒内光电式编码器输出脉冲的个数，从而确定当前剪切设备的摆动和剪切位置，其输出信号直接输入控制站，与直流电机调速装置的速度给定一起作为反馈信号，实现对剪切位置和速度的控制。图5-20为定长切割装置的速度同步控制系统的结构图。

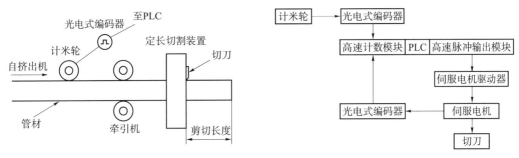

图5-20　定长切割装置的速度同步控制系统的结构图

5.4　实践操作

5.4.1　接线

按照增量式编码器和绝对式编码器实验接线图（见图5-5、图5-6）完成设备连接。

5.4.2　网络图

本项目如果使用台式电脑，可以在设备下方的电源明盒中的网口连接下。本实验的PLC网口连接的是背后的交换机，电源明盒内部接的也是背后的交换机。如果使用台式电脑，可以使用直流电源模块中网络接口网线连接，如图5-21所示。

图5-21　网络接口

5.4.3　设备组态

打开博途软件 ![TIA Portal V15.1]，双击创建新项目——创建——设备与网络——添加新设备；双击6ES7215-1AG40-0XB0；双击"设备组态"选项，添加6ES7241-1CH32-0XB0、6ES7234-4HE32-0XB0和6ES7278-4BD32-0XB0。

双击"设备组态"选项，双击6ES7215-1AG40-0XB0图案，查看属性PROFINET接口[X1]——以太网地址——IP协议——IP地址：192.168.1.1，将IP地址修改为192.168.1.***，如图5-22所示。

图5-22　以太网地址设置

单击PLC变量——显示所有变量——名称输入传感器，地址I0.0，如图5-23所示。

图5-23　输入传感器设置

单击 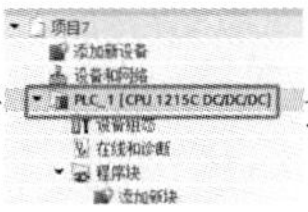 选项，单击 ，下载。

单击 转至在线 按钮，查看 PLC 变量。单击 按钮，现在可以监视 I0.0 的值，可以将工件（或者手、纸）放置在传感器检测范围内，如图 5-24 所示。

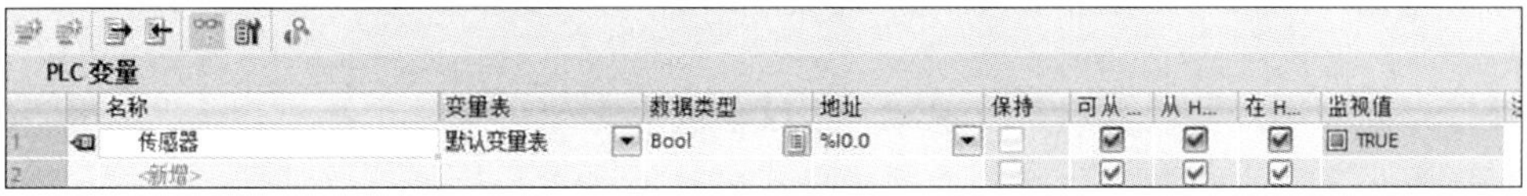

图 5-24　传感器监视值设置

5.5　综合评价

各小组展示实验结果，介绍任务的完成过程并提交阐述材料，进行学生自评、学生小组内互评、教师评价，并完成表 5-2。

表 5-2　考核评价表

评价项目	评价内容	分值	自评 20%	互评 20%	教评 60%	合计
职业素养 40 分	爱岗敬业，安全意识、责任意识、服从意识	10				
	积极参加任务活动，完成实训内容	10				
	团队合作、交流沟通能力，集体主义精神	10				
	劳动纪律	5				
	现场 "6S" 标准，行为规范	5				
专业能力 50 分	专业资料检索能力，分析能力	10				
	制订计划能力，严谨认真	10				
	操作符合规范，精益求精	10				
	工作效率，分工协作	5				
	任务验收质量，质量意识	15				
创新能力 10 分	创新性思维和活动	10				
合计		100				

5.6　知识拓展

计量光栅

计量光栅利用光栅的莫尔条纹现象，以线位移和角位移为基本测试内容，应用于高精度加工机床、光学坐标镗床、制造大规模集成电路的设备及检测仪器等。

计量光栅按应用范围不同，可分为透射光栅和反射光栅两种；按用途不同，有测量线位移的长光栅和测量角位移的圆光栅；按光栅的表面结构不同，又可分为幅值（黑白）光栅和相位（闪耀）光栅。

1. 光栅的结构和工作原理

这里以黑白、透射长光栅为例介绍光栅的工作原理。

1）光栅的结构

在一块长条形镀膜玻璃上均匀刻制许多明暗相间、等间距分布的细小条纹（称为刻线），这就是光栅，如图 5-25 所示。图中，a 为栅线宽度（不透光），b 为栅线间距（透光），$a+b=W$ 称为光栅的栅距（也叫光栅常数），通常 $a=b$。目前常用的光栅是每毫米宽度上刻 10、25、50、100、125、250 条线。

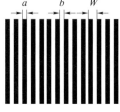

图 5-25　透射长光栅

2）光栅的工作原理

如图 5-26 所示，两块具有相同栅线宽度和栅线间距的长光栅（即图 5-25 透射长光栅）叠合在一起，中间留很小的间隙，并使两者的栅线之间形成一个很小的夹角 θ，则在大致垂直于栅线的方向上出现明暗相间的条纹，称为莫尔条纹。莫尔（Moire）在法文中的原意是水面上产生的波纹。由图 5-26 可见，在两块光栅栅线重合的地方，透光面积最大，出现亮带（图 5-26 中的 $d-d$），相邻亮带之间的距离用 B_H 表示；有的地方两块光栅的栅线错开，形成了不透光的暗带（图中的 $f-f$），相邻暗带之间的距离用 B'_H 表示。很明显，当光栅的栅线宽度和栅线间距相等（$a=b$）时，所形成的亮、暗带距离相等，即 $B_H=B'_H$，将它们统一称为条纹间距。当夹角 θ 减小时，条纹间距 B_H 增大，适当调整夹角 θ 可获得所需的条纹间距，如图 5-27 所示。

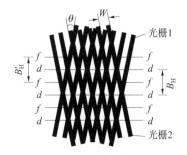

图 5-26　莫尔条纹

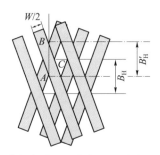

图 5-27　莫尔条纹间距与栅距和夹角之间的关系

莫尔条纹测位移具有以下特点。

（1）对位移有放大作用。

光栅每移动一个栅距 W，莫尔条纹移动一个间距 B_H，可得出莫尔条纹的间距 B_H 与两个光栅夹角 θ 的关系为

$$B_H = \frac{W/2}{\sin\dfrac{\theta}{2}} \approx \frac{W/2}{\theta/2} = \frac{W}{\theta} \tag{5-6}$$

式中：W——光栅的栅距；

θ——刻线夹角，rad。

由此可见，θ 越小，B_H 越大，相当于把栅距 W 放大了 $1/\theta$ 倍。

（2）有助于判别光栅的移动方向。

光栅每移动一个栅距 W，条纹跟着移动一个条纹宽度 B_H。当固定一个光栅，另一个光栅向右移动时，莫尔条纹将向上移动；反之，如果另一个光栅向左移动，则莫尔条纹将向下移动。因此，莫尔条纹的移动方向有助于判别光栅的移动方向。

（3）对光栅的刻线误差有平均作用。

由于光敏元件所接收的是进入它的视场的所有光栅刻线的总的光能量，它是许多光栅刻线共同作用，对光强进行调制的结果，这使个别刻线在加工过程中产生的误差、断线等所造成的影响大为减小。如其中某一刻线的加工误差为 δ_0，根据误差理论，它所引起的光栅测量系统的整体误差可表示为

$$\Delta = \pm\frac{\delta_0}{\sqrt{n}} \tag{5-7}$$

式中：n——光敏元件能接收到对应信号的光栅刻线的条数。

利用光栅具有莫尔条纹的特性，可以通过测量莫尔条纹的移动数，来测量两光栅的相对位移量，这比直接计数光栅的线纹更容易。由于莫尔条纹是由光栅的大量刻线形成的，对光栅的刻线误差有平均作用，所以其成为精密测量位移的有效手段。

2. 计量光栅的组成

计量光栅由光电转换装置（光栅读数头）、光栅数显表两部分组成。

光电转换装置利用光栅原理把输入量（位移量）转换成电信号，实现了将非电量转换为电量，即计量光栅涉及三种信号：输入的非电量信号、光媒介信号和输出的电量信号。如图 5-28 所示，光电转换装置主要由主光栅（用于确定测量范围）、指示光栅（用于检取信号，即读数）、透镜、光源和光敏元件等组成。

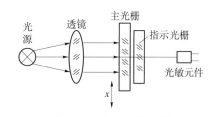

图 5-28 光电转换装置

用光栅的莫尔条纹测量位移，需要两块光栅：长的称为主光栅，与运动部件连在一起，它的大小与测量范围一致；短的称为指示光栅，固定不动。主光栅与指示光栅之间的距离为

$$d = \frac{W^2}{\lambda} \tag{5-8}$$

式中：W——光栅栅距；

　　　λ——有效光波长。

根据前面的分析已知，莫尔条纹是一个明、暗相间的带，光强变化过程是最暗→渐亮→最亮→渐暗→最暗。

用光敏元件接收莫尔条纹移动时的光强变化，可将 00100 光信号转换为电信号。遮光作用和光栅位移呈线性变化，故光通量的变化是理想的三角形，但实际情况并非如此，而是一个近似正弦周期信号，之所以称为"近似"正弦信号，是因为最后输出的波形是在理想三角形的基础上被削顶和削底的结果，而这种结果的出现，是为了使两块光栅不致发生摩擦，它们之间有间隙，以及存在衍射、刻线边缘总有毛糙不平和弯曲等情况。光敏元件输出信号波形如图 5-29 所示。

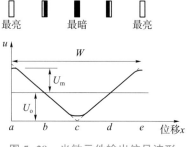

图 5-29　光敏元件输出信号波形

其电压输出近似用正弦信号形式表示为

$$u = U_{\mathrm{o}} + U_{\mathrm{m}}\sin\left(\frac{\pi}{2} + \frac{2\pi x}{W}\right) \tag{5-9}$$

式中：u——光电元件输出的电压；

　　　U_{o}——输出电压中的平均直流分量；

　　　U_{m}——输出电压中正弦交流分量的幅值；

　　　W——光栅的栅距；

　　　x——光栅位移。

由式（5-9）可见，输出电压反映了瞬时位移量的大小。当 x 从 0 变化到 W 时，相当于角度变化了 360°，一个栅距 W 对应一个周期。如果采用 50 线/mm 的光栅，当主光栅移动了 x mm，指示光栅上的莫尔条纹就移动了 $50x$ 线（对应光敏元件检测到莫尔条纹的亮条纹或暗条纹的条数，即脉冲数 p），将此线数用计数器记录，就可知道移动的相对距离 x，即

$$x = \frac{p}{n} \tag{5-10}$$

式中：p——检测到的脉冲数；

　　　n——光栅的刻线密度，线/mm。

3. 辨向与细分

光电转换装置只能产生正弦信号，实现确定位移量的大小。为了进一步确定位移的方向和提高测量分辨率，需要引入辨向和细分技术。

（1）辨向技术。

根据前面的分析可知，莫尔条纹每移动一个间距 B_{H}，光栅移动一个栅距 W，相应输出信号的相位变化一个周期 2π。因此，在相隔 $B_{\mathrm{H}}/4$ 间距的位置上，放置两个光敏元件 1 和 2（见图 5-30），得到两个相位差 $\pi/2$ 的正弦信号 u_1' 和 u_2'［设已消除式（5-9）中的直流分量］，经过整形后得到两个方波信号 u 和 u'。

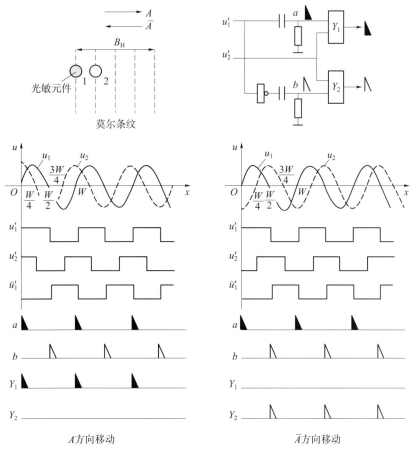

图 5-30　辨向原理

从图中波形的对应关系可看出，当光栅沿 A 方向移动时，u_1' 经微分电路后产生的脉冲，正好发生在 u_2' 的 1 电平时，从而经 Y_1 输出一个计数脉冲；而 u_1' 经反相并微分后产生的脉冲，则与 u_2' 的 0 电平相遇，与门 Y_2 被阻塞，无脉冲输出。

当光栅沿 $\overline{A}$ 方向移动时，u_1' 的微分脉冲发生在 u_2' 为 0 电平时，与门 Y_1 无脉冲输出；而 u_1' 的反相微分脉冲则发生在 u_2' 的 1 电平时，与门 Y_2 输出一个计数脉冲，则说明 u_2' 的电平状态作为与门的控制信号，用于控制在不同的移动方向时 u_1' 所产生的脉冲输出。这样，就可以根据运动方向正确地给出加计数脉冲或减计数脉冲，再将其输入可逆计数器。根据式（5-10）可知脉冲数对应位移量，因此通过计算能实时显示出相对于某个参考点的位移量。

（2）细分技术。

光栅测量原理是以移过的莫尔条纹的数量来确定位移量，其分辨率为光栅栅距。现代测量不断提出高精度的要求，数字读数的最小分辨率也在逐步减小。为了提高分辨率，测量比光栅栅距更小的位移量，可以采用细分技术。

细分就是为了得到比栅距更小的分度值，即在莫尔条纹信号变化一个周期内，发出若干个计数脉冲，以减小每个脉冲相当的位移，相应地提高测量精度，如一个周期内发出 N

个脉冲，计数脉冲频率提高到原来的 N 倍，每个脉冲相当于原来栅距的 $1/N$，则测量精度将提高到原来的 N 倍。

细分技术可以采用机械或电子方式实现，常用的有倍频细分法和电桥细分法。利用电子方式可以使分辨率提高几百倍，甚至更高。

思考与练习

1. 根据图 5-31，说明编码器在机器人控制中有何作用？

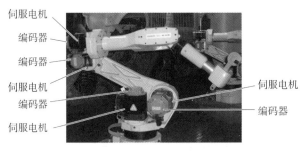

图 5-31　1 题图

2. 简要描述光电式编码器的分类，并说明增量式编码器和绝对式编码器的优缺点。

3. 光电式编码器的接线。

根据图 5-32，完成下列要求：

（1）根据电路图进行接线，将光电式编码器 A 或 B 连接到示波器上；

（2）接通电源，转动编码器时，观察示波器上显示屏的变化情况；

（3）记录测试细节及发现的问题总结。

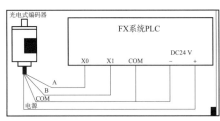

图 5-32　3 题图

4. 根据对光电式编码器的认识，完成光电式编码器与 PLC（S7-1200）的硬件接线，结合其他传感器的检测信号实现对平台设备中电机运行的控制。

根据图 5-33，完成下列要求：

（1）将图中所示增量式编码器安装在电机皮带轴上。根据前面所述进行接线，实现光电式编码器与 PLC 之间的连接；

（2）测量出设备中气缸 1、气缸 2、气缸 3 在传送带中的位置，并计算出电机转动到对应位置时分别需要编码器发出多少个脉冲，并填入表 5-3 中。

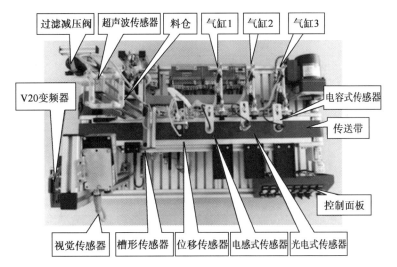

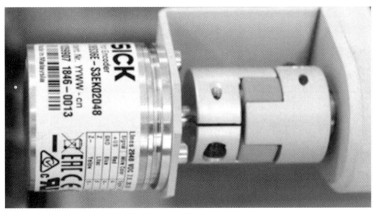

图 5-33　4 题图

表 5-3　数据记录

部件	气缸 1	气缸 2	气缸 3
距离信息			
发出脉冲数			

（3）接通电源，在触摸屏中输入对应距离信息后，结合 PLC 程序，验证编码器对电机的位置控制［由于传送带主动轴直径（包括皮带厚度）的测量误差、传送带的安装误差和张紧度、系统在工作台面上的定位偏差等，要实时修改数据］；

（4）记录测试细节及发现的问题。

项目 6   热电式传感器及其应用

温度是工业生产中很普遍、很重要的一个热工参数。许多生产过程在工艺上要求对温度进行监视和控制，某些设备运转状态是否正常会在温度上有明显的反映，根据温度值及其变化可以了解机电设备的运转状态及其故障。热电式传感器如图 6-1 所示，体温枪如图 6-2 所示。

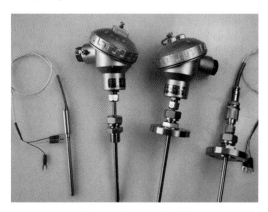

图 6-1　热电式传感器

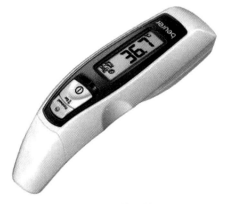

图 6-2　体温枪

6.1　项目描述

通常测温系统的主要器件是热敏电阻，由于它体积小、重复性好、测量方法简单，所以在测温系统中被广泛应用。但采用热敏电阻的测温系统需要 A/D 转换器，而且测量精度不高。本项目采用温度传感器，它将测量到的环境温度和湿度以数字的形式显示在本地显示屏上，且上位主机可以通过 RS485 总线采集温度、湿度。温度传感器具有体积小巧、美观、精度高、长期稳定性好的特点。

　　本项目利用智能传感器综合实训平台，完成温度传感器、温控表的实验。结合 PLC (S7-1200)，通过本次实验，学生可了解热电式传感器的特点和性能、安装接线、工作原理等知识。

6.2　项目准备

6.2.1　实训设备

　　本次实验使用的水箱模块由电器元件断路器、加热管、固态继电器、浮球开关、普通继电器、温度传感器、温控表、超声波传感器、直流调速模块、压力变送器组成。本项目所需实训设备如表 6-1 所示。

表 6-1　实训设备一览表

序号	设备名称	型号规格	代号
1	智能传感器综合实训平台	PCG01	—
2	可编程控制器	6ES7215-1AG40-0XB0	PLC
3	通信模块	6ES7241-1CH32-0XB0	RS485
4	模拟量输入输出模块	6ES7234-4HE32-0XB0	SM 1234
5	温控表	AI-516AX5L0S	—
6	编程软件—博途	TIA V16	—
7	迭插头对	KT3ABD53 红（1 m）/5 根	—
8	迭插头对	KT3ABD53 蓝（1 m）/3 根	—
9	迭插头对	KT3ABD53 绿（1 m）/10 根	—
10	迭插头对	KT3ABD53 黑（1 m）/9 根	—
11	迭插头对	KT3ABD53 黄（1 m）/1 根	—
12	迭插头对	KT4ABD52 红（2 m）/1 根	—
13	迭插头对	KT4ABD52 蓝（2 m）/1 根	—
14	网线	—	—

6.2.2　温度传感器接线图

　　温度传感器实验接线图如图 6-3 所示。

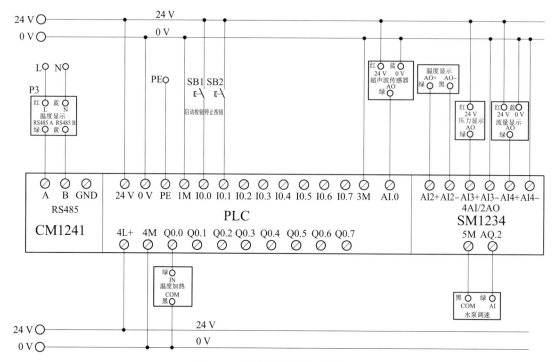

图 6-3 温度传感器实验接线图

6.3.1 热电偶

热电偶是一种自发电式传感器，测量时不需要外加电源，直接将被测量转换成电动势输出，使用十分方便，常被用于测量炉子、管道内的气体或液体的温度及固体的表面温度。它的测温范围很广，常用的热电偶测温范围为-50～1 600 ℃，某些特殊热电偶最低可测-270 ℃，最高可达2 800 ℃。部分热电偶的外形如图6-4所示。

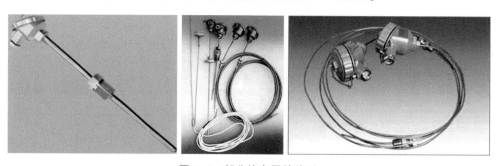

图 6-4 部分热电偶的外形

1. 热电偶的结构与种类

1）热电偶的结构

为了适应不同测量对象的测温条件和要求，热电偶的结构形式有普通型热电偶、特殊型热电偶（铠装型热电偶和薄膜型热电偶）。

（1）普通型热电偶。

普通型热电偶结构示意图如图 6-5 所示，它一般由热电极、绝缘管、保护管和接线盒等主要部分组成。普通型热电偶在工业上使用最为广泛。

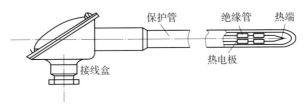

图 6-5　普通型热电偶结构示意图

（2）特殊型热电偶。

①铠装型热电偶。

它是由热电极、绝缘材料和金属套管一起拉制加工而成的坚实缆状组合体，其结构示意图如图 6-6 所示。它可以做得很细很长，使用中可随需要任意弯曲；测温范围通常在 1 100 ℃以下。优点是：测温端热容量小，因此热惯性小、动态响应快；寿命长；机械强度高，弯曲性好，可安装在结构复杂的装置上。

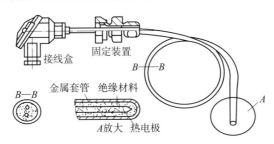

图 6-6　铠装型热电偶结构示意图

②薄膜型热电偶。

它是将两种薄膜热电极材料用真空蒸镀、化学涂层等办法蒸镀到绝缘基板（云母、陶瓷

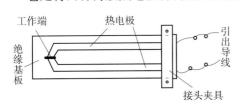

图 6-7　薄膜型热电偶结构示意图

片、玻璃及酚醛塑料纸等）上制成的一种特殊热电偶，其结构示意图如图 6-7 所示。薄膜型热电偶可以做得很小、很薄（0.01～0.1 μm），具有热容量小、响应速度快（毫秒级）等特点。其适用于微小面积上的表面温度和快速变化的动态温度的测量，测温范围在 300 ℃以下。

2）热电偶的种类

目前，国际电工委员会（IEC）向世界各国推荐了 8 种标准化热电偶。表 6-2 是我国采用的符合 IEC 标准的 6 种热电偶及其基本特性。

表 6-2　我国采用的符合 IEC 标准的 6 种热电偶及其基本特性

热电偶名称	分度号	测温范围/℃	基本特性
铂铑$_{30}$-铂铑$_6$	B	200~1 700	测温上限高，性能稳定，精度高，热电动势小，价格高
铂铑$_{13}$-铂	R	0~1 600	性能稳定，精度高，重现性好；热电动势较小，价格高，不能在金属蒸气和还原性气体中使用
铂铑$_{10}$-铂	S	0~1 600	同上。在所有热电偶中，准确度最高，用作标准温度计使用
镍铬-镍硅	K	−200~1 200	测温范围宽，热电动势大且近似为线性，价格低，性能稳定，应用最广
镍铬-康铜	E	−200~800	线性好，热电动势最大，价格低
铁-康铜	J	−200~750	价格低，热电动势较大，极易氧化
铜-康铜	T	−200~400	精度高，性能稳定，线性好，适用于低温测量
镍铬硅-镍硅	N	−200~1 200	新型热电偶，性能优于 K 型

2. 热电偶的工作原理

1）热电效应

将两种不同成分的导体组成一个闭合回路，如图 6-8 所示。当闭合回路的两个接点分别置于不同温度场中时，回路中将产生一个电动势。该电动势的方向和大小与导体的材料及两接点的温度有关，这种现象被称为"热电效应"，两种导体组成的回路被称为"热电偶"，这两种导体被称为"热电极"，产生的电动势则被称为"热电动势"。热电偶的两个工作端分别被称为热端和冷端。热电偶产生的热电动势由两部分电动势组成：一部分是两种导体的接触电动势；另一部分是单一导体的温差电动势。下面以导体为例说明热电动势的产生。

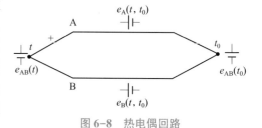

图 6-8　热电偶回路

（1）接触电动势。

当 A 和 B 两种不同材料的导体接触时，由于两者内部单位体积的自由电子数目不同（即电子密度不同，分别用 N_A 和 N_B 表示），因此，电子在两个方向上扩散的速率就不一样。设 $N_A>N_B$，则导体 A 扩散到导体 B 的电子数要比导体 B 扩散到导体 A 的电子数多。所以导体 A 失去电子带正电荷，而导体 B 得到电子带负电荷。于是，在 A、B 两导体的接触界面便形成了一个由 A 到 B 的电场。该电场的方向与扩散进行的方向相反，阻碍扩散作用的继续进行。当扩散作用与阻碍扩散的作用相等时，即自导体 A 扩散到导体 B 的自由电子数与在电场作用下自导体 B 扩散到导体 A 的自由电子数相等时，导体便处于一种动态平衡状态。在这种状态下，A 与 B 两导体的接触处就产生了电位差，称为接触电动势，其大小可用下式表示：

$$\begin{cases} e_{AB}(t) = U_A(t) - U_B(t) \\ e_{AB}(t_0) = U_A(t_0) - U_B(t_0) \end{cases} \tag{6-1}$$

式中：$e_{AB}(t)$、$e_{AB}(t_0)$——导体 A、B 在接点温度为 t 和 t_0 时形成的电动势；

$U_A(t)$、$U_A(t_0)$——导体 A 在接点温度为 t 和 t_0 时的电压；

$U_B(t)$、$U_B(t_0)$——导体 B 在接点温度为 t 和 t_0 时的电压。

可见，接触电动势的大小与接点处温度高低和导体的电子密度有关。温度越高，接触电动势越大；两种导体电子密度的比值越大，接触电动势越大。

（2）温差电动势。

对于导体 A 或 B，若将其两端分别置于不同的温度场 t、t_0 中（$t > t_0$），则在导体内部，热端的自由电子具有较大的动能，因此向冷端移动，从而使热端失去电子带正电荷，冷端得到电子带负电荷。于是，在导体两端便产生了一个由热端指向冷端的静电场，该电场阻止电荷的进一步扩展。这样，导体两端便产生了电位差，将该电位差称为温差电动势，表达式为

$$\begin{cases} e_A(t,t_0) = U_A(t) - U_A(t_0) \\ e_B(t,t_0) = U_B(t) - U_B(t_0) \end{cases} \tag{6-2}$$

式中：$e_A(t,t_0)$、$e_B(t,t_0)$——导体 A 和 B 在两端温度为 t 和 t_0 时形成的电动势。

可见，温差电动势的大小与导体的电子密度及两端温度有关。

（3）热电偶回路的总电动势。

将导体 A 和 B 头尾相接组成回路。如果导体 A 的电子密度大于导体 B 的电子密度，且两接点的温度不相等，则在热电偶回路中存在着 4 个电动势，即 2 个接触电动势和 2 个温差电动势。热电偶回路的总电动势为

$$E_{AB}(t,t_0) = e_{AB}(t) - e_{AB}(t_0) - e_A(t,t_0) + e_B(t,t_0) \tag{6-3}$$

一般来讲，在热电偶回路中接触电动势远远大于温差电动势，所以温差电动势可以忽略不计，故式（6-3）可以写为

$$E_{AB}(t,t_0) = e_{AB}(t) - e_{AB}(t_0) \tag{6-4}$$

式（6-4）中，由于导体 A 的电子密度大于导体 B 的电子密度，所以 A 为正极，B 为负极。

综上所述，可以得出以下结论：

热电偶回路中热电动势的大小，只与组成热电偶的导体材料和两接点的温度有关，而与热电偶的形状、尺寸无关。当热电偶两电极材料固定后，热电动势便是两接点温度为 t 和 t_0 时的函数差，即

$$E_{AB}(t,t_0) = f(t) - f(t_0) \tag{6-5}$$

如果使冷端温度 t_0 保持不变，则热电动势便成为热端温度 t 的单一函数，即

$$E_{AB}(t,t_0) = f(t) - C = \varphi(t) \tag{6-6}$$

这一关系式在实际测温中得到了广泛应用。因为冷端温度 t_0 恒定，热电偶产生的热电动势只与热端的温度有关，即一定的温度对应一定的热电动势，若测得热电动势，便可知热端的温度 t。

用实验方法求取这个函数关系。通常令 $t_0 = 0$ ℃，然后在不同的温差（$t-t_0$）情况下，精确地测出回路总热电动势，并将所测得的结果列成表格（称为热电偶分度表），供使用时查阅。

2）热电偶的基本定律

（1）均质导体定律。

如果热电偶回路中的两个热电极材料相同，无论两接点的温度如何，热电动势均为零。根据这个定律，可以检验两个热电极材料成分是否相同（称为同名极检验法），也可以检查热电极材料的均匀性。

（2）中间导体定律。

在热电偶回路中接入第三种导体，只要第三种导体和原导体的两接点温度相同，则回路中总热电动势不变。

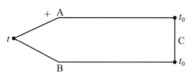

图 6-9   第三导体接入热电偶回路

如图 6-9 所示，在热电偶回路中接入第三种导体 C。设导体 A 与 B 接点处的温度为 t，导体 A、B 与 C 两接点处的温度为 t_0，则回路中的总电动势为

$$E_{AB}(t, t_0) = e_{AB}(t) + e_{BC}(t_0) - e_{AC}(t_0) \qquad (6-7)$$

如果回路中三接点的温度相同，即 $t = t_0$，则回路总电动势必为零，即

$$e_{AB}(t_0) + e_{BC}(t_0) - e_{AC}(t_0) = 0 \qquad (6-8)$$

或

$$e_{BC}(t_0) - e_{AC}(t_0) = -e_{AB}(t_0) \qquad (6-9)$$

将式（6-9）代入式（6-7），可得

$$E_{ABC}(t, t_0) = e_{AB}(t) - e_{AB}(t_0) \qquad (6-10)$$

热电偶的这种性质在工业生产中是很实用的。例如，可以将显示仪表或调节器作为第三种导体直接接入回路中进行测量，也可以将热电偶的两端不焊接而直接插入液态金属中或直接焊在金属表面进行温度测量。

如果接入的第三种导体两端温度不相等，热电偶回路的热电动势将要发生变化，变化的大小取决于导体的性质和接点的温度。因此，在测量过程中必须接入的第三种导体不宜采用与热电偶热电性质相差很大的材料，否则，一旦该材料两端温度有所变化，热电动势的变动将会很大。

（3）标准电极定律。

如果两种导体分别与第三种导体组成的热电偶所产生的热电动势已知，则由这两种导体组成的热电偶所产生的热电动势也已知。

如图 6-10 所示，导体 A、B 分别与标准电极 C 组成热电偶，若它们所产生的热电动势为已知，即

$$E_{AC}(t, t_0) = e_{AC}(t) - e_{AC}(t_0)$$
$$E_{BC}(t, t_0) = e_{BC}(t) - e_{BC}(t_0)$$

则由 A、B 两导体组成的热电偶的热电动势为

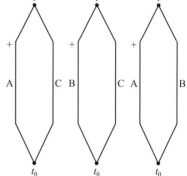

图 6-10   由三种导体分别组成的热电偶

$$E_{AB}(t, t_0) = E_{AC}(t, t_0) - E_{BC}(t, t_0) \qquad (6-11)$$

标准电极定律是一个极为实用的定律。由于纯金属和各种金属合金种类很多，因此，要确定这些金属之间组合而成的热电偶的热电动势，其工作量是极大的。但是可以利用铂的物理和化学性质稳定、熔点高、易提纯的特性，选用高纯铂丝作为标准电极，只要测得各种金属与纯铂组成的热电偶的热电动势，则各种金属之间相互组合而成的热电偶的热电动势可根据式（6-11）直接计算出来。

例如，当热端为 100 ℃，冷端为 0 ℃时，镍铬合金与纯铂组成的热电偶的热电动势为 2.95 mV，而考铜与纯铂组成的热电偶的热电动势为 -4.0 mV，则镍铬和考铜组合而成的热电偶所产生的热电动势应为 2.95 mV -（-4.0 mV）= 6.95 mV。

（4）中间温度定律。

热电偶在两接点温度 t、t_0 时的热电动势等于该热电偶在接点温度为 t、t_n 和 t_n、t_0 时的相应热电动势的代数和。

中间温度定律可以用下式表示：

$$E_{AB}(t,t_0) = E_{AB}(t,t_n) + E_{AB}(t_n,t_0) \tag{6-12}$$

中间温度定律为补偿导线的使用提供了理论依据。它表明：若热电偶的两热电极被两根导体延长，只要接入的两根导体组成的热电偶的热电特性与被延长的热电偶的热电特性相同，且它们之间连接的两点温度相同，则总回路的热电动势与连接点温度无关，只与延长以后的热电偶两端的温度有关。

3. 热电偶的冷端补偿

从热电效应的原理可知，热电偶产生的热电动势不仅与热端温度有关，而且与冷端温度有关。只有将冷端温度恒定，热电动势才是热端温度的单值函数。由于热电偶分度表是以冷端温度为 0 ℃时做出的，因此在使用时要正确反映热端温度（被测温度），最好设法使冷端温度恒为 0 ℃；否则将产生测量误差。但在实际应用中，热电偶的冷端通常靠近被测对象，且受周围环境温度的影响，其温度不是恒定不变的。为此，必须采取一些相应的措施进行补偿或修正，以消除冷端温度变化和不为 0 ℃时所产生的影响。常用的方法有以下几种。

1）冷浴法

将热电偶的冷端置于温度为 0 ℃的恒温器内（如冰水混合物），使冷端温度处于 0 ℃。这种装置通常用于实验室或精密的温度测量。

2）补偿导线法

热电偶由于受到材料价格的限制不可能做得很长，而要使其冷端不受测温对象的温度影响，必须使冷端远离温度对象，采用补偿导线就可以做到这一点。所谓补偿导线，实际上是一对材料化学成分不同的导线，在 0～150 ℃与配接的热电偶有一致的热电特性，但价格相对要低。利用补偿导线，将热电偶的冷端延伸到温度恒定的场所（如仪表室），其实质上相当于将热电极延长。根据中间温度定律，只要热电偶和补偿导线的两个接点温度一致，是不会影响热电动势输出的。下面举例说明补偿导线的作用。

【例 6.1】 采用镍铬-镍硅热电偶测量炉温，热端温度为 800 ℃，冷端温度为 50 ℃。为了进行炉温的调节及显示，采用补偿导线或铜导线两种导线将热电偶产生的热电动势信号送到仪表室进行显示，问显示值各为多少？（假设仪表室的环境温度恒为 20 ℃）

首先，由镍铬-镍硅热电偶分度表查出它在冷端温度为 0 ℃，热端温度为 800 ℃时的

热电动势为 $E(800,0) = 33.277$ mV；热端温度为 50 ℃ 时的热电动势为 $E(50,0) =$ 2.022 mV；热端温度为 20 ℃ 时的热电动势为 $E(20,0) = 0.798$ mV。

若热电偶与仪表之间直接用铜导线连接，根据中间导体定律，输入仪表的热电动势为 $E(800,50) = E(800,0) - E(50,0) = 33.277 - 2.022 = 31.255$ mV（相当于 751 ℃）。

若热电偶与仪表之间用补偿导线连接，相当于将热电偶延伸到仪表室，输入仪表的热电动势为 $E(800,20) = E(800,0) - E(20,0) = 33.277 - 0.798 = 32.479$ mV（相当于 781 ℃）。

与炉内的真实温度相差分别为

$$(751-800)℃ = -49 ℃$$
$$(781-800)℃ = -19 ℃$$

可见，补偿导线的作用是很明显的。

常用热电偶补偿导线如表 6-3 所示。

表 6-3　常用热电偶补偿导线

补偿导线型号	配用热电偶	补偿导线材料		补偿导线绝缘层着色	
		正极	负极	正极	负极
SC	S	铜	铜镍合金	红色	绿色
KC	K	铜	铜镍合金	红色	蓝色
KX	K	镍铬合金	镍硅合金	红色	黑色
EX	E	镍硅合金	铜镍合金	红色	棕色
JX	J	铁	铜镍合金	红色	紫色
TX	T	铜	铜镍合金	红色	白色

补偿导线起到了延伸热电极的作用，达到了移动热电偶冷端位置的目的。正是由于使用补偿导线，测温回路中产生了新的热电动势，实现了一定程度的冷端温度自动补偿。

补偿导线分为延伸型（X）和补偿型（C）补偿导线。延伸型补偿导线选用的金属材料与热电极材料相同；补偿型补偿导线所选金属材料与热电极材料不同。

在使用补偿导线时，要注意补偿导线型号与热电偶型号匹配，正负极与热电偶正负极对应连接，补偿导线所处温度不超过 150 ℃，否则将造成测量误差。

3）计算修正法

实际应用中，冷端温度并非一定为 0 ℃，所以测出的热电动势还是不能正确反映热端的实际温度。为此，必须对温度进行修正。修正公式为

$$E_{AB}(t,0) = E_{AB}(t,t_1) + E_{AB}(t_1,0) \tag{6-13}$$

式中：$E_{AB}(t,0)$——热电偶热端温度为 t，冷端温度为 0 ℃ 时的热电动势；

　　　$E_{AB}(t,t_1)$——热电偶热端温度为 t，冷端温度为 t_1 时的热电动势；

　　　$E_{AB}(t_1,0)$——热电偶热端温度为 t_1，冷端温度为 0 ℃ 时的热电动势。

【例 6.2】用镍铬-镍硅热电偶测炉温，当冷端温度为 30 ℃（且为恒定时），测出热端温度为 t 时的热电动势为 39.17 mV，求炉子的真实温度（求热端温度）。

由镍铬-镍硅热电偶分度表查出 $E(30,0) = 1.20$ mV，可以计算出：

$$E(t,0) = (39.17 + 1.20) \text{ mV} = 40.37 \text{ mV}$$

再通过热电偶分度表查出其对应的实际温度为 $t = 977 \ ℃$。

4）补偿电桥法

补偿电桥法利用不平衡电桥产生的不平衡电动势来补偿因冷端温度变化引起的热电动势变化值，可以自动地将冷端温度校正到补偿电桥的平衡点温度上。

热电偶冷端补偿电桥（补偿器）如图 6-11 所示。桥臂电阻 R_1、R_2、R_3、R_{Cu} 与热电偶冷端处于相同的温度环境，R_1、R_2、R_3 均为由锰铜丝绕制的 1 Ω 电阻，R_{Cu} 是用铜导线绕制的温度补偿电阻。$E = 4 \ V$，是经稳压电源提供的桥路直流电源。R_s 是限流电阻，阻值因配用的热电偶的不同而不同。

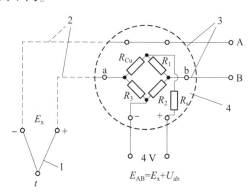

$$E_{AB} = E_x + U_{ab}$$

图 6-11　热电偶冷端补偿电桥

1—热电偶；2—补偿导线；3—铜导线；4—补偿电桥

一般选择 R_{Cu} 阻值，使不平衡电桥在 20 ℃（平衡点温度）时处于平衡，此时 $R_{Cu}^{20} = 1 \ Ω$，电桥平衡，不起补偿作用。冷端温度变化，热电偶热电动势 E_x 将变化 $E(t, t_0) - E(t, 20) = E(20, t_0)$，此时电桥不平衡，适当选择 R_{Cu} 的大小，使 $U_{ab} = E(t, 20)$，与热电偶热电动势叠加，则外电路总电动势保持 $E_{AB}(t, 20)$，不随冷端温度变化而变化。如果采用仪表机械零位调整法进行校正，则仪表机械零位应调至冷端温度补偿电桥的平衡点温度（20 ℃）处，不必因冷端温度变化重新调整。

冷端补偿电桥可以单独制成补偿器，通过外线与热电偶和后续仪表连接，而它更多是作为后续仪表的输入回路，与热电偶连接。

5）显示仪表零位调整法

当热电偶通过补偿导线连接显示仪表时，如果热电偶冷端温度已知且恒定，则可预先将有零位调整器的显示仪表的指针从刻度的初始值调至已知的冷端温度值上，这时显示仪表的示值即为被测量的实际温度值。

6.3.2　热电阻

热电阻作为一种感温元件，它是利用导体电阻值随温度变化而变化的特性来实现对温度的测量。热电阻最常用的材料是铂和铜，工业上被广泛用来测量中低温区（-200 ~ 500 ℃）的温度。

热电阻由电阻体、保护套管和接线盒等部件组成，如图 6-12（a）所示。热电阻丝是绕在骨架上的，骨架采用石英、云母、陶瓷或塑料等材料制成，可根据需要将骨架制成不同的外形。为防止电阻体出现电感，热电阻丝通常采用双线并绕法，如图6-12（b）所示。

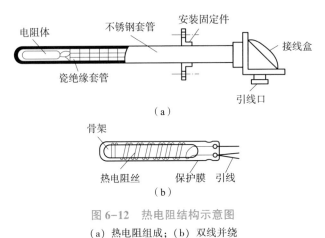

（a）

（b）

图6-12　热电阻结构示意图

（a）热电阻组成；（b）双线并绕

1. 铂热电阻

铂热电阻在氧化性介质中，甚至在高温下，其物理、化学性能稳定，电阻率大，精确度高，能耐较高的温度。因此，国际温标ITS—1990规定，在-259.34~630.74 ℃，以铂热电阻温度计作为基准器。铂热电阻的缺点为价格高。

铂热电阻值与温度的关系在0~850 ℃为

$$R_t = R_0(1+At+Bt^2) \tag{6-14}$$

在-200~0 ℃为

$$R_t = R_0[1+At+Bt^2+C(t-100\,t^3)] \tag{6-15}$$

式中：R_t——温度为t时的电阻值；

R_0——温度为0 ℃时的电阻值；

A、B、C——温度系数。

从式（6-15）可以看出，热电阻在温度t时的电阻值与R_0（标称电阻）有关。目前，我国规定，工业用铂热电阻有$R_0 = 10\ \Omega$和$R_0 = 100\ \Omega$两种，它们的分度号分别为Pt10和Pt100，后者为常用。实际测量中，只要测得热电阻的阻值R，便可从热电偶分度表中查出对应的温度值。

2. 铜热电阻

铂热电阻虽然优点多，但价格高昂，在测量精度要求不高且温度较低的场合，铜热电阻得到广泛应用。在-50~150 ℃，铜热电阻与温度近似呈线性关系，可表示为

$$R_t = R_0(1+\alpha t) \tag{6-16}$$

式中：α——0 ℃时铜热电阻温度系数。

铜热电阻的电阻温度系数较大，线性好，价格低。缺点是电阻率较低，电阻体的体积较大，热惯性较大，稳定性较差，在100 ℃以上时容易氧化，因此只能用于低温及没有侵蚀性的介质中。

铜热电阻的两种分度号分别为Cu50（$R_0 = 50\ \Omega$）和Cu100（$R_0 = 100\ \Omega$），后者为常用。

6.3.3 热敏电阻

热敏电阻是利用半导体的电阻值随温度显著变化这一特性制成的一种热敏元件，其特点是电阻率随温度而显著变化，它主要由敏感元件、引线和壳体组成。根据使用要求，热敏电阻可制成珠状、片状、杆状、垫圈状等各种形状。热敏电阻的结构与图形符号如图 6-13 所示。

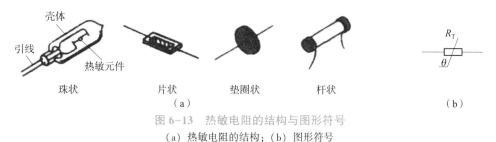

珠状　　　　片状　　　垫圈状　　　杆状
（a）　　　　　　　　　　　　　　（b）

图 6-13　热敏电阻的结构与图形符号

（a）热敏电阻的结构；（b）图形符号

热敏电阻与热电阻相比，具有电阻值和电阻温度系数大，灵敏度高（比热电阻大 1~2 个数量级），体积小（最小直径可达 0.1~0.2 mm，可用来测量"点温"），结构简单坚固（能承受较大的冲击、振动），热惯性小，响应速度快（适用于快速变化的测量场合），使用方便，寿命长，易于实现远距离测量（本身阻值一般较大，无须考虑引线电阻对测量结果的影响）等优点，得到了广泛的应用。目前它存在的主要缺点是互换性较差，同一型号的产品特性参数有较大差别，稳定性较差，非线性严重，且不能在高温下使用。但随着技术的发展和工艺的成熟，热敏电阻的缺点将逐渐得到改善。

热敏电阻的测温范围一般为-50~350 ℃，可用于液体、气体、固体、高空气象、深井等对温度测量精度要求不高的场合。

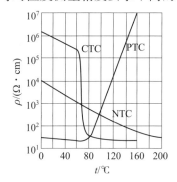

图 6-14　热敏电阻的温度特性曲线

根据半导体的电阻温度特性，热敏电阻可分为三类，即负温度系数热敏电阻（NTC）、正温度系数热敏电阻（PTC）和临界温度系数热敏电阻（CTC）。它们的温度特性曲线如图 6-14 所示。正温度系数热敏电阻的阻值与温度的关系可表示为

$$R_t = R_0 \exp[A(t-t_0)] \tag{6-17}$$

式中：R_t、R_0——温度 $t(K)$ 和 $t_0(K)$ 时的电阻值；

A——热敏电阻的材料常数，K；

$T_0 = 0$ ℃时的热力学温度，273.15 K。

大多数热敏电阻具有负温度系数，其阻值与温度的关系可表示为

$$R_t = R_0 \exp\left[A\left(\frac{B}{t}-\frac{B}{t_0}\right)\right] \tag{6-18}$$

式中：B——热敏电阻的材料常数（由材料、工艺及结构决定），一般为 1 500~6 000 K。

PTC 的阻值随温度升高而增大，且有斜率最大的区域，当温度超过某一数值时，它的电阻值朝正的方向快速变化。它的用途主要是彩电消磁、各种电器设备的过热保护等。CTC 具有负温度系数，但在某个温度范围内电阻值急剧下降，曲线斜率在此区段特别陡，灵敏度极高，主要用作温度开关。

各种热敏电阻的阻值在常温下很大，通常都在数千欧以上，所以连接导线的阻值（最多不过 10 Ω）几乎对测温没有影响，不必采用三线制或四线制接法，便于使用。

此外，热敏电阻的阻值随温度改变显著，只要很小的电流流过热敏电阻，就能产生明显的电压变化，而电流对热敏电阻自身有加热作用，所以应注意不要使电流过大，以免带来测量误差。

6.4　实践操作

6.4.1　接线

按照温度传感器实验接线图（见图 6-3）完成设备连接。

6.4.2　网络图

本次项目如果使用台式电脑，可以在设备下方的电源明盒中的网口连接。本实验的 PLC 网口连接的是背后的交换机，电源明盒内部接的也是背后的交换机。如果是台式电脑，可以使用直流电源模块中网络接口网线连接，如图 6-15 所示。

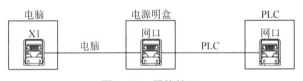

图 6-15　网络接口

使用博图软件，双击 TIA 按钮，创建新项目——创建——设备与网络——添加新设备；双击 6ES7215-1AG40-0XB0；双击"设备组态"选项，添加 6ES7241-1CH32-0XB0、6ES7234-4HE32-0XB0 和 6ES7278-4BD32-0XB0。

双击"设备组态"选项，双击 6ES7215-1AG40-0XB0 图案，查看属性 PROFINET 接口［X1］——以太网地址——IP 协议——IP 地址：192.168.1.1，将 IP 地址修改为 192.168.1.***，如图 6-16 所示。

图 6-16　以太网地址设置

单击"系统和时钟存储器"选项，勾选"启用系统存储器字节"和"启用时钟存储器字节"，如图 6-17 所示。

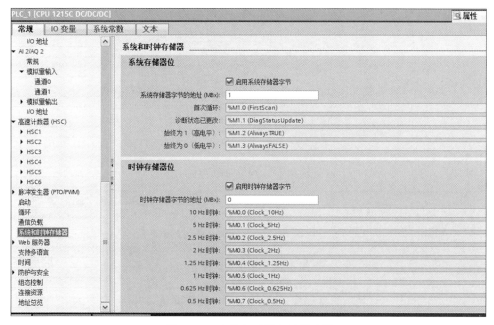

图 6-17　系统和时钟存储器设置

双击"设备组态"选项，双击 6ES7241-1CH32-0XB0 图案，查看属性——RS422/485 接口，如图 6-18 所示。

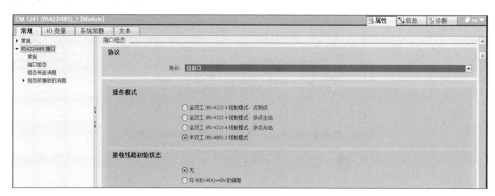

图 6-18　端口设置

根据设置的温度显示器参数，波特率 9 600，无奇偶校验，可以查看 485 断路里面的参数，如图 6-19 所示。

双击"设备组态"选项，双击 6ES7241-1CH32-0XB0 图案，查看属性——系统常数，查看硬件标识符：269，如图 6-20 所示。

编写 MODBUS 主站程序。打开主站 PLC，开始编写主站的 MODBUS 通信程序，如图 6-21、图 6-22 所示。

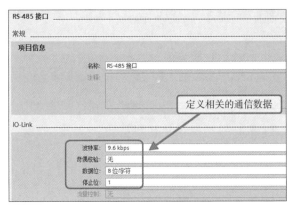

图 6-19　通信数据定义

图 6-20　系统常数设置

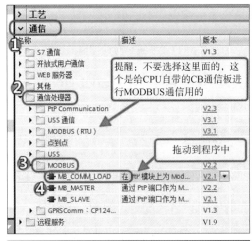

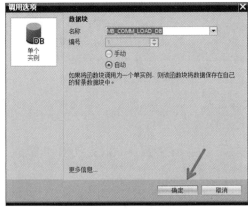

图 6-21　MODBUS 主站程序设置

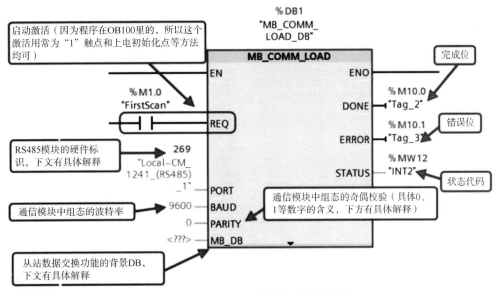

启动激活（因为程序在OB100里的，所以这个激活用常为"1"触点和上电初始化点等方法均可）

%M1.0
"FirstScan"

REQ

RS485模块的硬件标识，下文有具体解释

269
"Local~CM_
1241_(RS485)
_1"

PORT

通信模块中组态的波特率

9600   BAUD

0   PARITY

<???>   MB_DB

从站数据交换功能的背景DB，下文有具体解释

%DB1
"MB_COMM_
LOAD_DB"

MB_COMM_LOAD

EN   ENO

DONE

ERROR

STATUS

完成位

%M10.0
"Tag_2"

%M10.1
"Tag_3"   错误位

%MW12
"INT2"   状态代码

通信模块中组态的奇偶校验（具体0、1等数字的含义，下方有具体解释）

图 6-22   MODBUS 通信程序参数设置

项目
6

热电式传感器及其应用

打开 OB1 后进行以下的操作，如图 6-23 所示。

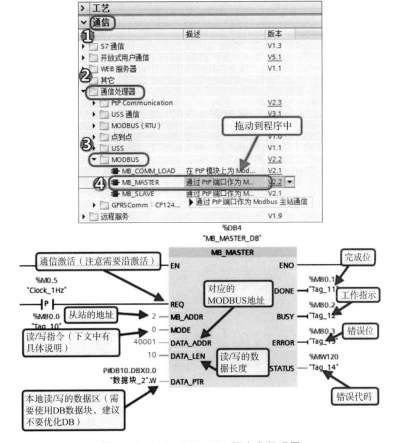

通信激活（注意需要沿激活）   EN   ENO   完成位

%M0.5
"Clock_1Hz"

REQ

%M80.0
"Tag_10"   从站的地址   2   MB_ADDR

读/写指令（下文中有具体说明）   0   MODE

40001   DATA_ADDR

10   DATA_LEN

P#DB10.DBX0.0
"数据块_2".W   DATA_PTR

本地读/写的数据区（需要使用DB数据块，建议不要优化DB）

%DB4
"MB_MASTER_DB"

MB_MASTER

对应的
MODBUS地址

DONE

BUSY

ERROR

读/写的数据长度

STATUS

%M80.1
"Tag_11"

%M80.2
"Tag_12"   工作指示

%M80.3
"Tag_13"   错误位

%MW120
"Tag_14"

错误代码

拖动到程序中

图 6-23   MODBUS OB1 程序参数设置

MODE：读/写指令，0 表示读数据；1 表示写数据。

注意：不要忘记将 MB_MASTER 的背景 DB 填写到 MB_COMM_LOAD 指令的 "MB_DB" 针脚。

本实验程序如图 6-24 所示。

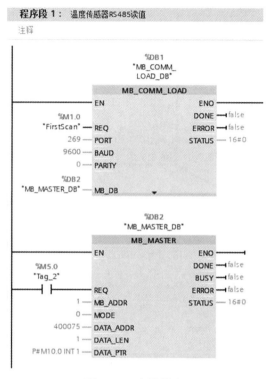

图 6-24　实验程序

MB_COMM_LOAD 指令中，269 是 CM1241 的硬件标识符，9 600 是波特率。

MB_MASTER 程序块中，1 是温度显示器 MODBUS 地址；0 表示读数据；400075，这里表示查看称重显示器输入寄存器；1 表示读的数据长度；P#M10.0 INT 1，表示从 MW10 开始 1 个字节。

添加新监控表，双击新建的监控表，地址输入 MW10，显示格式带符号十进制，如图 6-25 所示。

	i	名称	地址	显示格式
1			%QW64	带符号十进制
2		"超声波"	%IW64	带符号十进制
3			%MW10	带符号十进制

图 6-25　监控表

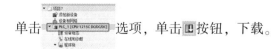

单击　　　　　　选项，单击 ▣ 按钮，下载。

单击 转至在线 按钮，查看监控表。单击 按钮，双击主程序，单击 M5.0 选项，修改为 1。现在可以监视 MW10 的值，可以查看 MW10 读取的值。263 表示 26.3 ℃，如图 6-26 所示。

i	名称	地址	显示格式	监视值
		%QW64	带符号十进制	0
	"超声波"	%IW64	带符号十进制	27645
		%MW10	带符号十进制	263

图 6-26　传感器参数监控表

模拟量显示。首先双击"设备组态"选项，单击 SM1234，设置属性——常规——AI 4/AQ 2——模拟量输入——通道 0。设置测量类型：电流；电流范围：0~20 mA。这里的参数和上面设置温度显示器参数一致，如图 6-27 所示。

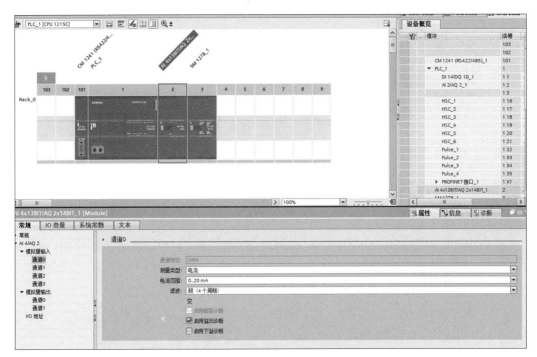

图 6-27　温度模拟量参数设置表

主程序编写。IW96 表示温度模拟量读取值。"NORM_X"程序 MIN 和 MAX 表示模拟量读取值 0~27 648；"SCALE_X"程序 MIN 和 MAX 表示实际温度值范围 0~100 ℃；MD78 值表示温度实际值。可以和温度显示表上面显示的温度一致。温度模拟量程序如图 6-28 所示。

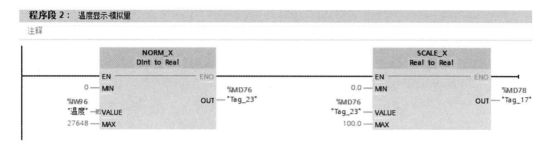

图 6-28　温度模拟量程序

程序下载后，观察 Main 程序，可查看程序读取值。这里表示 24.9 ℃，如图 6-29 所示。

图 6-29　温度模拟量显示

6.5　综合评价

各小组展示实验结果，介绍任务的完成过程并提交阐述材料，进行学生自评、学生小组内互评、教师评价，并完成表 6-4。

表 6-4　考核评价表

评价项目	评价内容	分值	自评 20%	互评 20%	教评 60%	合计
职业素养 40 分	爱岗敬业，安全意识、责任意识、服从意识	10				
	积极参加任务活动，完成实训内容	10				
	团队合作、交流沟通能力，集体主义精神	10				
	劳动纪律	5				
	现场 "6S" 标准，行为规范	5				

续表

评价项目	评价内容	分值	自评20%	互评20%	教评60%	合计
专业能力50分	专业资料检索能力，分析能力	10				
	制订计划能力，严谨认真	10				
	操作符合规范，精益求精	10				
	工作效率，分工协作	5				
	任务验收质量，质量意识	15				
创新能力10分	创新性思维和活动	10				
合计		100				

项目6 热电式传感器及其应用

6.6 知识拓展

6.6.1 集成温度传感器测温

汽车温度传感器主要用于检测发动机温度、吸入气体温度、冷却水温度、燃油温度以及催化温度等，目前已实用化的产品主要有热敏电阻式温度传感器、铁氧体式温度传感器（ON/OFF 型）、金属或半导体膜空气温度传感器。由于传统的温度传感器难以满足多功能化、集成化、智能化控制的要求，现代汽车正在开发精度更高、响应时间更快的集成温度传感器。集成温度传感器输出线性好、检测精度高，其传感驱动电路、信号处理电路等都与温度传感部分集成在一起，因而封装后的组件体积非常小，使用方便，价格便宜，故在测温技术中得到越来越广泛的应用。

集成温度传感器是利用晶体管 PN 结的正向压降随温度升高而降低的特性，将晶体管的 PN 结作为感温元件，把敏感元件、放大电路和补偿电路等部分集成，并把它们封装在同一壳体里的一种一体化温度检测元件。

集成温度传感器与半导体热敏电阻一样，除具有体积小、反应快的优点外，还具有线性好、性能高、价格低、抗干扰能力强等特点，虽然由于 PN 结受耐热性能和特性范围的限制，只能用来测 150 ℃以下的温度，但在低温测量领域仍得到了广泛的应用。

常用的集成温度传感器可分为模拟输出式、逻辑输出式、数字输出式三类。

1. 模拟输出式集成温度传感器

模拟输出式集成温度传感器的主要特点是功能单一（仅测量温度）、测温误差小、价格低、响应速度快、传输距离远、体积小、功耗小等，适合远距离测温、控温，不需要进行非线性校准，外围电路简单，是目前国内外应用最为普遍的一种集成传感器，其分为电压型和电流型两种，典型产品有 AD590、AD592、TMP17、LM135 等。

电压型集成温度传感器是将温度传感器基准电压、缓冲放大器集成在同一芯片上，制成四端器件。因器件有放大器，故输出电压高，线性输出为 10 mV/℃。此外，由于其具有输出阻抗低的特性，抗干扰能力强，故不适合长线传输。这类集成温度传感器特别适合于工业现场检测。

电流型集成温度传感器是把线性集成电路和与之相容的薄膜工艺元件集成在一块芯片上，再通过激光微加工技术，制造出性能优良的测温传感器。这种传感器的输出电流正比于热力学温度，线性输出为 1 μA/K。此外，因电流型集成温度传感器输出恒流，所以传感器具有高输出阻抗，其值可达 10 MΩ，这为远距离传输如深井测温等实际应用提供了一种新的思路。

2. 逻辑输出式集成温度传感器

逻辑输出式集成温度传感器主要包括温控开关、可编程温度控制器，典型产品有 LM56、AD22105 和 MAX6501/02/03/04 等。在逻辑输出式集成温度传感器的应用中，并不需要严格测量具体的温度数值，只需要关心温度是否超出了某个设定范围。一旦温度超出了设定的范围，传感器即发出报警信号，启动或关闭风扇、空调、加热器或其他控制设备。LM56 是 NS 公司生产的高精度低压温度开关，内置 1.25 V 参考电压输出端，最大只能带 50 A 的负载。MAX6501/02/03/04 具有逻辑输出和 SOT-23 封装的温度监视器件开关，其设计非常简单：用户选择一种接近于自己需要的温度控制门限（由厂方预设在 −45~115 ℃，预设值间隔为 10 ℃），直接将其接入电路即可使用，不需要任何外部元件。

3. 数字输出式集成温度传感器

数字输出式集成温度传感器可把温度信号直接转换为并行或串行数字信号供微机处理，可以克服逻辑输出式集成温度传感器与微处理器接口时需要增加信号调理电路和 A/D 转换器的弊端，被广泛应用于工业控制、电子测温计、医疗仪器等各种温度控制系统中。比较有代表性的数字输出式集成温度传感器有 DS18B20、MAX6575、DS1722、MAX6635 等。

在工业生产和日常生活中，要选择正确的集成温度传感器，应注意以下选择原则。

（1）要考虑应用类型。

实际使用中需考虑环境和安全因素、每个传感器的成本预算以及传感器到仪器的检测距离等。例如，在进行深井长线传输测温时，最好应用集成温度传感器 AD590，这是因为应用 AD590 作为传感器时，传输的电缆可以达到 1 000 m 以上，而由于 AD590 本身具有恒流和高阻抗的特点，对于 1 000 m 的铜质电缆，其直流电阻值约为 150 Ω，对电缆的影响微乎其微。

（2）要考虑温度测量的预计量程。

要根据测量的温度范围选择传感器，每种集成温度传感器都有其测量的范围。例如，在选择 DS18B20 时，可以测量 −55~125 ℃ 的温度。一旦测量的温度超过这个范围，就要更换其他类型的集成温度传感器。

（3）要考虑传感器的可用安装区域。

待测器件必须要有足够的空间用于安装所选传感器。例如，集成电路是微型电子器件，因此传感器的正确选择取决于待测参数、集成电路封装、引脚框架及芯片本身。大多数集成温度传感器具有多种形状和尺寸，选取必须符合应用要求。

6.6.2 非接触式温度传感器

非接触式温度传感器利用物体表面的热辐射与温度的关系来检测温度，通过检测一定距离处被测物体发出的热辐射强度来确定被测物体的温度。常见的非接触式温度传感器有辐射高温计、光谱高温计、激光温度传感器和超声波温度传感器等。非接触式温度传感器的主要优点有测温迅速、不存在滞后现象、测温范围不受限制，还可以检测腐蚀性物体温度等；缺点是易受被测物体与仪器之间距离、灰尘、水汽和被测物体辐射率的影响，即检测精度较低。

非接触式温度传感器的敏感元件与被测对象互不接触。这种温度传感器可用来检测运动物体、小目标、热容量小或温度迅速变化（瞬变）的对象的表面温度，也可用于检测温度场的温度分布。最常用的非接触式温度传感器基于黑体辐射的基本定律，称为辐射温度传感器。辐射测温法主要包括亮度法（光学高温计）、辐射法（全辐射高温计）和比色法（比色高温计）。图 6-30 所示为某非接触式温度传感器实物图。

图 6-30　某非接触式温度传感器实物图

非接触式温度传感器大致可以分为四类。

（1）辐射高温计：用来检测 1 000 ℃以上高温。其共分为四种：光学高温计、比色高温计、全辐射高温计和光电高温计。

（2）光谱高温计：利用光谱发射率的变化来对温度进行测量。俄罗斯研制的 YCI-I 型自动测温通用光谱高温计，其检测范围为 400~6 000 ℃，采用电子化自动跟踪系统，保证有足够的精度。

（3）超声波温度传感器：利用超声波的特性研制而成的传感器。超声波是一种振动频率高于声波的机械波，由换能晶片在电压的激励下发生振动而产生，具有频率高、波长短、绕射现象小、方向性好、能够成为射线而定向传播等特点。超声波温度传感器响应快（为 10 ms 左右），方向性强。目前国外有可测到 5 000 F（约 2 760 ℃）的产品。

（4）激光温度传感器：利用激光技术进行测量的传感器。它由激光器、激光检测器和测量电路组成，适用于远程和特殊环境下的温度检测。NBS 公司用氦氖激光源的激光作为光反射计测量较高温度，精度为 1%。美国麻省理工学院所研制的一种激光温度传感器，最高检测温度可达 8 000 ℃，专门用于核聚变研究。

对于 1 800 ℃以上的高温，主要采用非接触测温法。随着红外技术的发展，辐射测温法逐渐由可见光向红外线扩展，700 ℃以下直至常温都可以采用，且分辨率很高。

1. 辐射式温度传感器

辐射式温度传感器利用物体的热辐射特性与温度之间的关系来实现温度检测，只要将传感器与被测对象对准即可检测其温度的变化，它采用热辐射和光电检测的方式检测温度。因热引起的电磁波辐射称为热辐射。它是由物体内部微观粒子在运动状态改变时所激发出来的能量，可分为红外线、可见光和紫外线等，其中红外线对人体的热效应显著。由于电磁波的传播不需要任何介质，所以热辐射是真空中唯一的传热方式。图 6-31 所示为辐射式温度传感器测温原理图。

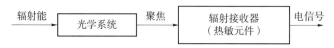

图 6-31　辐射式温度传感器测温原理图

辐射式温度传感器一般包括以下两部分。

（1）光学系统：用于瞄准被测物体，并把被测物体的辐射能聚焦在辐射接收器上。

（2）辐射接收器：利用各种热敏元件或光电元件将汇聚的辐射能转换为电信号。

2. 红外线测温仪

红外线测温仪由光学系统、红外探测器、信号放大器、信号处理和显示输出等部分组成，其测温原理图如图 6-32 所示。光学系统汇聚其视场内目标的红外辐射能量，红外辐射能量聚焦在红外探测器上，并转变为相应的电信号，该信号再经换算转变为被测目标的温度值。当用红外线测温仪检测目标的温度时，首先要检测出目标在其波段范围内的红外辐射量，然后由测温仪计算出被测目标的温度。单色测温仪与波段内的辐射量成比例；双色测温仪与两个波段的辐射量之比成比例。

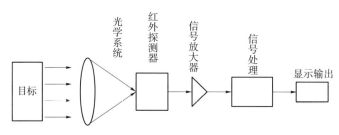

图 6-32　红外线测温仪测温原理图

红外线测温仪有以下三种测温方法。

（1）点检测：测定物体全部表面温度，如测定发动机或其他设备的温度。

（2）温差检测：比较两个独立点的检测温度，如测定连接器或断路器的温度。

（3）扫描检测：探测较宽的区域或连续区域内目标温度的变化，如测定制冷管线或配电室的温度。

思考与练习

1. 什么是热电效应和热电动势？什么叫接触电动势？什么叫温差电动势？

2. 什么是热电偶的中间导体定律？中间导体定律有什么意义？

3. 什么是热电偶的标准电极定律？标准电极定律有什么意义？

4. 热电阻主要分为哪两种类型？它们分别应用在什么不同场合？

5. 请简要叙述热敏电阻的优缺点及改进措施。

知识目标	1. 了解磁电式传感器的基本原理。 2. 认识霍尔式传感器、电磁式流量计的种类及特性。 3. 了解霍尔式传感器的应用
技能目标	掌握霍尔式传感器的选用和电路检测方法
素质目标	1. 提高学生分析问题和解决问题的能力。 2. 培养学生的沟通能力及团队协作精神

　　磁电式传感器也称电磁感应传感器，是利用导体和磁场发生相对运动而在导体两端输出感应电动势来进行测速的。它具有不需要供电电源、电路简单、性能稳定、输出阻抗小、输出电压灵敏度高、具有一定的工作带宽（10~100 Hz）等特点。根据电磁感应原理，该类传感器仅适用于动态测量，被广泛用来测量转速、振动、扭矩等，可在烟雾、油气、水汽等恶劣环境中使用。

7.1　项目描述

　　磁电式传感器的工作原理是基于法拉第电磁感应原理。当线圈在磁场中运动而切割磁力线，或通过闭合线圈的磁通量发生变化时，线圈中将产生感应电动势。常见的磁电式传感器有霍尔式传感器、电磁式流量计、磁电式接近开关（见图7-1）等。

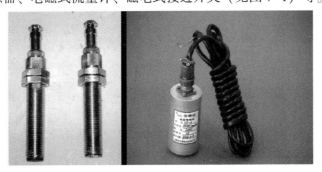

图 7-1　磁电式接近开关

7.2　项目准备

7.2.1　实训设备

智能传感器综合实训平台是集传感器选型、接线与功能应用为一体的综合实训平台，主要由电阻式、电容式、电磁式、电感式、光电式、温度、流量、压力、激光、安全光幕、安全门开关、RFID、绝对式编码器、增量式编码器、位移编码器等传感器组成。本项目所需实训设备如表7-1所示。

表7-1　本项目所需实训设备

序号	设备名称	型号规格	代号
1	智能传感器综合实训平台	PCG01	—
2	可编程控制器	6ES7215-1AG40-0XB0	PLC
3	磁电式传感器	E2B-M12KN08-WZ-C1	B9
4	编程软件—博途	TIA V16	
5	迭插头对	KT3ABD53 红（1 m）/3 根	—
6	迭插头对	KT3ABD53 蓝（1 m）/2 根	—
7	迭插头对	KT3ABD53 绿（1 m）/1 根	—
8	迭插头对	KT3ABD53 黑（1 m）/1 根	—
9	网线	—	—

7.2.2　磁电式传感器

磁电式传感器如图7-2所示，磁电式传感器实验接线图如图7-3所示。

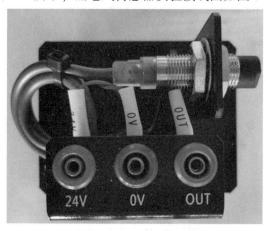

图7-2　磁电式传感器

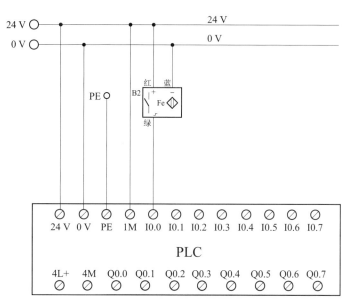

图 7-3 磁电式传感器实验接线图

7.3 知识学习

7.3.1 霍尔式传感器

1. 霍尔式传感器工作原理

霍尔元件是霍尔式传感器的敏感元件和转换元件，是利用某些半导体材料的霍尔效应制成的。所谓霍尔效应，是指置于磁场中的导体或半导体通电流时，若电流与磁场垂直，则在与磁场和电流都垂直的方向上出现一个电势差。

如图 7-4 所示，一个 N 型半导体薄片，长、宽、厚分别为 L、l、d，在垂直于该半导体薄片平面的方向上，施加磁感应强度为 B 的磁场。在其长度方向的两个面上做两个金属电极，称为控制电极，并外加电压 U，则在长度方向就有电流 I 流动，而自由电子与电流的运动方向相反。磁场中自由电子将受到洛伦兹力 F_L 的作用，受力的方向可由左手定则判定，即使磁力线穿过左手掌心，四指方向为电流方向，则拇指方向就是多数载流子所受洛伦兹力的方向。在洛伦兹力的作用下，电子向一侧偏转，使该侧形成负电荷的积累，另一侧则形成正电荷的积累。所以在半导体薄片的宽度方向形成了电场，该电场对自由电子产生电场力 F_E，该电场力 F_E 对电子的作用力与洛伦兹力的方向相反，即阻止自由电子的继续偏转。当电场力与洛伦兹力相等时，自由电子的积累便达到了动态平衡，这时在半导体薄片的宽度方向所建立的电场称为霍尔电场，

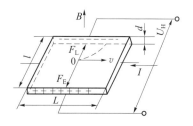

图 7-4 霍尔式传感器的能量变换

而在此方向的两个端面之间形成一个稳定的电势，称为霍尔电势 U_H。上述洛伦兹力 F_L 的大小为

$$F_L = evB \tag{7-1}$$

式中：F_L——洛伦兹力，N；

　　　　e——电子电量，等于 $1.602×10^{-19}$ C；

　　　　v——电子速度，m/s；

　　　　B——磁感应强度，Wb/m^2。

电场力的大小为

$$F_E = eE_H = e\frac{U_H}{l} \tag{7-2}$$

式中：F_E——电场力，N；

　　　　E_H——霍尔电场强度，V/m；

　　　　U_H——霍尔电势，V；

　　　　l——霍尔元件宽度，m。

当 $F_L = F_E$ 时，达到动态平衡，则有

$$evB = e\frac{U_H}{l} \tag{7-3}$$

经简化，得

$$U_H = vBl \tag{7-4}$$

对于 N 型半导体，通入霍尔元件的电流可表示为

$$I = nevld \tag{7-5}$$

式中：d——霍尔元件厚度，m；

　　　　n——N 型半导体的电子浓度，$1/m^3$。

由式（7-5）得

$$v = \frac{I}{neld} \tag{7-6}$$

将式（7-6）代入式（7-4）得

$$U_H = \frac{IB}{ned} = \frac{R_H IB}{d} = K_H IB \tag{7-7}$$

由式（7-7）知，霍尔电势与 K_H、I、B 有关。当 I、B 大小一定时，K_H 越大，U_H 越大。显然，一般希望 K_H 越大越好。

乘积灵敏度 K_H 与 n、e、d 成反比关系。若电子浓度 n 较高，则 K_H 太小；若电子浓度 n 较小，则导电能力差。因此，希望半导体的电子浓度 n 适中，而且可以通过掺杂来获得所希望的电子浓度。一般来说，都是选择半导体材料来做霍尔元件。此外，对厚度 d 选择得越小，K_H 越高；但霍尔元件的机械强度下降，且输入/输出电阻增加。因此，霍尔元件不能做得太薄。

式（7-7）是在磁感应强度 B 与霍尔元件成垂直条件下得出来的。若 B 与霍尔元件平面的法线成角度 θ，则输出的霍尔电势为

$$U_H = K_H IB\cos\theta \tag{7-8}$$

对于 P 型半导体，其多数载流子是空穴，同样也存在着霍尔效应，用空穴浓度 p 代替电子浓度 n，同样可以导出 P 型霍尔元件的霍尔电势表达式为

$$U_H = K_H IB \qquad\qquad (7-9)$$

注意：采用 N 型或 P 型半导体，其多数载流子所受洛伦兹力的方向是一样的，但它们产生的霍尔电势的极性是相反的。所以，可以通过实验判别材料的类型。在霍尔式传感器的使用中，若能通过测量电路测出 U_H，那么只要已知 B、I 中的一个参数，就可求出另一个参数。

2. 霍尔式传感器主要特性参数

1）输入电阻 R_i 和输出电阻 R_o

霍尔元件两激励电流端的直流电阻称为输入电阻 R_i，两个霍尔电势输出端之间的电阻称为输出电阻 R_o。R_i 和 R_o 是纯电阻，可用直流电桥或欧姆表直接测量。R_i 和 R_o 均随温度改变而改变，一般为几到几百欧姆。

2）额定激励电流 I 和最大激励电流 I_M

霍尔元件在空气中产生 10 ℃ 的温升时所施加的激励电流称为额定激励电流 I。由于霍尔电势随激励电流增加而增大，故在应用中，总希望选用较大的激励电流。但激励电流增大，霍尔元件的功耗增大，温度升高，从而引起霍尔电势的温漂增大，因此每种型号的霍尔元件均规定了相应的最大激励电流 I_M，它的数值从几到几十毫安。

3）乘积灵敏度 K_H

$K_H = \dfrac{U_H}{IB}$，单位为 mV/（mA·T），它反映了霍尔元件本身所具有的磁电转换能力，一般希望它越大越好。

4）不等位电势 U_M

在额定激励电流下，当外加磁场为零，即 $B=0$ 时，$U_H=0$；但由于 4 个电极的几何尺寸不对称导致 $B\neq0$，为此引入 U_M 来表征霍尔元件输出端之间的开路电压，即不等位电势。一般要求霍尔元件的 $U_M<1$ mV，优质的霍尔元件的 U_M 可以小于 0.1 mV。在实际应用中多采用电桥法来补偿不等位电势引起的误差。

5）霍尔电势温度系数 α

在一定磁感应强度和激励电流的作用下，温度每变化 1 ℃ 时霍尔电势变化的百分数称为霍尔电势温度系数 α，它与霍尔元件的材料有关，一般为 0.1%/℃ 左右，在要求较高的场合，应选择低温漂的霍尔元件。

3. 霍尔集成传感器

利用集成电路技术，把霍尔元件、放大器、温度补偿电路、施密特触发器及稳压电源等集成在一个芯片上就构成了霍尔集成传感器。按照输出信号的形式，霍尔集成传感器可分为开关型和线性型两种类型。

与霍尔元件相比，霍尔集成传感器具有微型化、可靠性高、寿命长、功耗低、无温度漂移及负载能力强等优点，主要用于汽车电子、手持通信设备、电动自行车、机电一体化、自动控制、家用电器等领域。

1）开关型霍尔集成传感器

开关型霍尔集成传感器是利用霍尔效应与集成电路技术制成的一种磁敏传感器，能感

知一切与磁信息有关的物理量，并以开关信号形式输出。

　　开关型霍尔集成传感器的工作特性曲线如图7-5所示，反映外加磁场与传感器输出电平的关系。当外加磁感应强度大于导通磁感应强度 B_{OP} 时，输出电平由高变低，传感器处于"ON"状态；当外加磁感应强度小于截止磁感应强度 B_{RP} 时，输出电平由低变高，传感器处于"OFF"状态。一次磁感应强度的变化能使传感器完成一次开关动作，但导通磁感应强度和截止磁感应强度之间存在磁滞 B_H，这对开关动作的可靠性非常有利，大大增强了电路的抗干扰能力，保证开关动作稳定，不产生振荡现象。

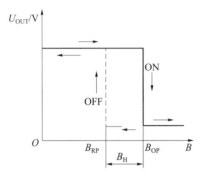

图 7-5　开关型霍尔集成传感器的工作特性曲线

　　开关型霍尔集成传感器的开关形式有单稳态和双稳态两种，在输出上分为单端输出和双端输出。开关型霍尔集成传感器常用的型号有 UGN-3020 系列和 CS 系列，外形结构有三端 T 型和四端 T 型。图 7-6 所示为 UGN-3020 系列开关型霍尔集成传感器的外形结构与内部电路。开关型霍尔集成传感器常用于点火系统、安保系统、转速测量、里程测量、机械设备限位开关、按钮、电流的测量与控制、位置及角度的检测等。

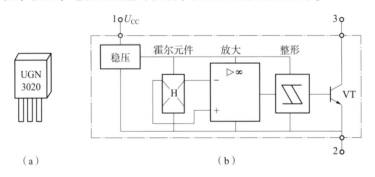

图 7-6　UGN-3020 系列开关型霍尔集成传感器的外形结构与内部电路
(a) 外形结构；(b) 内部电路

　　2）线性型霍尔集成传感器

　　线性型霍尔集成传感器由霍尔元件、差分放大器、射极跟随输出器和稳压电路等集成在一个芯片上，特点是输出电压与外加磁感应强度 B 呈线性关系，输出电压为伏特级，常用于位置、力、质量、厚度、速度、磁场、电流等的测量和控制。

　　线性型霍尔集成传感器有单端输出和双端输出两种形式。UGN-3501 为典型的单端输出霍尔集成传感器，是一种扁平塑料封装的三端元件，如图 7-7 所示。脚 1（U_{CC}）、脚 2(GND)、脚 3(U_0)，有 T、U 两种型号，其区别仅是厚度不同。T 型厚度为 2.03 mm，U 型厚度为 1.45 mm。UGN-3501T 在 ±0.15 T 磁感应强度范围有较好的线性，超过此范围成饱和状态。

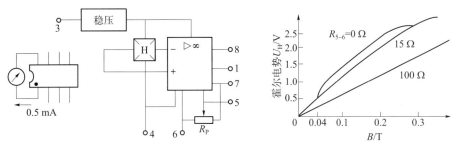

图 7-7　单端输出霍尔集成传感器

典型的双端输出霍尔集成传感器型号为 UGN-3501M，如图 7-8 所示。脚 8 为 DIP 封装，脚 1 和 8 为差动输出，脚 2 为空，脚 3 为 U_{CC}，脚 4 为 GND，脚 5、6、7 间接调零电位器，对不等位电势进行补偿，还可以改善线性，但灵敏度有所降低。根据测试，当脚 5 和脚 6 间外接电阻 $R_{5-6} = 100\ \Omega$ 时，电路有良好的线性。随 R_{5-6} 阻值减小，电路的输出电压升高，但线性度下降。因比，若允许不等位电势输出，则可不接电位器。

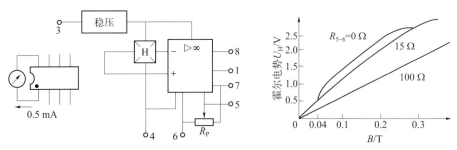

图 7-8　双端输出霍尔集成传感器

4. 使用霍尔式传感器时的注意事项

霍尔式传感器是典型的磁敏传感器，除了对磁敏感外，光、热、机械应力均对其有一定程度的影响。因此，霍尔式传感器在使用过程中要特别注意以下事项。

（1）严格在产品规格说明书规定的范围内使用，适宜的电源电压和负载电流是霍尔式传感器正常工作的先决条件。霍尔式传感器的供电电压不得超过额定电压。大部分霍尔集成传感器开关均为集电极开路输出，因此，输出电路应接负载，负载阻值的大小取决于负载电流的大小，不能超负载使用。工作电压极性不能反接，在装配和焊接的过程中要注意防静电。

（2）工作时，由于霍尔式传感器的周围可能存在较强的电磁场，相关导线会将空间的电磁场能量耦合后转换为电路中的电压值，并作用于霍尔式传感器；由于负载电路中的导线存在分布电感，当霍尔集成传感器中的晶体管导通或关闭时，电路中会因电流瞬变而产生过冲电压。因此，霍尔式传感器周边应配有稳压及高频吸收等保护电路。

（3）由于机械应力会造成霍尔式传感器磁敏度的漂移，在实用安装中应尽量减少施加到器件外壳和引线上的机械应力。特别地，器件引脚上根部 1 mm 以内不允许施加任何机械应力（如弯曲整形等）。

（4）环境温度过高将损坏霍尔式传感器内部的半导体材料，造成性能偏差或器件失效。因此，必须严格规范焊接温度和时间，手工焊接时，焊接温度不得高于 350 ℃，焊接时间应低于 3 s。霍尔式传感器的使用环境温度也必须符合规格说明书的要求。

（5）由于霍尔式传感器是一种敏感器件，因此，其磁敏度在高、低温下的一定漂移是可接受的。一般情况下，温度变化±60 ℃时，磁敏度温度漂移应不大于 0.002 5 T（高温器件磁敏度温度漂移应不大于 0.001 T）。

（6）在大多数场合，霍尔式传感器具有很强的抗外磁场干扰的能力，一般在距离模块 5~10 cm 存在一个 2 倍于工作电流所产生的磁场干扰是可以忽略的，但当有更强的磁场干扰时，要采取适当的措施。通常的方法有：调整模块方向，使外磁场对模块的影响最小；在模块上加一个抗外磁场的金属屏蔽罩；选用带双霍尔元件或多霍尔元件的模块。

7.3.2 电磁式流量计

1. 电磁式流量计的工作原理

自来水公司进、出厂水流量的计量既是水资源管理的重要环节，也是供水行业生存发展的关键。目前，我国城镇供水行业主要使用电磁流量计进行流量计算。这类流量计也是工业中测量导电流体常用的流量计，有一系列优良特性，能够测量含有固体颗粒或纤维液体的流量，可以解决其他流量计不容易实现的污流、腐蚀流的测量，因此被各地自来水公司、化工行业等大量使用，且很多已更新为智能化、高精度、多功能的流量仪表。

电磁式流量计（Electromagnetic Flowmeter，EMF）是 20 世纪五六十年代随电子技术发展而迅速发展起来的流量测量仪表，它基于法拉第电磁感应定律，用来测量导电液体的体积流量。

根据法拉第电磁感应定律，当导体在磁场中运动切割磁力线时，在导体的两端即产生感应电动势 E，其方向由右手定则确定，其大小与磁场的磁感应强度 B、导体在磁场内的长度 l 及导体的运动速度 v 成正比，如果 B、l、v 三者互相垂直，则有

$$E = Blv \tag{7-10}$$

与此相仿，在磁感应强度为 B 的均匀磁场中，垂直于磁场方向放一个内径为 D 的不导磁管道，当导电液体在管道中以流速 v 流动时，导电流体就切割磁力线，如图 7-9 所示。如果管道截面上垂直于磁场的直径两端安装一对电极，则可以证明：只要管道内流速分布为轴对称，两电极之间也将产生感应电动势，即

$$E = BD\bar{v} \tag{7-11}$$

式中：$\bar{v}$——管道截面上的平均流速。

由此可得管道的体积流量为

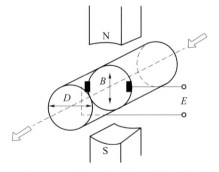

图 7-9 电磁式流量计工作原理图

$$Q = \bar{v}A = \frac{EA}{BD} = \frac{E\pi D}{4B} \tag{7-12}$$

式中：A——管道截面积；

Q——体积流量。

由式（7-12）可知，体积流量 Q 与感应电动势 E 和测量管内径 D 呈线性关系，与磁场的磁感应强度 B 成反比，与其他物理参数无关，这就是电磁式流量计的工作原理。

需要说明的是，要使式（7-11）严格成立，必须使测量条件满足下列假定。

（1）磁场是均匀分布的恒定磁场。

（2）被测液体的流速为轴对称分布。

（3）被测液体是非磁性的。

（4）被测液体的电导率均匀且各向同性。

由于其独特的优点，电磁式流量计目前已广泛地应用于工业过程中各种导电液体的流量测量，如各种酸、碱、盐等腐蚀性介质及各种浆液流量的测量，形成了独特的应用领域。

2. 电磁式流量计的结构

图 7-10（a）所示为电磁式流量计结构示意图。电磁式流量计由传感器、转换器（变送器）和显示仪表等组成。根据传感器和转换器是否连接成一体，电磁式流量计分为一体型电磁式流量计和分离型电磁式流量计。

传感器一般安装在被测管道上，它的作用是将流进管道内的液体体积流量线性地变换为感应电动势信号，并通过传输线将此信号送到转换器。转换器安装在离传感器不太远的地方，分离型电磁式流量计的转换器安装在离传感器 30~100 m 的地方，两者之间用屏蔽电缆连接，它将传感器送来的流量信号进行放大，并转换为与流量信号成正比的标准电信号输出，以进行显示、累积和调节控制。测量管道通过不导电的内衬（橡胶、特氟龙等）实现与流体和测量电极的电磁隔离。

电磁式流量计的传感器由励磁绕组、测量导管、电极、外壳等部分组成，结构如图 7-10（b）所示。测量导管上下装有励磁绕组，通电后产生磁场穿过测量导管，一对电极装在测量导管内。

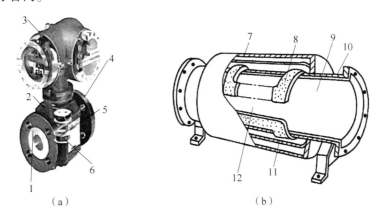

（a）　　　　　　　　　　　　（b）

图 7-10　电磁式流量计工作结构示意图

（a）电磁式流量计结构示意图；（b）电磁式流量计的传感器结构示意图

1—内衬；2—传感器；3—转换器；4—过程连接；5—测量电极；6—线圈；7—外壳；

8—励磁绕组；9—衬里；10—测量导管；11—铁芯；12—电极

3. 电磁式流量计的分类

随着电磁式流量计应用领域的扩展，目前已经研制生产了多种类型的电磁式流量计，以满足不同方面的需求。例如，给排水工程中应用的大口径仪表，造纸工业、有色冶金业、化学工业以及钢铁工业中应用的中小口径仪表，医药工业、食品工业中应用的卫生型电磁式流量计等。图 7-11 所示为几种常用的电磁式流量计。

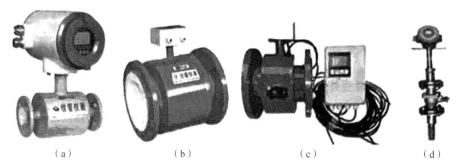

（a）　　　　　　　（b）　　　　　　　（c）　　　　　　　（d）

图 7-11　几种常用的电磁式流量计

（a）小口径电磁式流量计；（b）潜水型电磁式流量计；（c）分体式电磁式流量计；（d）插入式电磁式流量计

按照分类依据的不同，电磁式流量计有以下几种不同的分类。

（1）按用途可以分为通用型、卫生型、潜水型和防爆型等。

（2）按传感器与管道连接方式可以分为插入型、夹持型、法兰型、螺纹型等。

（3）按传感器电极是否与被测液体接触可以分为接触型和非接触型。

（4）按励磁电流方式可以分为直流励磁、交流励磁、低频矩形波励磁和双频矩形波励磁。

（5）按输出信号连接和励磁（电源线）连线的制式可以分为四线制和二线制。

（6）按转换器与传感器组装方式可以分为分体型和一体型。

4. 电磁式流量计的优缺点

电磁式流量计有以下优点。

（1）测量精度不受流体密度、黏度、温度、压力和电导率变化的影响，传感器感应电压信号与平均流速呈线性关系，测量精度高。

（2）管道内无可动部件，无阻流部件，测量中几乎没有附加压力损失，运行能耗低，传感器寿命长。

（3）电磁式流量计所测得的是体积流量，测量结果与流速分布、流体压力、温度、密度、黏度等物理参数无关。因此，电磁式流量计只需通过水溶液标定后，就可用来测量其他导电液体的流量。

（4）测量范围大。电磁式流量计的量程范围极宽，其测量范围度（指流量计能够测量的范围，最大就是满量程，最小就是满量程的 1/1 500）可达 100：1，有的甚至达到 1 000：1 的可运行流量范围，保证准确度的范围一般可达 40：1。

（5）测量管道是一段无阻流部件的光滑直管，不易阻塞，适用于测量含有固体颗粒或纤维的流体，如纸浆、煤水浆、矿浆、泥浆和污水等。

（6）对直管段要求低。一般要求测量管道的入口直径≥5D，出口直径≥3D（D 为电磁式流量计安装管道的公称内径），适合对大口径管路测量。

（7）很多产品为双向测量系统，可进行正、反向总量和差值总量的测量。

（8）可应用于腐蚀性流体的测量。

电磁式流量计有以下缺点。

（1）不能用来测量气体、蒸气以及含有大量气体的液体。

（2）不能用来测量电导率很低的液体介质，如石油制品或有机溶剂等介质。

（3）普通工业用电磁式流量计由于测量导管内衬材料和电气绝缘材料的限制，不能用于测量高温介质；如未经特殊处理，也不能用于低温介质的测量，以防止测量导管外结露（结霜）破坏绝缘。

（4）电磁式流量计易受外界电磁干扰的影响。

5. 电磁式流量计的安装注意事项

为了使电磁式使流量计工作可靠稳定，在选择安装地点时应注意以下几方面的要求。

（1）尽量避开铁磁性物体及具有强电磁场的设备（如大型电机、大型变压器等），以免受磁场影响。

（2）应尽量安装在干燥通风之处，不宜在潮湿、易积水的地方安装。

（3）应尽量避免日晒雨淋，避免环境温度高于 60 ℃ 及相对湿度大于 95%。

（4）选择便于维修、活动方便的地方。

（5）应安装在水泵后端，决不能在抽吸侧安装，阀门应安装在电磁式流量计下游侧。

6. 电磁式流量计的使用注意事项

使用电磁式流量计时应注意以下几点。

（1）虽然流速的分布对精度的影响不大，但为了消除这种影响，应保证液体流动管道有足够的直线长度。

（2）使用电磁式流量计时，必须使管道内充满液体。最好是把管道垂直设置，让被测液体从上至下流动。

（3）测定电导率较小的液体时，由于两电极间的内部阻抗（电动势的内阻）比较高，故所接信号放大器要有 100 MΩ 左右的输入阻抗。为保证传感器的正常工作，液体的流速必须保证在 5 cm/s 以上。

7.4 实践操作

7.4.1 接线

按照磁电式传感器实验接线图（见图 7-3）完成设备连接。

7.4.2 网络图

本项目如果使用台式电脑，可以在设备下方的电源明盒中的网口连接。本实验的 PLC 网口连接的是背后的交换机，电源明盒内部接的也是背后的交换机。如果使用台式电脑，可以使用直流电源模块中网络接口网线连接，如图 7-12 所示。

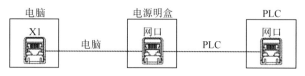

图 7-12　网络接口

7.4.3　设备组态

打开博途软件 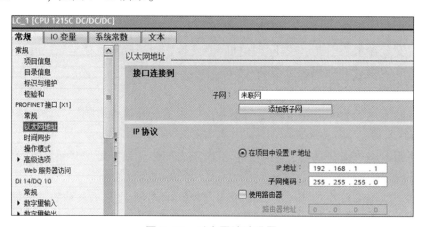，双击创建新项目——创建——设备与网络——添加新设备；双击 6ES7215-1AG40-0XB0；双击"设备组态"选项，添加 6ES7241-1CH32-0XB0、6ES7234-4HE32-0XB0 和 6ES7278-4BD32-0XB0。

双击"设备组态"选项，双击 6ES7215-1AG40-0XB0 图案，查看属性 PROFINET 接口 ［X1］——以太网地址——IP 协议——IP 地址：192.168.1.1，将 IP 地址修改为 192.168.1.＊＊＊，如图 7-13 所示。

图 7-13　以太网地址设置

单击 PLC 变量——显示所有变量——名称输入传感器，地址 I0.0，如图 7-14 所示。

图 7-14　输入传感器设置

单击 ![项目选项图] 选项，单击 ![下载按钮] 按钮，下载。

单击 ![转至在线按钮] 按钮，查看 PLC 变量。单击 ![监视按钮] 按钮，现在可以监视 I0.0 的值，可以将工件放置在传感器检测范围内，如图7-15所示。

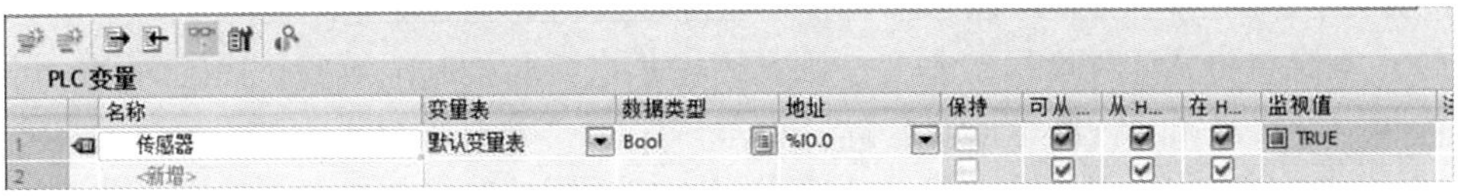

图 7-15　传感器监视值设置

7.5　综合评价

各小组展示实验结果，介绍任务的完成过程并提交阐述材料，进行学生自评、学生小组内互评、教师评价，并完成表7-2。

表7-2　考核评价表

评价项目	评价内容	分值	自评20%	互评20%	教评60%	合计
职业素养40分	爱岗敬业，安全意识、责任意识、服从意识	10				
	积极参加任务活动，完成实训内容	10				
	团队合作、交流沟通能力，集体主义精神	10				
	劳动纪律	5				
	现场"6S"标准，行为规范	5				
专业能力50分	专业资料检索能力，分析能力	10				
	制订计划能力，严谨认真	10				
	操作符合规范，精益求精	10				
	工作效率，分工协作	5				
	任务验收质量，质量意识	15				
创新能力10分	创新性思维和活动	10				
合计		100				

7.6　知识拓展

霍尔式传感器的其他应用

根据 $U_H = K_H IB$，霍尔式传感器有以下三个方面的用途。

（1）当控制电流 I 不变时，若传感器处于非均匀磁场中，则传感器的霍尔电势正比于磁感应强度，利用这一关系可以反映位置、角度或励磁电流的变化。

（2）若保持磁感应强度恒定不变，则利用霍尔电势与控制电流成正比的关系，可以组成回转器、隔离器和环行器等控制装置。

（3）当控制电流与磁感应强度皆为变量时，传感器的输出与这两者的乘积成正比。这方面的应用有乘法器、功率计，以及除法、倒数、开方等运算器，此外，也可用于混频、调制、解调等环节中，但由于霍尔元件变换频率低、受温度影响较显著等缺点，这方面的应用受到一定的限制，尚有待于元件的材料、工艺等方面的改进或电路上的补偿措施。

1. 霍尔汽车无触点点火器

传统的汽车气缸点火装置使用机械式分电器，存在点火时间不准确、触点易磨损等缺点。采用霍尔开关无触点晶体管点火装置可以克服上述缺点，提高燃烧效率。霍尔开关无触点晶体管点火装置示意图如图 7-16 所示，磁轮鼓代替了传统的凸轮及白金触点。发动机主轴带动磁轮鼓转动时，霍尔式传感器感受的磁场极性交替改变，输出一连串与气缸活塞运动同步的脉冲信号去触发晶体管功率开关，点火线圈两端产生很高的感应电压，使火花塞产生火花放电，完成气缸点火过程。

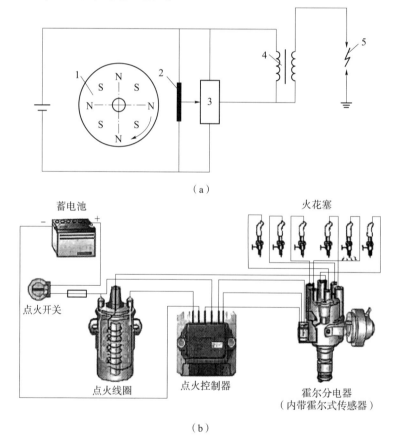

（a）

（b）

图 7-16　霍尔开关无触点晶体管点火装置示意图

1—磁轮鼓；2—开关型霍尔集成传感器；3—晶体管功率开关；4—点火线圈；5—火花塞

（a）电路图；（b）结构图

2. 霍尔电流传感器

如图 7-17 所示，在磁芯上开一气隙，内置一个线性型霍尔式传感器，器件通电后，便可由它输出的霍尔电势得出导线中通过电流的大小。

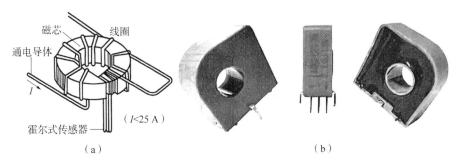

图 7-17　霍尔电流传感器

（a）结构图；（b）实物图

3. 锅炉自动供水装置

如图 7-18 所示，锅炉中的水由电磁阀控制流出与关闭。电磁阀的打开与关闭，则受控于控制电路。打水时，需将铁制的取水卡从水卡口插入，取水卡沿非磁性物质制作的滑槽向下滑行，当滑行到磁传感器部位时，传感器输出信号经控制电路驱动电磁阀打开，让水从水龙头流出。延时一定时间后，控制电路使电磁阀关闭，水流停止。

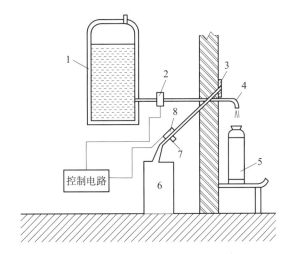

图 7-18　锅炉自动供水装置结构示意图

1—锅炉阀；2—电磁阀；3—水卡口；4—水龙头；5—水瓶；6—收卡箱；7—磁铁；8—磁传感器

锅炉自动供水装置主要由磁传感器（SL3020）、单稳态电路、固态继电器、电源电路及电磁阀等组成。

SL3020 为开关型霍尔集成传感器。当取水者插入铁制的取水卡时，铁制取水卡将磁铁的磁力线短路，SL3020 受较强磁场的作用输出为高电平脉冲，电路输出使电磁阀通电工作，自动开阀放水。

思考与练习

1. 常用的霍尔式传感器有哪些种类？它们各自的工作原理是否相同？

2. 什么是霍尔效应？

3. 简述利用霍尔式传感器测量电机转速的工作原理。

知识目标	1. 了解光纤的结构和特点。 2. 掌握光纤式传感器的分类、工作原理
技能目标	掌握光纤放大器的基本设置、调试方法、测量电路和注意事项
素质目标	1. 提高学生分析问题和解决问题的能力。 2. 培养学生的沟通能力及团队协作精神

光纤（光导纤维）是 20 世纪 70 年代的重要发明之一，与激光器、半导体探测器一起构成了新的光学技术，创造了光电子学的新领域。光纤的出现产生了光纤通信技术，特别是光纤在有线通信方面的优势越来越突出，它为人类 21 世纪的通信基础——信息高速公路奠定了基础，为多媒体通信提供了实现的必需条件。由于光纤具有许多新的特性，所以在通信和传感器等方面都获得了应用。

光纤式传感器技术是伴随光纤技术（见图 8-1）和光纤通信技术（见图 8-2）发展而形成的一门崭新的传感技术。光纤式传感器的传感灵敏度要比传统传感器高许多倍，而且它可以在高电压、大噪声、高温、强腐蚀性等很多特殊情况下正常工作，还可以与光纤遥感、遥测技术配合，形成光纤遥感系统和光线遥测系统。光纤式传感器技术是许多经济、军事强国争相研究的高新技术，可以应用于国民经济的很多领域。

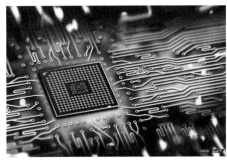

图 8-1　光纤技术

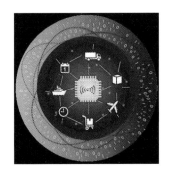

图 8-2　光纤通信技术

8.1　项目描述

光纤式传感器是一种将被测对象的状态转变为可测光信号的传感器。光纤式传感器的工作原理是将光源入射的光束经由光纤送入调制器，在调制器内与外界被测参数相互作用，使光的光学性质如光的强度、波长、频率、相位、偏振态等发生变化，成为被调制的光信号，再经过光纤送入光电器件，经解调器后获得被测参数。

本项目利用智能传感器综合实训平台，完成光纤式传感器（对射型、漫反射型）实验。结合 PLC（S7-1200），通过本次实验，学生可了解光纤式传感器的基本知识以及安装接线、工作原理等知识。

8.2　项目准备

8.2.1　实训设备

智能传感器综合实训平台是集传感器选型、接线与功能应用为一体的综合实训平台，主要由电阻式、电容式、电磁式、电感式、光电式、温度、流量、压力、激光、安全光幕、安全门开关、RFID、绝对式编码器、增量式编码器、位移编码器等传感器组成。本项目所需实训设备如表 8-1 所示。

表 8-1　本项目所需实训设备

序号	设备名称	型号规格	代号
1	智能传感器综合实训平台	PCG01	—
2	可编程控制器	6ES7215-1AG40-0XB0	PLC
3	光纤放大器	E3X-NA11	B7
4	光纤线	PT-410	—
5	编程软件—博途	TIA V16	—
6	迭插头对	KT3ABD53 红（1 m）/3 根	—
7	迭插头对	KT3ABD53 蓝（1 m）/2 根	—
8	迭插头对	KT3ABD53 绿（1 m）/1 根	—
9	迭插头对	KT3ABD53 黑（1 m）/1 根	—
11	网线	—	—

8.2.2　光纤放大器

光纤放大器 E3X-NA11——光纤线如图 8-3 所示，光纤放大器接线图如图 8-4 所示，光纤放大器调节图如图 8-5 所示。

图 8-3　光纤放大器 E3X-NA11——光纤线

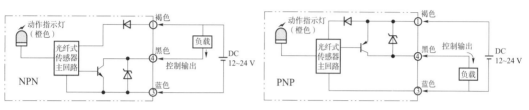

图 8-4　光纤放大器接线图

显示的状态（L/ON 时）	裕度等级	说明
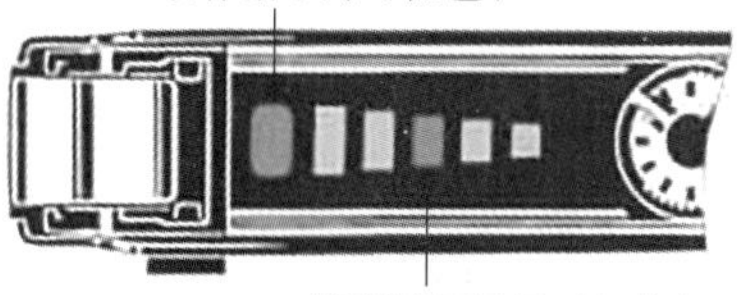 动作指示灯（橙色） 裕度等级显示（红色）	约 120%以上	稳定入光
	110%~120%	
	90%~110%	不稳定入光或 不稳定遮光
	80%~90%	稳定遮光
	80%以下	

图 8-5　光纤放大器调节图

8.3　知识学习

8.3.1　光纤的结构与种类

1. 光纤的结构

光导纤维简称光纤，由纤芯、包层组成，如图 8-6 所示。纤芯位于光纤的中心部位，它是由玻璃或塑料制成的圆柱体，光主要在纤芯中传输。围绕着纤芯的部分称为包层，材料也是玻璃或塑料。两者的折射率不同，纤芯的折射率稍大于包层的折射率。由于纤芯和包层构成一个同心圆双层结构，所以光纤具有使光束封闭在里面传输的功能。

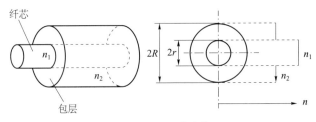

图 8-6　光纤的结构

2. 光纤的种类

光纤按纤芯的材料分类，分为玻璃光纤、塑料光纤、玻璃塑料混合光纤；按其中的折射率分布分类，分为阶跃型光纤和梯度型光纤；按其传输模式分类，分为单模光纤和多模光纤。

阶跃型光纤：纤芯的折射率分布均匀，不随半径变化。包层的折射率分布也大体均匀，只是纤芯与包层之间折射率的变化呈阶梯状。在纤芯内，中心光线沿光纤轴线传播，而通过轴线平面的不同方向入射的光线呈锯齿形轨迹传播。

梯度型光纤：纤芯的折射率不是常数，从中心轴线开始沿径向大致按抛物线规律逐渐减小，因此光在传播中会自动地从折射率小的界面处向中心会聚，光线偏离中心轴线越远，传播路程越长，传播的轨迹类似正弦波曲线，这种光纤又称自聚焦光纤。

无论是哪一种光纤，要求进入光纤中的光要能在纤芯中传输，而不要溢出纤芯。若把在纤芯中传输的光称为传导模，进入包层的光称为辐射模，则要求传导模尽可能大，辐射模尽可能小，从而获得最小的传输损耗。利用石英玻璃等高透射率电介质材料制作的光纤，是可见光至近红外光最理想的传输媒质。

8.3.2　光纤式传感器的工作原理

光的全反射现象是研究光在光纤中传播原理的基础。当光线以较小的入射角由光密媒质射入光疏媒质时，一部分光线被反射，另一部分光线折射入光疏媒质，光在光纤中的传播原理如图 8-7 所示。

设纤芯的折射率为 n_1，包层的折射率为 n_2

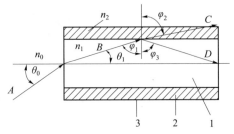

图 8-7　光在光纤中传播原理
1—纤芯；2—包层；3—外护套

（典型值是 $n_1 = 1.46 \sim 1.51$，$n_2 = 1.44 \sim 1.50$），且 $n_1 > n_2$。当光线从空气（折射率为 n_0）射入光纤的一个端面，并与其轴线的夹角为 θ_0 时，在光纤内折射成角 θ_1 的光线 B，然后光线 B 以 φ_1（$\varphi_1 = 90° - \theta_1$）角入射到纤芯与包层的交界面上。由于纤芯与包层的折射率不相等（即 $n_1 \neq n_2$），光线 B 的一部分光被反射，成为反射光 D，另一部分成为折射光 C。

这时入射光与折射光应满足下式：

$$n_1 \sin \varphi_1 = n_2 \sin \varphi_2 \tag{8-1}$$

由于 $n_1 > n_2$，当 φ_1 为某值时，可使 $\varphi_2 = 90°$，即折射光沿界面传播，此现象称为全反射。使 $\varphi_2 = 90°$ 的角 φ_1 称为临界角，用 φ_0 表示。由式（8-1）可知（因 $\sin \varphi_2 = 1$），其临界角满足

$$\sin \varphi_0 = \frac{n_2}{n_1} \tag{8-2}$$

即

$$\varphi_0 = \arcsin \frac{n_2}{n_1}$$

例如，$n_1 = 1.51$，$n_2 = 1.48$，则 $\varphi_0 = 87.2°$。

若继续加大入射角 φ_1（即 $\varphi_1 \leqslant \varphi_2$），光不再产生折射，而形成了全反射，光线被限制在纤芯中传播，于是式（8-2）为

$$\sin \varphi_1 > \frac{n_2}{n_1} \tag{8-3}$$

这就是光在光纤中传播的基本原理。

实际应用中，人们更关心的是光线以多大角度入射光纤端面时，能使折射光完全在纤芯中传播，即图 8-7 中，θ_0 角为何值时方能使 $\varphi_1 \leqslant \varphi_2$。当光线在 A 点（空气中，其折射率为 n_1）入射，则有

$$n_0 \sin \theta_0 = n_1 \sin \theta_1 = n_1 \cos \varphi_1 \tag{8-4}$$

式中：$\theta_1 = 90° - \varphi_1$。

根据全反射条件，可得最大入射角为

$$\sin \theta_c = \frac{1}{n_0} \sqrt{n_1^2 - n_2^2} = N_a \tag{8-5}$$

式中：N_a——光纤的数孔直径，它表示当入射光从外部介质射入光纤时，只有入射角小于 θ_c 的光才能在光纤中传播。N_a 与光纤的几何尺寸无关，仅与纤芯和包层的折射率有关，纤芯和包层的折射率差别越大，数孔直径就越大，光纤的集光能力就越强。

8.3.3 光纤式传感器的分类

光纤式传感器一般分为两大类：一类是传光型，也称非功能型光纤式传感器；另一类是传感型，也称为功能型光纤式传感器。前者多数使用多模光纤，以传输更多的光量；而后者是利用被测对象调制或改变光纤的特性，所以只能用单模光纤。

1. 功能型光纤式传感器

功能型光纤式传感器是利用对信息具有敏感能力和检测能力的光纤（或特殊光纤）作为传感元件，如图 8-8 所示，将"传"和"感"合为一体的传感器。光纤不仅有传光作用，还能利用光纤在外界因素（弯曲、相变）的作用下，光学特性（光强、相位、偏振

态等）的变化来实现"传"和"感"的功能。被测物理量的变化将影响光纤的传输特性，从而将被测物理量的变化转变为调制的光信号，因此也称传感型光纤式传感器。功能型传感器中光纤是连续的，多采用多模光纤。

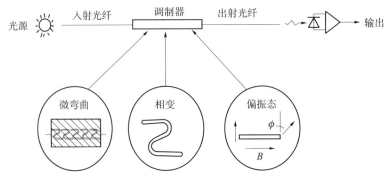

图 8-8　功能型光纤式传感器

2. 非功能型光纤式传感器

非功能型光纤式传感器是利用其他敏感元件感受被测量的变化，光纤仅作为信息的传输介质，传输来自远处或难以接近场所的光信号，只"传"不"感"，对外界信息的"感觉"功能依靠其他物理性质的功能元件完成，常采用单模光纤，所以也称为传光型光纤式传感器或混合型光纤式传感器，如图 8-9 所示。此类光纤式传感器无须特殊光纤及其他特殊技术，比较容易实现，成本低；但灵敏度也较低，用于对灵敏度要求不太高的场合。

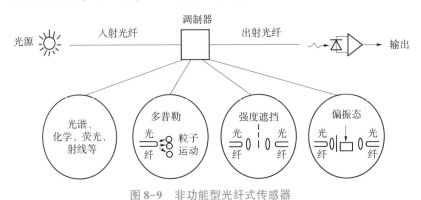

图 8-9　非功能型光纤式传感器

8.3.4　光纤式传感器的特点

与传统的传感器不同，光纤优良的物理、化学、力学以及传输性能，使光纤式传感器具有一系列独特的优点。

（1）灵敏度高：由于光是一种波长极短的电磁波，由光的相位便得到其光学长度。以光纤干涉仪为例，由于所使用的光纤直径很小，受到微小的机械外力的作用或温度变化时，其光学长度要发生变化，从而引起较大的相位变化。假设用 10 m 的光纤，1 ℃的变化引起 1 000 rad 的相位变化，若能够检测出的最小相位变化为 0.01 rad，那么所能测出的最小温度变化为 10 ℃，可见其灵敏度之高。

（2）抗电磁干扰、电绝缘、耐腐蚀、本质安全：由于光纤式传感器是利用光波传输信息，而光纤是电绝缘、耐腐蚀的传输媒质，同时安全可靠，因此光纤式传感器可以方便有效地用于各种大型电机、石油化工、矿井等强电磁干扰和易燃易爆的恶劣环境中。

（3）测量速度快：光的传播速度快且能传送二维信息，因此可用于高速测量。当信号的分析具有极高的检测速率要求时，应用电子学的方法往往难以实现，此时利用光衍射现象的高速频谱分析便可解决问题。

（4）信息容量大：被测信号以光波为载体，而光的频率极高，所容纳的频带很宽，且同一根光纤可以传输多路信号。

（5）适用于恶劣环境：光纤是一种电介质，耐高压、耐腐蚀、抗电磁干扰，可用于其他传感器无法适应的恶劣环境中。

此外，光纤式传感器还具有质量轻、体积小、可弯曲、测量对象广泛、复用性好、成本低等特点。

8.3.5 光纤式传感器的应用

1. 光纤式光电接近开关

光纤式光电接近开关（简称光纤式光电开关）也是光纤式传感器的一种，光纤式传感器传感部分没有丝毫电路连接，不产生热量，只利用很少的光能，这些特点使光纤式传感器成为危险环境下的理想选择。光纤式传感器还可以用于关键生产设备的长期高可靠性和稳定性的监视。相对于传统传感器，光纤式传感器具有下述优点：抗电磁干扰，可工作于恶劣环境，传输距离远，使用寿命长，此外，由于光纤检测头具有较小的体积，所以可以安装在空间很小的地方。光纤放大器根据需要来设置。比如，有些生产过程中烟火、电火花等可能引起爆炸和火灾，光能不会成为火源，所以不会引起爆炸和火灾，可将光纤检测头设置在危险场所，将光纤放大器设置在非危险场所来使用。

光纤式光电接近开关由光纤检测头、光纤放大器两部分组成，光纤放大器和光纤检测头是分离的两个部分，如图8-10所示。

图8-10 光纤式光电接近开关

2. 光纤液位测量

光源射出来的光通过传输光纤送到敏感元件，在敏感元件的球面上，有一部分光透过，而其余的光被反射。当敏感元件与液体接触时，与空气接触相比，球面的透射光量增大，而反射光量减少。因此，由反射光量即可知道敏感元件是否接触液体。反射光量由敏感元件玻璃的折射率和被测物质的折射率决定。被测物质的折射率越大，反射光量越小。来自敏感元件的反射光，通过传输光纤由收光器件的光检测器进行光电转换后输出，若在不同高度安装敏感元件，则可检测液面的高度，如图8-11所示。

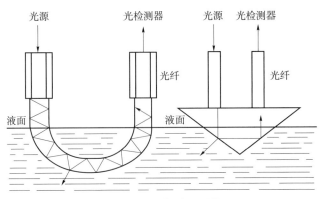

图 8-11　光纤液位测量

3. 光纤加速度传感器

光纤加速度传感器组成结构简图如图 8-12 所示，它是一种简谐振子的结构形式。激光束通过分光板后分为两束光，透射光作为参考光束，反射光作为测量光束。当传感器感受加速度时，由于质量块对光纤的作用，从而使光纤被拉伸，引起光程差的改变。相位改变的激光束由单模测量光纤射出后与单模参考光纤汇合产生干涉效应。激光干涉仪干涉条纹的移动可由光电接收装置转换为电信号，经过处理电路后便可正确地测出加速度值。

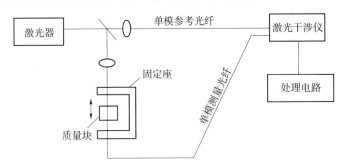

图 8-12　光纤加速度传感器组成结构简图

4. 光纤陀螺仪

光纤陀螺仪的工作原理是基于萨格纳克（Sagnac）效应。萨格纳克效应是相对惯性空间转动的闭环光路中所传播光的一种普遍的相关效应，即在同一闭合光路中从同一光源发出的两束特征相等的光，以相反的方向进行传播，最后汇合到同一探测点。若绕垂直于闭合光路所在平面的轴线，相对惯性空间存在旋转角速度，则正、反方向传播的光束走过的光程不同，就产生光程差，其光程差与旋转角速度成正比。因此，只要知道光程差及与之相应的相位差的信息，即可得到旋转角速度。图 8-13 所示为光纤陀螺仪实物图。

光纤陀螺仪按照工作原理可以分为干涉型光纤陀螺仪和谐振式光纤陀螺仪。干涉型光纤陀螺仪目前应用最广泛，它采用多匝光纤线圈增强萨格纳克效应，由多匝单模

图 8-13　光纤陀螺仪实物图

光纤线圈构成的双光束环形干涉仪可提供较高的精度，但势必会使整体结构更加复杂。谐振式光纤陀螺仪，采用环形谐振腔增强萨格纳克效应，利用循环传播提高精度，因此它可以采用较短光纤。谐振式光纤陀螺仪需要采用强相干光源来增强谐振腔的谐振效应，但强相干光源也带来许多寄生效应，如何消除这些寄生效应是目前的主要技术障碍。

光纤陀螺仪具有以下特点：

（1）零部件少，仪器牢固稳定，具有较强的抗冲击和抗加速运动的能力；

（2）绕制的光纤较长，使检测灵敏度和分辨率比激光陀螺仪提高了几个数量级；

（3）无机械传动部件，不存在磨损问题，因而具有较长的使用寿命；

（4）易于采用集成光路技术，信号稳定，且可直接用数字输出，并与计算机接口连接；

（5）通过改变光纤的长度或光在线圈中的循环传播次数，可以实现不同的精度，并具有较宽的动态范围；

（6）相干光束的传播时间短，因而原理上可瞬间启动，无须预热；

（7）可与环形激光陀螺仪一起使用，构成各种惯导系统的传感器，尤其是捷联式惯导系统的传感器；

（8）结构简单、价格低，体积小、质量轻。

8.4 实践操作

8.4.1 接线

按照图 8-14 所示的光纤放大器实验接线图，完成设备连接。

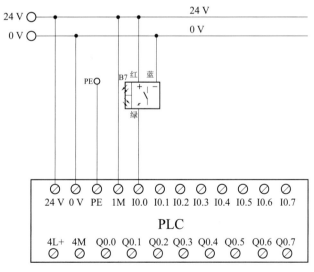

图 8-14 光纤放大器实验接线图

项目 8 光纤式传感器及其应用

8.4.2　网络图

本次项目如果使用台式电脑，可以在设备下方的电源明盒中的网口连接。本实验的 PLC 网口连接的是背后的交换机，电源明盒内部接的也是背后的交换机。如果使用台式电脑，可以使用直流电源模块中网络接口网线连接，如图 8-15 所示。

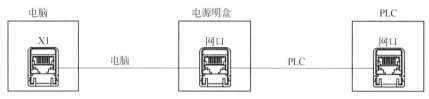

图 8-15　网络接口

8.4.3　设备组态

1. 对射型光纤式传感器操作步骤

使用博图软件，双击 ![TIA Portal V15.1] 图标，创建新项目——创建——设备与网络——添加新设备；双击 6ES7215-1AG40-0XB0；双击"设备组态"选项，添加 6ES7241-1CH32-0XB0、6ES7234-4HE32-0XB0 和 6ES7278-4BD32-0XB0。

双击"设备组态"选项，双击 6ES7215-1AG40-0XB0 图案，查看属性 PROFINET 接口 [X1]——以太网地址——IP 协议——IP 地址：192.168.1.1，将 IP 地址修改为 192.168.1.***，如图 8-16 所示。

图 8-16　以太网地址设置

单击 PLC 变量——显示所有变量——名称输入传感器，地址 I0.0，如图 8-17 所示。

图 8-17　输入传感器设置

单击 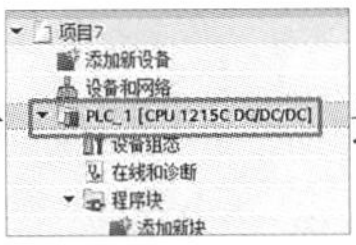 选项，单击 按钮，下载。

单击 转至在线 按钮，查看 PLC 变量。单击 按钮，现在可以监视 I0.0 的值，可以将工件（或者手、纸）放置在传感器检测范围内，如图 8-18 所示。

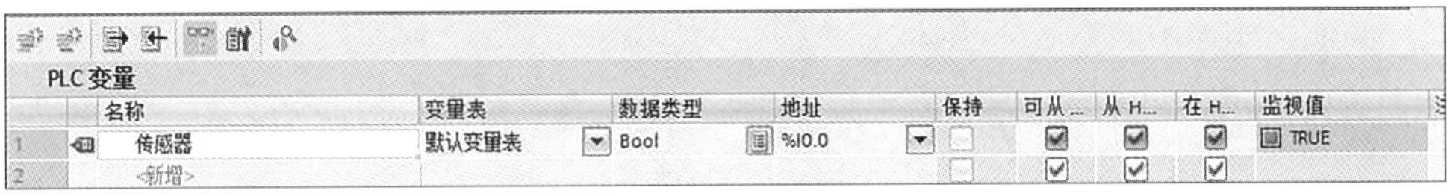

	名称	变量表	数据类型	地址	保持	可从...	从 H...	在 H...	监视值
1	传感器	默认变量表	Bool	%I0.0		✓	✓	✓	TRUE
2	<新增>					✓	✓	✓	

图 8-18　传感器监视值设置

2. 漫反射型光纤式传感器操作步骤

使用博图软件，双击  按钮，创建新项目——创建——设备与网络——添加新设备；双击 6ES7215-1AG40-0XB0；双击"设备组态"选项，添加 6ES7241-1CH32-0XB0、6ES7234-4HE32-0XB0 和 6ES7278-4BD32-0XB0。

双击"设备组态"选项，双击 6ES7215-1AG40-0XB0 图案，查看属性 PROFINET 接口 [X1] ——以太网地址——IP 协议——IP 地址：192.168.1.1，将 IP 地址修改为 192.168.1. ***，如图 8-19 所示。

图 8-19　以太网地址设置

单击 PLC 变量——显示所有变量——名称输入传感器，地址 I0.0，如图 8-20 所示。

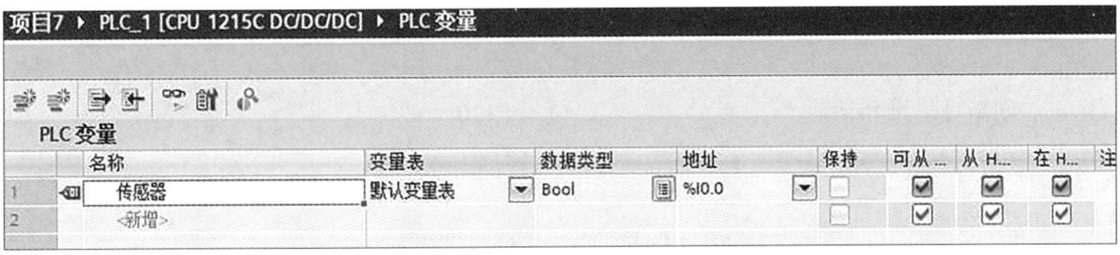

项目7 ▶ PLC_1 [CPU 1215C DC/DC/DC] ▶ PLC 变量

	名称	变量表	数据类型	地址	保持	可...	从 H...	在 H...	注
1	传感器	默认变量表	Bool	%I0.0		✓	✓	✓	
2	<新增>					✓	✓	✓	

图 8-20　输入传感器设置

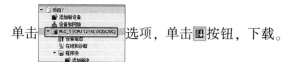

单击　　　　　　选项，单击 🔲 按钮，下载。

单击 🔳转至在线 按钮，查看 PLC 变量。单击 💬 按钮，现在可以监视 I0.0 的值，可以将工件（或者手、纸）放置在传感器检测范围内，如图 8-21 所示。

图 8-21　传感器监视值设置

8.5　综合评价

各小组展示实验结果，介绍任务的完成过程并提交阐述材料，进行学生自评、学生小组内互评、教师评价，并完成表 8-2。

表 8-2　考核评价表

评价项目	评价内容	分值	自评20%	互评20%	教评60%	合计
职业素养40分	爱岗敬业，安全意识、责任意识、服从意识	10				
	积极参加任务活动，完成实训内容	10				
	团队合作、交流沟通能力，集体主义精神	10				
	劳动纪律	5				
	现场"6S"标准，行为规范	5				
专业能力50分	专业资料检索能力，分析能力	10				
	制订计划能力，严谨认真	10				
	操作符合规范，精益求精	10				
	工作效率，分工协作	5				
	任务验收质量，质量意识	15				
创新能力10分	创新性思维和活动	10				
合计		100				

思考与练习

1. 光纤式传感器的优势有哪些?

2. 分析图 8-22 所示单光纤液位传感器的工作过程。

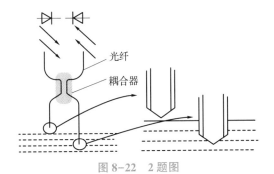

图 8-22　2 题图

3. 图 8-23 为膜片反射式光纤压力传感器示意图,请分析说明:

(1) 此传感器的工作原理和工作流程;

(2) 此传感器属于功能型还是非功能型?

(3) 此传感器可用于什么场合?

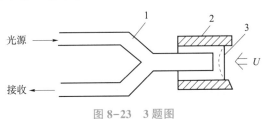

图 8-23　3 题图

1—光纤;2—膜片固定装置;3—感压膜片

4. 光纤式光电接近开关的认知与连接。

根据图 8-24,完成下列要求:

(1) 认识光纤式光电接近开关的光纤检测头和光纤放大器,并进行正确连线。

(2) 按如图所示光纤放大器的电气接线图进行接线。

图 8-24　4 题图

5. 光纤式光电接近开关的调试。

根据图 8-25,完成下列要求:

(1) 根据电路图接线完成后,按照步骤进行光纤式光电接近开关的调试;

（2）接通电源，观察并记录不同颜色工件进行检测时，光纤放大器上指示值的大小；

（3）记录测试细节及发现的问题。

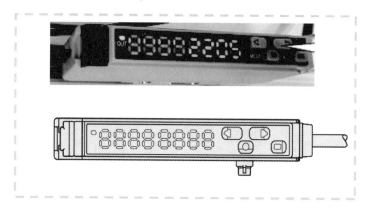

图 8-25　5 题图

6. 根据对光纤式光电接近开关的认识，完成光电式传感器与 PLC（S7-1200）的硬件接线，进行工件的分选。

根据图 8-26，完成下列要求：

（1）根据电路图进行接线，实现光纤式光电接近开关与 PLC 之间的连接；

（2）接通电源，调节传感器，当传感器检测到红色物料后，PLC 相应输入通道指示灯亮，当传感器检测到黑色物料时，指示灯熄灭；

（3）记录测试细节及发现的问题，并填入表 8-3。

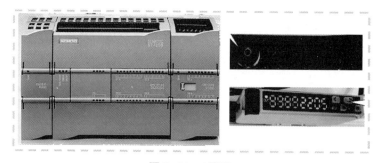

图 8-26　6 题图

表 8-3　数据记录

指示\状态	输入通道			
	I2.0	I2.1	I2.2	I2.3
初始状态				
传感器检测金属物料				

知识目标	1. 掌握超声波物理特性。 2. 掌握超声波传感器的结构与特性。 3. 掌握超声波发射电路、接收电路的工作原理
技能目标	1. 学会超声波测量电路设计、制作与调试。 2. 掌握超声波传感器的识别、选用和检测方法
素质目标	1. 提高学生分析问题和解决问题的能力。 2. 培养学生的沟通能力及团队协作精神

在工业生产中，超声波被广泛用来进行探伤、清洗以及对各种高温、有毒和强腐蚀性液体液位进行测量。在日常生活中，超声波被广泛用于汽车倒车雷达（见图 9-1）、自动清扫机器人的避障等。

在油气生产中，特别是在油气集输储运系统中，石油、天然气与伴生污水要在各种生产设备和罐器中分离、存储与处理，物位的测量与控制对于保证正常生产和设备安全是至关重要的。超声波液位计如图 9-2 所示。

针对液化气罐密闭和存储的液体易燃、易爆、强腐蚀等特点，一般采用非接触测量法进行液位的检测，本项目中采用超声波液位传感器进行测量。

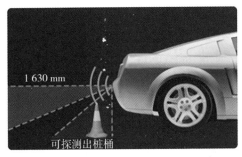

图 9-1　倒车雷达

图 9-2　超声波液位计

9.1　项目描述

超声波传感器按照应用方式不同可分为透射型与反射型两大类。透射型主要用于物位测量、防盗报警器、自动门、接近开关等；反射型又可分为分离式反射型与一体化反射型，主要用于距离、液位、料位、探伤、测厚等。超声波测量系统一般包括超声波发送电路、超声波接收电路、控制电路、电源电路、显示电路等。由于超声波指向性强，能量消耗缓慢，在介质中传播的距离较远，因而超声波经常用于距离的测量，如测距仪、物位测量仪等。利用超声波检测往往比较迅速、方便、计算简单、易于做到实时控制，并且在测量精度方面能达到工业实用的要求，因此得到了广泛的应用。

本项目利用智能传感器综合实训平台，完成水箱模块实验。结合 PLC（S7-1200），通过本次实验，学生可了解水箱模块实验的基本知识以及安装接线、工作原理、超声波传感器等知识。

9.2　项目准备

9.2.1　实训设备

智能传感器综合实训平台是集传感器选型、接线与功能应用为一体的综合实训平台，主要由电阻式、电容式、电磁式、电感式、光电式、温度、流量、压力、激光、安全光幕、安全门开关、RFID、绝对式编码器、增量式编码器、位移编码器、超声波传感器等传感器组成。本项目所需实训设备如表 9-1 所示，性能参数如表 9-2～表 9-4 所示。

表 9-1　本项目所需实训设备

序号	设备名称	型号规格	代号
1	智能传感器综合实训平台	PCG01	—
2	PLC	6ES7215-1AG40-0XB0	PLC
3	通信模块	E3Z-T61-（D/L）	RS485
4	模拟量输入输出模块	E3Z-LS61	SM 1234
5	水箱模块	E3Z-R61	PLC
6	编程软件	TIA V16	—
7	选插头对	KT3ABD53 红（1 m）/3 根	—
8	选插头对	KT3ABD53 蓝（1 m）/2 根	—
9	选插头对	KT3ABD53 绿（1 m）/1 根	—
10	选插头对	KT3ABD53 黑（1 m）/1 根	—

序号	设备名称	型号规格	代号
11	迭插头对	KT3ABD53 黄（1 m)/1 根	—
12	迭插头对	KT4ABD52 红（2 m)/1 根	—
13	迭插头对	KT4ABD52 蓝（2 m)/1 根	—
14	网线	—	—

表 9-2　温控表性能参数

名称	性能参数
型号	AI-516AX5L0S
品牌	宇电
电源电压	AC 100~240 V，-15%，+10%；50~60 Hz
电源消耗	≤5 W
输出规格	0~20 mA 或 4~20 mA，可定义
使用环境	-10~60 ℃，湿度<90%RH

表 9-3　超声波传感器性能参数

名称	性能参数
型号	S18UUA
品牌	邦纳
电源电压	DC 12~30 V
输出规格	模拟 0~10 V
检测范围	30~300 mm
储存温度	-40~80 ℃
超声波频率	300 kHz

表 9-4　压力变送器性能参数

名称	性能参数
型号	3276ASX
品牌	长鑫裕
电源电压	DC 12~36 V
输出规格	4~20 mA
压力检测	0~0.1 MPa

9.2.2　超声波接线图

超声波传感器实验接线图如图 9-3 所示。

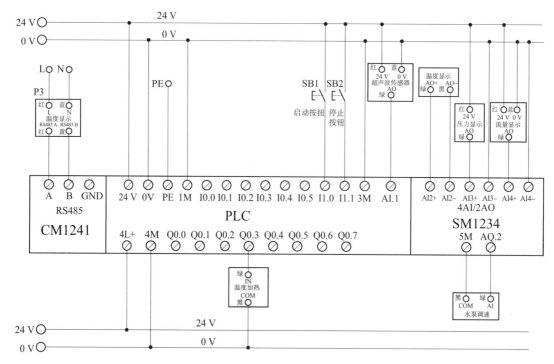

图 9-3　超声波传感器实验接线图

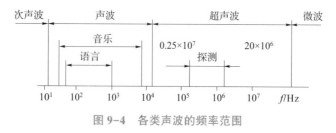

9.3　知识学习

9.3.1　超声波的认识

振动在弹性介质内的传播称为波动，简称波。频率在 $20 \sim 2 \times 10^4$ Hz，能为人耳所闻的机械波，称为声波。低于 20 Hz 的机械波，称为次声波，人耳听不到，但可与人体器官发生共振，$7 \sim 8$ Hz 的次声波会引起人的恐惧感，导致身体动作不协调，甚至心脏停止跳动。高于 2×10^4 Hz 的机械波，称为超声波。各类声波的频率范围如图 9-4 所示。

图 9-4　各类声波的频率范围

蝙蝠能发出和听见超声波，并依靠超声波捕食，如图 9-5 所示。

超声波有许多不同于可闻声波的特点。例如，它的指向性很好，能量集中，因此穿透本领大，能穿透几米厚的钢板，且能量损失不大；在遇到两种介质的分界面（如钢板和空

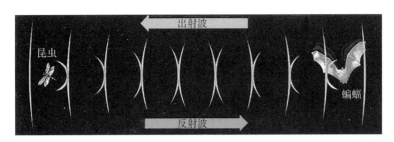

图 9-5　蝙蝠依靠超声波捕食

气的交界面）时，它能产生明显的反射和折射现象，这一现象类似于光波。超声波的频率越高，其声场指向性就越好，与光波的反射、折射特性就越接近。

1. 超声波的波形

根据声源在介质中施力方向与波在介质中传播方向的不同，其波形可分为纵波、横波、表面波三种。

（1）纵波：质点的振动方向与波的传播方向一致的波。它能在固体、液体和气体介质中传播。人讲话时产生的声波就属于纵波。为了测量各种状态下的物理量，应多采用纵波。

（2）横波：质点的振动方向垂直于传播方向的波。它只能在固体介质中传播。

（3）表面波：质点的振动介于纵波和横波之间，沿着表面传播，振幅随深度增加而迅速衰减的波。表面波随深度增加衰减很快，质点振动的轨迹是椭圆形。质点位移的长轴垂直于传播方向，质点位移的短轴平行于传播方向。表面波只在固体的表面传播。

2. 超声波的声速、声压与声强

1）声速

超声波的声速恒等于超声波的波长与频率的乘积，即

$$c = \lambda f \tag{9-1}$$

固体中，纵波、横波和表面波三者的声速有着一定的关系，通常横波的声速约为纵波声速的一半，表面波声速约为横波声速的 90%；气体中，纵波声速为 344 m/s；液体中，纵波声速为 900～1 900 m/s。

2）声压

当超声波在介质中传播时，质点所受交变压强与质点静压强之差为声压 p。声压与介质密度 ρ、声速 c、质点的振幅 X 及振动的角频率 ω 成正比，即

$$p = \rho c X \omega \tag{9-2}$$

3）声强

单位时间内，在垂直于声波传播方向上的单位面积 A 内所通过的声能称为声强 I，声强与声压 p 的平方成正比，即

$$I = \frac{1}{2} \frac{p^2}{Z} \tag{9-3}$$

式中：Z——声阻抗，其大小等于密度与声速的乘积。

3. 超声波的反射与折射

当超声波以一定的入射角从一种介质传播到另一种介质的分界面时，一部分能量反射

回原介质，称为反射波；另一部分能量则透过分界面，在另一介质内继续传播，称为折射波或透射波。例如，当一束光线照到水面时，有一部分光线会被水面所反射，而剩余的能量射入水中，但前进的方向有所改变，称为折射。在两界面处，超声波的传输与光传输类似，符合反射定律和折射定律。超声波的反射和折射示意图如图9-6所示。

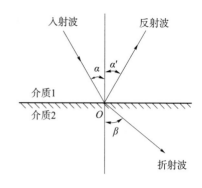

图9-6　超声波的反射与折射示意图

1）反射定律

入射波与反射波的波形相似，声速相等时，入射角等于反射角，即

$$\alpha = \alpha' \tag{9-4}$$

2）折射定律

当超声波在界面处产生折射时，入射角 α 的正弦与折射角 β 的正弦之比等于入射波在第一介质中的声速 c_1 与折射波在第二介质中的声速 c_2 之比，即

$$\frac{\sin \alpha}{\sin \beta} = \frac{c_1}{c_2} \tag{9-5}$$

4. 超声波的衰减

超声波在介质中传播时，众多的晶体表面或缺陷界面会引起散射，这是由于多数介质中都含有微小的结晶体或不规则的缺陷，从而使沿入射方向传播的超声波声强下降。此外，介质的质点在传导超声波时，存在弹性滞后及分子内摩擦，它将吸收超声波的能量，使其转换成热能；同时，传播超声波的材料存在各向异性结构，使超声波发生散射。

超声波在介质中传播时，随着传播距离的增加，能量逐渐衰减，其衰减的程度与超声波的扩散、散射及吸收等因素有关。其声压、声强的衰减规律为

$$p_x = p_0 e^{-\alpha x} \tag{9-6}$$

$$I_x = I_0 e^{-2\alpha x} \tag{9-7}$$

式中：p_x、I_x——距声源 x 处的声压和声强；

　　　　x——声波与声源之间的距离；

　　　　α——衰减系数，$Np[①]/m$（奈培/米）。

超声波在介质中传播时，能量的衰减来自超声波的扩散、散射和吸收。在理想介质中，超声波的衰减仅来自超声波的扩散，即随超声波传播距离的增加而引起声能的减弱。

散射衰减是指超声波在介质中传播时，固体介质中的颗粒界面或流体介质中的悬浮粒子使超声波产生散射，其中一部分超声波不再沿原来的传播方向运动，而形成散射。散射衰减与散射粒子的形状、尺寸、数量、性质以及介质的性质有关。

吸收衰减是由于介质黏滞性，使超声波在介质中传播时造成质点间的内摩擦，从而使一部分声能转化成热能，通过热传导进行热交换，导致声能的损耗。

9.3.2　超声波传感器

超声波传感器是利用超声波在超声场中的物理特性和各种效应而研制的装置，亦称超

---

①　1 Np=8.686 dB。

声波换能器或超声波探头。

超声波具有聚束、定向及反射、散射、投射等特性。按超声波振动幅度大小不同大致可分为两类：利用超声波获取若干信息，称为检测超声；利用超声波使物体或物件发生变化的功率应用，称为功率超声。这两种超声波的应用，同样需要借助于超声波传感器来实现。

1. 超声波传感器的类型和结构

为了以超声波作为检测手段，必须产生超声波和接收超声波，完成这种功能的装置就是超声波传感器。超声波传感器如图9-7所示。

图9-7 超声波传感器

超声波传感器根据不同的标准可分为不同的类型：根据结构的不同，分为直探头、斜探头、双探头、表面波探头、聚焦探头、水浸探头、空气传导探头及其他专用探头等；根据工作原理的不同，分为压电式、磁致伸缩式、电磁式等。在检测技术中主要采用压电式。

压电式超声波探头常用的材料是压电晶体和压电陶瓷，它是利用压电材料的压电效应来工作的。逆压电效应将高频电振动转换成高频机械振动，从而产生超声波，可作为发射探头；而正压电效应将超声波振动转换成电信号，可作为接收探头。实际应用中，有时用一个换能器兼作发射探头和接收探头，称为单探头。将发射探头和接收探头单独组合，构成双探头。单探头按工作方式分直探头和斜探头。

（1）直探头：用来发射和接收纵超声波。直探头主要由压电晶片、吸收块、保护膜等组成，其结构如图9-8所示。压电晶片多制成圆板形，其厚度 δ 与固有频率 f 成反比。例如，厚度为 1 mm 压电晶片的固有频率约为 1.89 MHz；厚度为 0.7 mm 压电晶片的固有频率约为 2.5 MHz。压电晶片的两面镀有银层，作为导电的极板。吸收块的作用是降低压电晶片的机械品质，吸收声能。如果没有吸收块，当激励的电脉冲信号停止时，压电晶片将会继续振荡，加长超声波的脉冲宽度，使分辨率变差。在压电晶片下粘一层保护膜可避免压电晶片与被测物体因接触而磨损，但这样会降低固有频率。

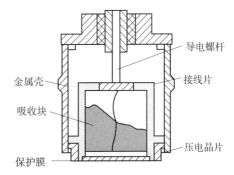

导电螺杆

金属壳

接线片

吸收块

压电晶片

保护膜

图9-8 压电式超声波直探头结构

（2）斜探头：用来发射和接收横超声波。与直探头不同的是，它将压电晶片产生的纵波经波导楔以一定的角度斜射到被测物体表面，利用纵波的全反射，转换为横波进入物体。把直探头放入液体，使纵波斜射到被测物体，也能产生横波。当入射角增大到某一角度，使物体中的横波的折射角为90°时，在物体上将产生表面波，从而形成表面波探头。其实，表面波探头是斜探头的特殊情况。

（3）双探头：一个探头内装有两块压电晶片，分别用于发射和接收，因此又称为组合式探头。它适用于近距离探测，因为探头内安装了延迟块，使超声波会延迟一段时间才进入物体。

2. 超声波传感器的特性

1）工作频率

工作频率即压电晶片的谐振频率。工作频率越高，检测距离越短，而分辨力越高。当施加于它两端的交变电压频率等于压电晶片的工作频率时，输出能量最大，传感器的灵敏度最高。超声波传感器的工作频率一般大于 25 kHz，常见的有 30 kHz、40 kHz、75 kHz、200 kHz、400 kHz 等。

2）工作温度

工作温度是指能使超声波传感器正常工作的温度范围。以石英晶片为例，当温度达到 290 ℃时，灵敏度可降低 6%，一旦达到居里点（573 ℃），就完全丧失压电性能。因此，传感器的工作温度上限应远低于居里点。供诊断用的超声波传感器的功率较小，工作温度不高，在−20~70 ℃可以长期工作。供治疗用的超声波传感器工作温度较高，必须采取冷却降温措施。

3）方向角

方向角是代表超声波传感器方向性的一个参数，方向角越小，方向性越强。一般为几度至几十度。

4）灵敏度

超声波传感器灵敏度的单位是分贝（dB），数值为负。它主要取决于压电晶片材料及制造工艺，机电耦合系数大，灵敏度高；反之，灵敏度低。

5）盲区

对于探头来说，盲区就是余振，余振越短越好，通常小于 40 kHz 的探头余振低于 2 ms 就很不错了，2 ms 对应 0.34 m 的盲区。高频的探头余振更短，但检测距离也短。

3. 超声波传感器的耦合剂

无论是直探头还是斜探头，一般不能直接将其放在被测介质（特别是粗糙金属）表面来回移动，以防磨损。更重要的是，超声波探头与被测物体接触时，在工件表面不平整的情况下，探头与被测物体表面间必然存在一层空气薄层。空气的密度很小，将引起三种介质两个界面间强烈的杂乱发射波，造成严重的测量干扰，而且空气还会造成超声波的严重衰减。因此，必须将接触面之间的空气排挤掉，使超声波能够顺利地入射到被测介质中。

在工业测量中，经常使用一种称为耦合剂的液体物质来对空气进行排挤，耦合剂充满接触层，起到传递超声波的作用。超声耦合剂如图9-9所示。常用的耦合剂有水、机油、甘油、水玻璃、胶水、化学浆糊等。根据不同的被测介质而选定。耦合剂的厚度应该尽量薄一些，以减小耦合损耗。

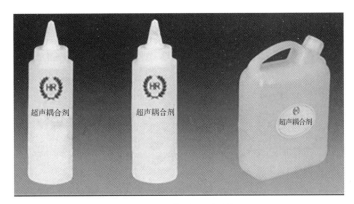

图 9-9　超声耦合剂

9.3.3　超声波流量计

超声波流量计的测定原理是多样的，如声速变化法、声速移动法、多普勒效应法、流动听声法等。目前，应用比较广泛的主要是超声波传输时间差法和频率差法。

1. 超声波传输时间差法测流量原理

超声波传输时间差法测流量原理如图 9-10 所示。超声波在流体中传输时，在静止流体和流动流体中的传输速度是不同的，利用这一特点可以求出流体的速度，再根据管道流体的截面积，便可知道流体的流量。如果在流体中设置两个超声波流量计，它们既可以发射超声波又可以接收超声波，一个装在上游，一个装在下游，其距离为 L。图 9-10 中，如设顺流方向的传输时间为 t_1，逆流方向的传输时间为 t_2，流体静止时超声波的声速为 c，流体流动速度为 v，则有

$$t_1 = \frac{L}{c+v}, t_2 = \frac{L}{c-v} \qquad (9-8)$$

一般来说，流体的流速远小于超声波的声速，故超声波时间差为

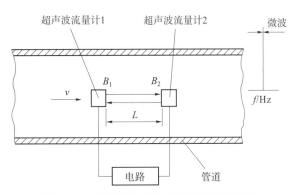

图 9-10　超声波传输时间差法测流量原理

$$\Delta t = t_2 - t_1 = \frac{2Lv}{c^2 - v^2} \approx \frac{2Lv}{c^2} \qquad (9-9)$$

则流体的流速为

$$v = \frac{c^2}{2L} \Delta t$$

实际应用中，探头一般都安装在管道的外部，超声波透过管壁发射和接收，不会给管道内流体带来影响，同时两探头之间形成夹角。超声波流量计管外安装位置如图 9-11 所示。

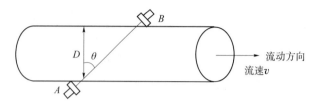

图 9-11　超声波流量计管外安装位置

此时，超声波传输时间及时间差分别为

$$t_1=\frac{\dfrac{D}{\cos\theta}}{c+v\sin\theta},\ t_2=\frac{\dfrac{D}{\cos\theta}}{c-v\sin\theta},\ \Delta t=t_2-t_1=\frac{\dfrac{D}{\cos\theta}}{c-v\sin\theta}-\frac{\dfrac{D}{\cos\theta}}{c+v\sin\theta}\approx\frac{2vD\tan\theta}{c^2} \tag{9-10}$$

则流体的流速为

$$v=\frac{c^2\Delta t}{2D\tan\theta}$$

该方法测量精度取决于时间差的测量精度，且 c 是温度的函数，高精度测量需进行温度补偿。

2. 超声波传输频率差法测流量原理

超声波传输频率差法是在时间差法和相位差法的基础上发展起来的，是目前最常用的方法，可以克服温度的影响。通过测量顺流和逆流时超声波脉冲的重复频率差测量流速，测得的流体流量与频率差成正比。

T_1 和 T_2 是安装在管壁外面相同的超声波流量计，通过电子开关的控制，交替作为超声波发射器与接收器使用。首先由 T_1 发射第一个超声波脉冲，它通过管壁、流体及另一侧管壁被 T_2 接收，此信号经放大后再次触发 T_1 的驱动电路，使 T_1 发射第二个超声波脉冲，以此类推。设在一个时间间隔 t_1 内，测得 T_1 共发射了 n_1 个脉冲，脉冲重复频率为 $f_1=n_1/t_1$。紧接着，在另一个相同的时间间隔 $t_2(t_2=t_1)$ 内，与上述的过程相反，由 T_2 发射超声波脉冲，而 T_1 作为接收器，同理可测得 T_2 的脉冲重复频率为 $f_2=n_2/t_2$。

如图 9-12 所示，设流体静止时超声波的声速为 c，流体的流速为 v，T_1 与管道轴线的夹角为 θ，两个超声波流量计之间的距离为 L。经推导，顺流发射频率 f_1 与逆流发射频率 f_2 的频率差为

$$\Delta f=f_2-f_1\approx\frac{2v\cos\theta}{L} \tag{9-11}$$

由式（9-11）可知，顺流发射频率 f_1 与逆流发射频率 f_2 的频率差 Δf 与被测流速 v 成正比，而与声速 c 无关，所以超声波传输频率差法温漂较小。发射和接收超声波流量计也可以安装在管道的同一侧。

3. 超声波流量计的组成

如图 9-13 所示，超声波流量计由换能器和转换器组成，换能器和转换器之间由专用信号传输电缆连接，在固定测量的场合需在适当的地方装接线盒。换能器将电能转换为超声波能量，并将其发射到被测流体中，该信号被超声波接收器接收，再经电子线路放大，并将其转换为代表流量的电信号，供给显示和计算仪表进行显示、计算。这样就实现了流量的检测和显示。

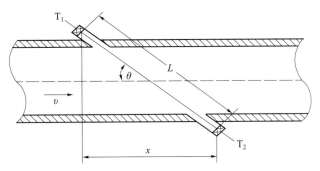

图 9-12　超声波传输频率差法测流量原理

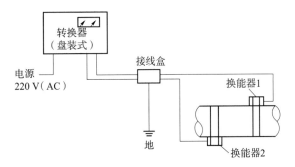

图 9-13　超声波流量计的组成

4. 超声波流量计的分类

超声波流量计具有不阻碍流体流动的特点，可测多种流体，不论是非导电的流体、高黏度的流体，还是浆状流体，只要是能传输超声波的流体都可以进行测量。超声波流量计可用来对自来水、工业用水、农业用水等进行测量，既可测量大管径的流体流量，也可用于测量不易接触和观察的流体流量，现被广泛用于石油、化工、冶金、电力、给排水等领域。

超声波流量计的种类和型号很多，可以从不同角度对超声波流量计进行分类。

（1）按照测试原理一般有速度差式超声波流量计、多普勒式超声波流量计。

（2）按照被测介质分类有气体用和液体用两种。

（3）按照使用场合可以分为固定式超声波流量计和便携式超声波流量计。

（4）按照超声波换能器供电方式不同可以分为外贴式、插入式和管段式三种。

图 9-14 所示为几种常见的超声波流量计。

9.3.4　超声波物位传感器

超声波物位传感器是利用超声波在两种介质的分界面上的反射特性而制成的。如果从发射换能器发射超声波脉冲开始到接收换能器接收反射波为止的这个时间间隔已知，就可以求出分界面的位置，利用这种方法可以对物位进行测量。

根据发射和接收换能器的功能，超声波物位传感器又可分为单换能器和双换能器两种。

图 9-15 所示为超声波物位传感器的安装位置。

插入式超声波流量计

管段式超声波流量计

外贴式超声波流量计

分体式超声波流量计

管段一体式超声波流量计

图9-14　几种常见的超声波流量计

如图9-15（a）所示，超声波发射和接收换能器可以设置在液体介质中，让超声波在液体介质中传播。由于超声波在液体中衰减比较小，即使发射的超声波脉冲幅度较小也可以传播。

如图9-15（b）所示，超声波发射和接收换能器也可以安装在液面的上方，让超声波在空气中传播。这种方式便于安装和维修，但超声波在空气中的衰减比较厉害。

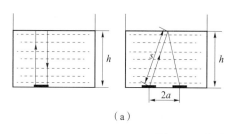
（a）

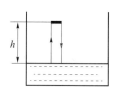
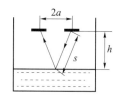
（b）

图9-15　超声波物位传感器的安装位置
（a）超声波在液体中传播；（b）超声波在空气中传播

对于单换能器来说，超声波从发射器到液面，又从液面反射到换能器的时间为

$$t = \frac{2h}{c} \tag{9-12}$$

则有

$$h = \frac{ct}{2} \tag{9-13}$$

式中：h——换能器距液面的距离；

　　　c——超声波在介质中的声速。

对于双换能器来说，超声波从发射到接收经过的路程为$2s$，而$s = ct/2$，因此，液位高度为

$$h = \sqrt{s^2 - a^2} \tag{9-14}$$

式中：s——超声波从反射点到换能器的距离；

a——两换能器间距的一半。

由上述公式可得，只要测得超声波脉冲从发射到接收的时间间隔，便可以求得待测的物位。

超声波物位传感器的特点：能够实现定点及连续测量物位，并提供遥控信号；能够实现非接触测量，适用于有毒、高黏度及密封容器内的液位测量；能够实现安全火花型防爆；无机械可动部分，安装维修方便，换能器压电体振动幅度很小，寿命长；若液体中有气泡或液面发生波动，便会产生较大的误差。在一般使用条件下，它的测量误差为±0.1%，检测物位的范围为 $10^{-2} \sim 10^{4}$ m。

9.3.5 超声波传感器的其他应用

超声波传感器广泛用于生活和生产中的各个方面，如超声波清洗、超声波焊接、超声波加工（钻孔、切削、研磨、抛光等）、超声波处理（凝聚、淬火、电镀、净化水质等）、超声波治疗诊断（体外碎石、B超等）和超声波检测（超声波测厚、检漏、测距、成像等）。图 9-16 所示为超声波传感器的部分应用实例。

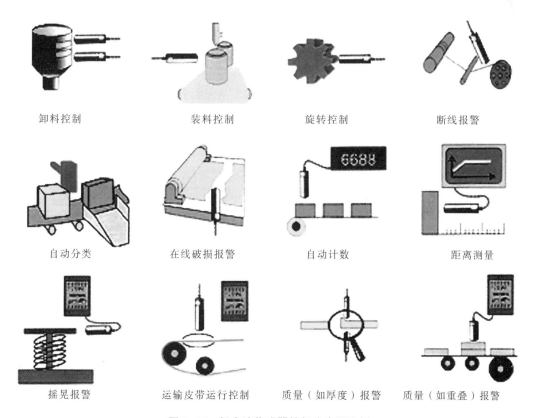

卸料控制	装料控制	旋转控制	断线报警
自动分类	在线破损报警	自动计数	距离测量
摇晃报警	运输皮带运行控制	质量（如厚度）报警	质量（如重叠）报警

图 9-16　超声波传感器的部分应用实例

如图 9-17 所示，根据超声波的出射方向，超声波传感器的应用有两种基本类型：一种是透射型；另一种是反射型。当超声波发射器与接收器分别置于被测物两侧时，这种类型称为透射型，透射型可用于遥控器、防盗报警器、接近开关等。超声波发射器与接收器置于被测物同侧的属于反射型，反射型可用于接近开关、测距、测液位或料位、金属探伤以及测厚度等。

从超声波的波形来划分，超声波可分为连续波和脉冲波。连续波是指持续时间较长的超声振动，而脉冲波是持续时间只有几十个重复脉冲的超声振动。为了提高分辨率，减少干扰，超声波传感器多采用脉冲波。

1. 超声波测厚度

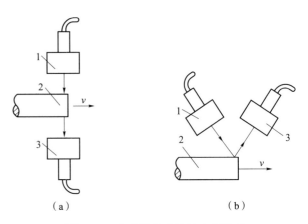

图 9-17　超声波传感器的应用类型

（a）透射型；（b）反射型

1—超声波发射器；2—被测物；3—超声波接收器

如图 9-18 所示，双晶直探头左边的压电晶片发射超声波脉冲，经过探头内部的延迟块延时后，该脉冲进入被测试件，当到达试件底面时，超声波被反射，并被右边的压电晶片所接收。这样只要测出从发射超声波脉冲到接收超声波脉冲所需要的时间间隔，就可以得到试件的厚度。

2. 超声波测密度

如图 9-19 所示，采用双晶直探头超声波探头测量，探头安装在测量室（储油箱）外侧。测量室的长度为 l，根据 $t = \dfrac{2l}{v}$ 的关系（t 为探头从发射到接收超声波所需的时间），可以求得超声波在被测介质中的声速。实验证明，超声波在液体中的声速 v 与液体的密度有关，因此可通过时间的大小来反映液体的密度。

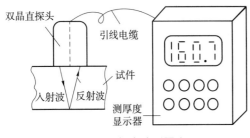

图 9-18　超声波测厚度

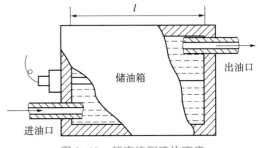

图 9-19　超声波测液体密度

3. 超声波探伤

材料缺陷的种类包括气孔、焊缝、裂纹，检测缺陷可采用无损伤超声波对材料进行无损检测。超声波探伤如图 9-20 所示，若工件中没有缺陷，则超声波传播到工件底部便产生反射，在荧光屏上只显示开始脉冲 T 和底部脉冲 B；若工件中有缺陷，一部分超声波脉冲在缺陷处产生反射，另一部分继续传播到工件底部进行反射，这样在荧光屏上除显示开始脉冲 T 和底部脉冲 B 以外，还会出现缺陷脉冲 F。

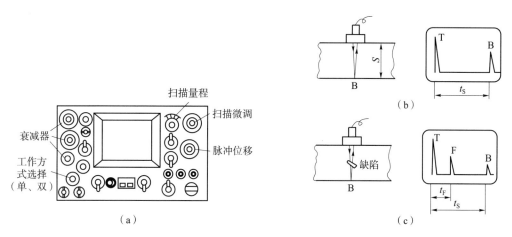

图 9-20 超声波探伤

（a）超声波探伤仪面板；（b）无缺陷时超声波的反射及显示波形；（c）有缺陷时超声波的反射及显示波形

9.4 实践操作

9.4.1 接线

按照超声波传感器实验接线图（见图 9-3）完成设备连接。

9.4.2 网络图

本项目如果使用台式电脑，可以在设备下方的电源明盒中的网口连接。本实验的 PLC 网口连接的是背后的交换机，电源明盒内部接的也是背后的交换机。如果使用台式电脑，可以使用直流电源模块中网络接口网线连接，如图 9-21 所示。

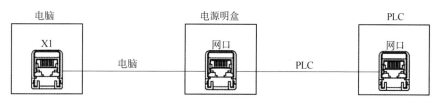

图 9-21 网络接口

9.4.3 设备组态

打开博途软件 ，双击创建新项目——创建——设备与网络——添加新设备；双击 6ES7215-1AG40-0XB0；双击"设备组态"选项，添加 6ES7241-1CH32-0XB0、6ES7234-4HE32-0XB0 和 6ES7278-4BD32-0XB0。

双击"设备组态"选项，双击6ES7215-1AG40-0XB0图案，查看属性PROFINET接口［X1］——以太网地址——IP协议——IP地址：192.168.1.1，将IP地址修改为192.168.1.***，如图9-22所示。

图9-22　以太网地址设置

单击PLC变量——显示所有变量——名称输入传感器，地址I0.0，如图9-23所示。

图9-23　输入传感器设置

单击　　　　　　选项，单击　按钮，下载。

单击　转至在线　按钮，查看PLC变量。单击　按钮，现在我们可以监视I0.0的值，可以将工件放置在传感器检测范围内，如图9-24所示。

图9-24　传感器监视值设置

9.4.4　位置标定

超声波传感器测量位置原理如图9-25所示。

参照图9-25超声波测量位置原理，首先拿出一张纸进行100 mm标定，这里20～30为10 cm，用笔标注。将毫升表粘贴到水箱上，0 mL对标在水箱下方，如图9-26所示。

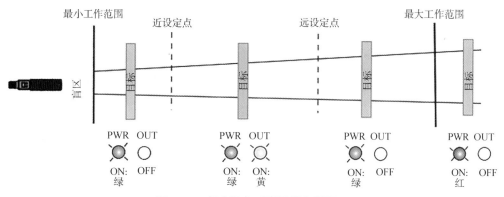

图 9-25　超声波传感器测量位置原理

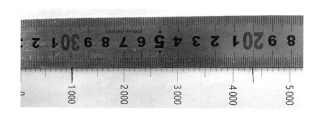 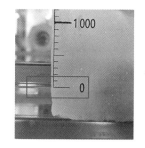

图 9-26　水箱 0 位标定

下载程序，单击监控表选项，监控 QW96，这时水泵调试，给出 0～27 648，水泵转动。给定 10 000，等水位到合适位置就设置 QW96 值为 0，水泵停止，如图 9-27 所示。

	i	名称	地址	显示格式	监视值	修改值	
1		"温度"	%IW96	带符号十进制	-4		
2		"温度实际值"	%MD78	浮点数	237.248		
3		"水泵调试"	%QW96	带符号十进制	10000	10000	
4		"压力"	%IW98	带符号十进制	-2030		
5		"压力显示-KPa"	%MD92	浮点数	229.2504		
6		"流量"	%IW100	带符号十进制	-50		

图 9-27　水泵监控值设置

水箱水位显示如图 9-28 所示。

现在确保水是平稳的，长按超声波传感器上面的按钮，这时 OUT 红灯，PWR 绿灯。确保水位平稳，短按一下按钮，这时 OUT 红灯闪烁，然后旋开排水阀，放到 1 000 mL 处，再短按一下按钮。OUT 红灯不闪烁，黄灯。

如图 9-29 所示，水位在 1 000 mL 处，现在监控 IW64，监视值在 0～27 648 范围内。水位越高，监视值越接近 0。超声波检测出的单位是实际距离，也就是 0～100 mm。

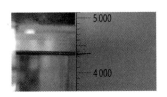

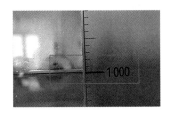

图 9-28　水箱水位显示　　　　图 9-29　水箱 1 000 mL 水位设置

双击主程序添加程序，水箱水位模拟量显示程序如图 9-30 所示。

IW64 表示超声波模拟量读取值。"NORM_X"程序 MIN 和 MAX 表示模拟量读取值 0~27 648；"SCALE_X"程序 MIN 和 MAX 表示实际温度值范围 0~100 mm；MD82 表示水位与设置 10 cm 对应的水位的距离。假设 MD82 值为 X，MD88 值为 $(100-X)\times33+1\,000$；33 表示 1 mm 对应 33 mL，可以看出 1 000 mL 对应 30 mm，由此可算出 1 mm 对应 33 m。MD88 值表示水箱水位实际值。

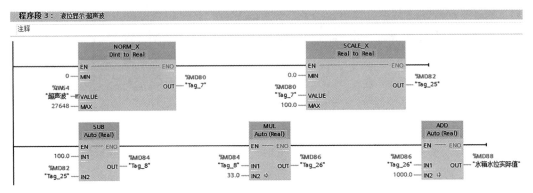

图 9-30　水箱水位模拟量显示程序

程序下载后，观察 Main 程序，可查看程序读取值，这里表示水箱水位为 3 187.945 mL，如图 9-31 所示。

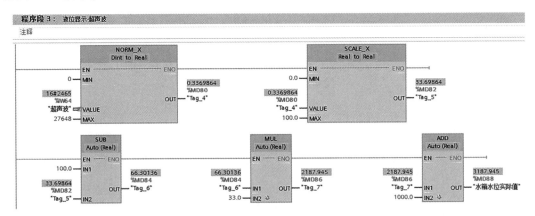

图 9-31　水箱水位值显示程序

9.5 综合评价

各小组展示实验结果，介绍任务的完成过程并提交阐述材料，进行学生自评、学生小组内互评、教师评价，并完成表9-5。

表9-5 考核评价表

评价项目	评价内容	分值	自评20%	互评20%	教评60%	合计
职业素养40分	爱岗敬业，安全意识、责任意识、服从意识	10				
	积极参加任务活动，完成实训内容	10				
	团队合作、交流沟通能力，集体主义精神	10				
	劳动纪律	5				
	现场"6S"标准，行为规范	5				
专业能力50分	专业资料检索能力，分析能力	10				
	制订计划能力，严谨认真	10				
	操作符合规范，精益求精	10				
	工作效率，分工协作	5				
	任务验收质量，质量意识	15				
创新能力10分	创新性思维和活动	10				
合计		100				

🎵 思考与练习

1. 在图9-32中标出超声波传感器的结构组成，并讨论描述超声波传感器的工作原理。

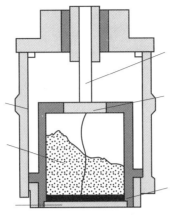

图 9-32　1 题图

2. 认识不同类型的超声波探头，并在图 9-33 中进行对应连线。

| 单晶直探 | 双晶直探 | 斜探头 | 双晶斜探头 | 空气超声探头 |

图 9-33　2 题图

3. 根据图 9-34 讨论分析超声波测距的工作原理。

图 9-34　3 题图

4. 超声波传感器测距。

根据图 9-35，完成下列实验要求：

（1）根据电路图进行接线，实现利用超声波传感器进行的距离检测；

（2）接通电源，观察超声波传感器两个探头位置发生变化时，示波器波形的变化；

（3）记录测试细节及发现的问题总结。

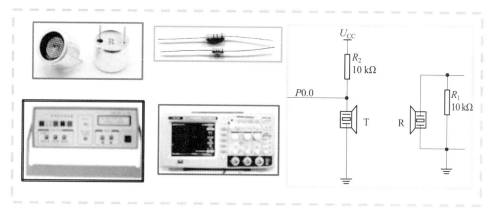

图 9-35　4 题图

5. 根据对超声波传感器的认识,完成超声波传感器与 PLC (S7-1200) 的硬件接线,进行工件供料单元有无工件的检测。

根据图 9-36,完成下列实验要求:

(1) 根据电路图进行接线,实现超声波传感器与 PLC 之间的连接;

(2) 接通电源,当传感器检测到料仓有料时,指示灯 HL1 亮,当料仓没料时,指示灯 HL2 亮;

(3) 记录测试细节及发现的问题。

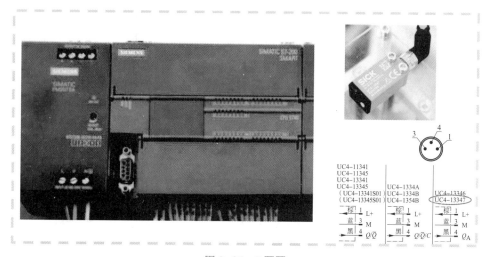

图 9-36　5 题图

项目 10 | 智能传感器及其应用

学习目标

知识目标	1. 了解物联网的概念及架构。 2. 认识无线射频识别技术、无线传感器网络和网络传感器。 3. 熟悉智能传感器的应用。 4. 了解 CCD 图像传感器和 CMOS 图像传感器的原理、分类及性能指标等。 5. 熟悉 CCD 图像传感器和 CMOS 图像传感器的应用
技能目标	掌握智能传感器的模块识别、调试技术和网络搭建
素质目标	1. 提高学生分析问题和解决问题的能力。 2. 培养学生的沟通能力及团队协作精神

  人类依靠视觉获取的信息占人类所获得信息总量的 80% 以上，作为对人类视觉的补充，图像检测在工业、农业和日常生活中的作用越来越重要。数码相机、摄像机、摄像头、平板电脑、智能手机等电子数码产品，凭借其灵活的拍摄方式和方便的图像处理功能，极大地提升了人们认识记录世界的能力。每个数码相机、摄像机都有一套完整的图像检测系统，都能够感受外界环境传递过来的光线，利用转换电路将其转化为数字信号，经加工处理后得到清晰的数字图像，其中作为"感官"的图像传感器起到了至关重要的作用。可穿戴智能设备如图 10-1 所示，云台相机如图 10-2 所示。

图 10-1　可穿戴智能设备　　　　图 10-2　云台相机

  图像传感器属于光电产业里的光电元件类设备，是利用光传感器的光—电转换功能，将其感光面上的光信号图像转换为与之成比例的电信号图像的一种功能器件。数码相机、摄像机、平板电脑、智能手机上使用的固态图像传感器为 CCD 图像传感器或 CMOS 图像传感器，它们是在单晶硅衬底上布设若干光敏单元与移位寄存器，集成制造功能化的光电转换器件，其中光敏单元也称为像素。

智能传感器是物联网发展的最重要的技术之一，在为传统行业注入新鲜血液的同时，也引领了传感器产业的潮流，在医学、工业、海洋、航天、军事、农业等领域均发挥着核心作用，随着智能传感器技术的发展，新一代智能传感器将结合人工神经网络、人工智能等技术不断完善其功能，具有十分可观的发展前景。

知识学习

10.1 智能未来与物联网

物联网智能化已经进入完整的智能工业化领域，智能物联网在大数据、云计算和虚拟现实上已经步入成熟。

10.1.1 物联网的概念

物联网（the Internet of Things，IOT）的概念于 1999 年提出：物联网是指通过各种信息传感器、射频识别（RFID）、红外感应器、激光扫描器、全球定位系统（GPS）等信息感知设备，采集物品的声、光、热、电、力学、化学、生物、位置等信息，按约定的协议，把物品与互联网连接起来，进行信息交换和通信，以实现对物品和过程的智能化感知、识别、定位和管理。物联网是一个基于互联网、传统电信网等的信息承载体，它让所有能够被独立寻址的普通物理对象形成互联互通的网络。物联网的应用范围包括智能工厂、智慧城市、智慧校园、智慧医疗、智慧商场、智慧仓库、智能家居、个人健康、智能物流、环境保护等领域。

智慧城市是物联网集中应用的平台，也是物联网技术综合应用的典范，是由多个物联网功能单元组合而成的更大的示范工程，承载和包含着几乎所有的物联网、云计算等相关技术。

10.1.2 物联网的体系架构

物联网分为三层：感知层、网络层和应用层，如图 10-3 所示。

感知层是实现物联网全面感知的基础，包括二维码标签和识读器、RFID 标签和读写器、摄像头、GPS、传感器、M2M 终端、传感器网络和传感器网关等。要解决的重点问题是感知和识别物体，采集和捕获信息，解决低功耗、小型化和低成本的问题。传感技术的核心即传感器，它是负责实现物联网中物与物、物与人信息交互的必要组成部分，可以感知物体热、力、光、声、电、位移等信号，为网络系统的处理、传输、分析和反馈提供原始的信息。

网络层主要用于实现更加广泛的互联功能，它能够把感知到的信息无障碍、高可靠、高安全性地进行传送，但它需要传感器网络与移动通信技术、互联网技术相融合。各种通信网络与互联网形成的融合网络，被普遍认为是最成熟的部分，除网络传输之外，还包括网络的管理中心和信息中心，用以提升对信息的传输和运营能力，这也使物联网成为普遍服务的基础设施。网络层需要解决向下与感知层的结合、向上与应用层的结合问题。

图 10-3　物联网的分层结构

应用层主要包含应用支撑平台子层和应用服务子层，将物联网技术与行业专业技术相结合，实现广泛智能化应用的解决方案集，用于提供物物互联的丰富应用。物联网通过应用层最终能实现信息技术与行业的深度融合，其关键问题在于信息的社会化共享、开发利用以及信息安全的保障。

10.2　无线射频识别技术

射频识别（Radio Frequency Identification，RFID）是一种非接触式的自动识别技术，它通过射频信号自动识别目标对象，并获取相关数据。

图 10-4 所示为无线射频识别装置的工作原理，装有天线的 RFID 标签读写器在工作过程中持续地发出一定频率的射频信号，当装有 RFID 标签的芯片接近射频信号所覆盖的区域时，根据查询信号中的命令要求，将存储在标签中的数据信息反射回读写器。

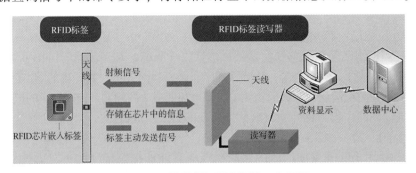

图 10-4　无线射频识别装置的工作原理

读写器接收到 RFID 标签反射回的信号后，经解码处理即可将 RFID 标签中的识别代码等信息分离出来。这些信息被传送到后台中央信息系统，后台系统经过运算，针对不同的设定进行相应的处理和控制。整个识别工作无须人工干预，并可工作于各种恶劣环境。

目前广泛使用的 RFID 系统主要由三部分构成：标签（贴在目标对象上）、读写器和天线。

标签可分为被动标签和主动标签：被动标签（无源标签）是借助读写器发射射频信号，凭借感应电流所获得的能量来发送存储在芯片中的产品信息；主动标签（有源标签）配有电池，能够主动发送存储在芯片中的产品信息。

标签芯片相当于一个具有无线收发功能和储存功能的单片系统。

读写器是一种将标签中的信息读出，或将标签所需要存储的信息写入标签的装置。根据使用的结构和技术不同，读写器可以是读/写装置，是 RFID 系统的信息控制和处理中心。在 RFID 系统工作时，读写器在一个区域内发送射频信号形成电磁场，区域的大小取决于发射功率的大小。在读写器覆盖区域内的标签被触发，发送存储在其中的数据，或根据读写器的指令修改存储在其中的数据，并能通过接口与计算机网络进行通信。

天线的作用是在标签和读写器间传输射频信号，天线的尺寸必须与所传信号的波长一致，其位置与形状会影响信号的发送与接收。

10.3　无线传感器网络

无线传感器网络（Wireless Sensor Network，WSN）是由大量移动或静止的传感器节点，通过无线通信方式组成的网络。无线传感器网络是集分布式信息采集、信息传输和信息处理技术于一体的网络信息系统，因成本低、微型化、功耗低、组网方式灵活、铺设方式灵活以及适合移动目标等特点而受到广泛重视。

物联网正是通过遍布在各个角落和物体上的各种不同的传感器，以及由它们组成的无线传感器网络来感知物质世界的。

无线传感器网络由传感器节点、汇聚节点、移动通信或卫星通信网络、数据管理中心和终端用户组成，如图 10-5 所示。

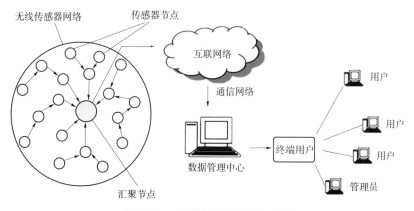

图 10-5　无线传感器网络的组成

（1）传感器节点。

传感器节点通过各种微型传感器网络分布区域内物品的声、光、热、电、力学、化学、生物、位置等信息，由处理器对信息进行处理，此外还要对其他节点送来的需要转发的数据进行管理和融合，再以无线通信的方式把数据发送到汇聚节点。

（2）汇聚节点。

汇聚节点具有相对较强的通信、存储和处理能力，其对收集到的数据进行处理后，通过网关送入移动通信网、以太网等传输网络，再传送至数据管理中心，数据经处理后发送给终端用户。汇聚节点也可以通过网关将数据传送到服务器，服务器上的相关应用软件对数据进行分析处理后，发送给终端用户使用。

（3）数据管理中心。

数据管理中心对整个网络进行监测和管理，它通常为运行网络管理软件的 PC 或手持网络管理、服务设备，也可以是网络运营部门的交换控制中心。

（4）终端用户。

终端用户为传感器节点采集的传感信息的最终接收和使用者，包括记录仪、显示器、计算机和智能手机等设备，可进行现场监测、数据记录、方案决策和操作控制。

（5）网络协议。

无线传感器网络有自己的网络协议。无线传感器网络协议包括应用层、传输层、网络层、数据链路层和物理层五层结构。

10.4　网络传感器

网络通信技术与计算机技术的飞速发展，使传感器的通信方式从传统的现场模拟信号方式转为现场级全数字通信方式，即传感器现场级的数字化网络方式。基于现场总线、以太网等的传感器网络化技术及应用迅速发展，因而在现场总线控制系统（Fieldbus Control System，FCS）中得到了广泛应用，成为现场级数字化传感器。

10.4.1　网络传感器及其基本结构

网络传感器是指在现场级实现了 TCP/IP 协议的传感器，这种传感器让现场测控数据能就近登录网络，在网络所能及的范围内实时发布和共享。

具体来说，网络传感器是一种采用标准的网络协议，同时采用模块化结构将传感器和网络技术有机结合在一起的智能传感器。它是测控网中的一个独立节点，其敏感元件输出的模拟信号经 A/D 转换及数据处理后，可由网络处理装置根据程序的设定和网络协议封装成数据帧，并加上目的地址，通过网络接口传输到网络上。同时，网络处理器也能接收网络上其他节点传给自己的数据和命令，实现对本节点的操作。网络传感器的基本结构如图 10-6 所示。

10.4.2　网络传感器通用接口标准

构造一种通用智能化传感器的接口标准是解决传感器与各种网络相连的主要途径。从 1994 年开始，美国国家标准技术局和 IEEE 联合组织了一系列专题讨论会，商讨智能传感器通用信息接口问题和相关标准的制定，这就是 IEEE1451 的智能变送器接口标准。其主

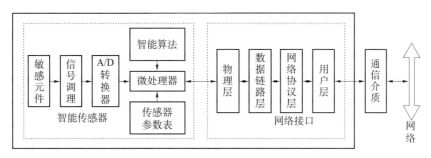

图 10-6　网络传感器的基本结构

要目标是定义一整套通用的网络接口，使变送器能够独立于网络与现有基于微处理器的系统、仪器仪表和现场总线网络相连，并最终实现变送器到网络的互换性与互操作性。现有的网络传感器配备了 IEEE1451 标准接口系统，也称为 IEEE1451 传感器。

符合 IEEE1451 标准的传感器和变送器能够真正实现现场设备的即插即用。该标准将智能变送器划分为两部分：一部分是智能变送器接口模块；另一部分是网络适配器，亦称网络应用处理器。两者之间通过一个标准的传感器数字接口相连接，如图 10-7 所示。

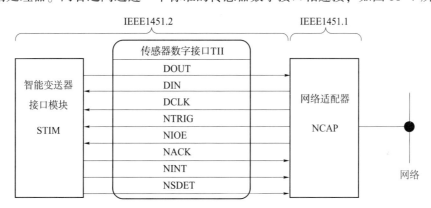

图 10-7　符合 IEEE1451 标准的智能变送器示意图

10.4.3　网络传感器的发展趋势

1. 从有线形式到无线形式

传感器在多数测控环境下采用有线形式，即通过双绞线、电缆、光缆等与网络连接，但在一些特殊测控环境下使用有线形式传输传感器信息是不方便的。为此，可将 IEEE1451.2 标准与蓝牙技术结合，设计无线网络传感器，以解决有线网络传感器的局限性。

2. 从现场总线形式到互联网形式

现场总线控制系统可认为是一个局部测控网络，基于现场总线的智能传感器只实现了某种现场总线通信协议，还未实现真正意义上的网络通信协议。只有让智能传感器实现网络通信协议，使它能直接与计算机网络进行数据通信，才能实现网络上任何节点对智能传感器的数据进行远程访问、信息实时发布与共享，以及对智能传感器的在线编程与组态编程，这才是网络传感器的发展目标和价值所在。

若能将 TCP/IP 协议直接嵌入网络传感器的 ROM 中，在现场实现 Intranet/Internet（企业网/互联网）功能，则构成测控系统时可将现场传感器直接与网络通信线缆连接，使现场传感器与普通计算机一样成为网络中的独立节点，如图10-8所示。此时，信息可跨越网络传输到所能及的任何领域，进行实时动态的在线测量与控制。只要有诸如电话线类的通信线缆存在的地方，就可将这种实现了TCP/IP协议功能的网络传感器就近接入网络，纳入测控系统，不仅可以节约大量现场布线，还可即插即用，为系统的补充提供极大的方便。

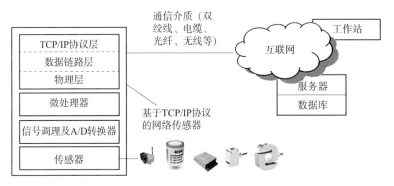

图10-8　基于TCP/IP协议的网络传感器测控系统

10.5　智慧未来

国家"十三五"规划发布以后，智慧未来及物联网的建设计划再次将传感器推上了风口浪尖。综合当下局势，无论是国内还是国外，智慧生产和智慧生活的建设已然成为不可逆转的趋势。在这种大环境下，传感器也必然会迎来产业大爆发。在技术层面，智慧生产和智慧生活与大数据技术关系密切，与大数据相比，未来智慧生活的最大不同之处便在于"传感器"与"控制系统"。未来发挥云计算的集约化、虚拟化、服务化和绿色化的优势，可以建立"智慧"云计算中心。

10.5.1　智慧农业

智慧农业就是将物联网技术运用到传统农业中，运用传感器和软件通过移动平台或者电脑平台对农业生产进行控制，使传统农业更具有"智慧"。除了精准感知、控制与决策管理外，从广泛意义上讲，智慧农业还包括农业电子商务、食品溯源防伪、农业休闲旅游、农业信息服务等方面的内容。图10-9所示为智慧农业温室大棚环境监测系统，根据温室大棚环境监测的需求不同，温室大棚环境监测系统中需要配备的传感器数量和种类也是不同的。

在温室大棚环境内，通过配备无线传感器节点，太阳能供电系统、信息路由设备和无线传感系统可以实现信息自动检测。每个无线传感器节点都可以监测土壤水分、土壤温度、空气温度、空气湿度、光照强度和植物养分含量等参数。温室大棚环境监测系统通过各种传感器将监测数据实时传输到控制中心，实现温室大棚环境的实时在线监测。

10.5.2　智慧医疗

智慧医疗英文简称WIT120，是新兴的专有医疗名词。智慧医疗通过打造医院信息集

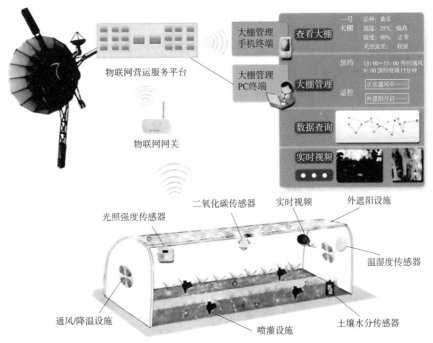

图 10-9　智慧农业温室大棚环境监测系统

成平台（HIP），利用最先进的物联网技术，实现患者与医务人员、医疗机构、医疗设备之间的互动和信息化。

　　医院信息集成平台包括医疗管理信息系统（HIS）、临床信息系统（CIS）、医院运营管理系统（HRP）、移动物联平台（HMP）和医联体信息平台等部分，如图 10-10 所示。

图 10-10　医院信息集成平台

10.5.3　智慧校园

智慧校园是指以促进信息技术与教育教学融合、提高学与教的效果为目的，以物联网、云计算、大数据分析等新技术为核心技术，提供一种环境全面感知、智慧型、数据化、网络化、协作型一体化的教学、科研、管理和生活服务，并能对教育教学、教育管理进行洞察和预测的智慧学习环境，如图 10-11 所示。

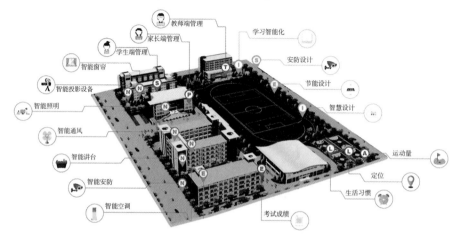

图 10-11　智慧校园与智慧学习环境

10.5.4　智能工厂

《中国制造 2025》要以智能制造为突破口和主攻方向，未来智能制造投资总额将超万亿元。智能制造并非只是一个横空出世的概念，具体来看，工业 4.0 首先要打造智能工厂，在生产设备中广泛部署传感器，使其成为智能化的生产工具，成为物联网的智能终端，从而实现工厂的监测、操控智能化。北京大学纵横精益运营与智能制造研究院曾经花费一年时间为某知名企业成功打造了全新的全球标杆智能工厂，实现产能翻倍、人员减半的战略目标，如图 10-12 所示。

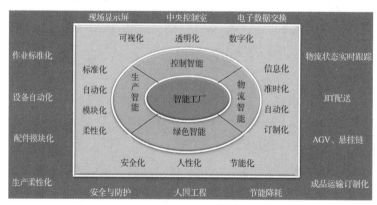

图 10-12　全新的全球标杆智能工厂

未来的智能工厂，设备的自动化层和生产制造管理系统之间的对接将会更加无缝化，从而实现智能制造，满足不同智能制造企业的个性化订制需求。

10.6 智能图像传感器

智能图像传感器产品主要分为 CCD（Charge Coupled Device，电荷耦合器件）图像传感器、CMOS（Complementary Metal-Oxide Semiconductor，互补金属氧化物半导体）图像传感器和 CIS（Contact Image Sensor，接触式图像传感器）三种。

10.6.1 CCD 图像传感器

CCD 图像传感器由一种高感光度的半导体材料制成，能把光线转变成电荷，并将电荷通过 A/D 转换器转换成数字信号"0"或"1"。CCD 图像传感器具有光电转化、信息存储、延时和将电信号按顺序传输等功能，并且具有低照度效果好、信噪比高、通透感强、色彩还原能力佳等优点，在科学、教育、医学、商业、工业和军事等领域得到广泛应用。

1. CCD 图像传感器的工作原理

CCD 图像传感器的突出特点是以电荷为信号，而不同于其他大多数器件以电流或电压作为信号，所以 CCD 图像传感器的基本功能是存储和转移电荷。它存储由光或电激励产生的信号电荷，当对它施加特定时序的脉冲时，其存储的信号电荷便能在 CCD 图像传感器内定向传输。CCD 图像传感器工作的主要流程是信号电荷的产生（将光转换成信号电荷）、存储（存储信号电荷）、传输（转移信号电荷）和检测（将信号电荷转换成电信号）。CCD 图像传感器的工作原理如图 10-13 所示。

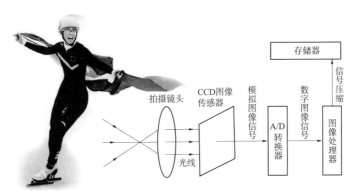

图 10-13　CCD 图像传感器的工作原理

CCD 图像传感器工作过程的第一步是信号电荷的产生，它可以将入射光信号转换为电荷输出，依据是半导体的内光电效应（即光生伏特效应）。信号电荷的产生示意图如图 10-14 所示。

CCD 图像传感器工作过程的第二步是信号电荷的存储，是将入射光子激励出的电荷存储并使其形成信号电荷包的过程。CCD 图像传感器的基本单元是 MOS 电容器，这种电容器能存储电荷。当金属电极上加正电压时，由于

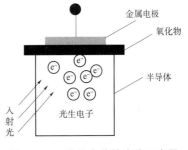

图 10-14　信号电荷的产生示意图

电场作用，电极下 P 型硅区的空穴被排斥到衬底电极一边，在电极下硅衬底表面形成一个没有可动空穴的带负电的区域——耗尽区。对电子而言，这是一个势能很低的区域，称为"势阱"。如图 10-15 所示，有光入射到硅片上时，在光子作用下产生电子—空穴对，空穴在电场作用下被排斥出耗尽区，而电子被附近势阱"俘获"，势阱内吸收的光子数与发光强度成正比。

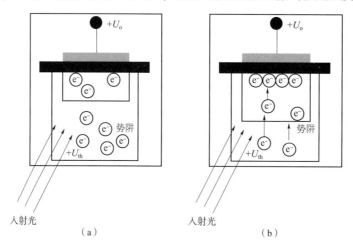

图 10-15　信号电荷的存储示意图

（a）$U_O < U_{th}$ 时；（b）$U_O > U_{th}$ 时

　　CCD 图像传感器工作过程的第三步是信号电荷的传输，是将存储的信号电荷包从一个像元转移到下一个像元，直到全部电荷包输出完成的过程。

　　CCD 图像传感器工作过程的第四步是信号电荷的检测，是将转移到输出级的电荷转化为电流或者电压的过程。

2. CCD 图像传感器的分类

　　按照像素排列方式的不同，CCD 图像传感器又可分为线阵（Linear）与面阵（Area）两大类，如图 10-16 所示。其中，线阵 CCD 图像传感器应用于影像扫描器及传真机中，而面阵 CCD 图像传感器主要应用于工业相机、数码相机、摄录影机和监视摄影机等影像输入产品中。

1）线阵 CCD 图像传感器

图 10-16　CCD 图像传感器的分类

（a）线阵；（b）面阵

　　线阵 CCD 图像传感器实际上采用的是一种光敏元件与移位寄存器合二为一的结构，如

图 10-17 所示。目前，实用的线阵 CCD 图像传感器为双行结构，如图 10-17（b）所示。单、双数光敏元件中的信号电荷分别转移到上、下方的移位寄存器中，然后在控制脉冲的作用下，自左向右移动，在输出端交替合并输出，这样就形成了原来光敏信号电荷的顺序。

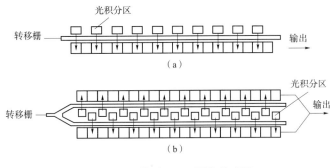

图 10-17　线阵 CCD 图像传感器

（a）不透光的电荷转移结构；（b）双行结构

2）面阵 CCD 图像传感器

面阵 CCD 图像传感器目前存在行传输、帧传输和行间传输三种典型结构，如图 10-18 所示。

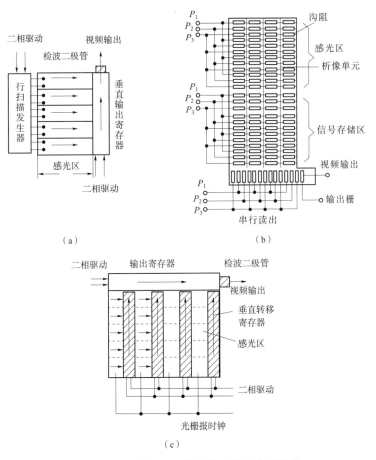

图 10-18　面阵 CCD 图像传感器的典型结构

（a）行传输；（b）帧传输；（c）行间传输

行传输面阵 CCD 图像传感器结构如图 10-18（a）所示，它由行扫描发生器、垂直输出寄存器、感光区和检波二极管等组成。帧传输面阵 CCD 图像传感器结构如图 10-18（b）所示，增加了具有公共水平方向电极的不透光的信号存储区。行间传输面阵 CCD 图像传感器结构如图 10-18（c）所示，它是用得最多的一种结构形式，它将图 10-18（b）中感光元件与存储元件相隔排列，即一列感光单元、一列不透光的存储单元交替排列。

3. CCD 图像传感器的性能指标

CCD 图像传感器的性能指标有很多，如像素数、靶面尺寸、帧率、感光度、电子快门和信噪比等。其中，像素数和靶面尺寸是重要指标。

（1）像素数。像素数是指 CCD 图像传感器上感光元件的数量。可以这样理解，摄像机拍摄的画面由很多个小点组成，每个点就是一个像素。显然，像素数越多，画面就会越清晰，如果 CCD 图像传感器没有足够多的像素数，拍摄出来的画面的清晰度就会大受影响。因此，理论上 CCD 图像传感器的像素数应该越多越好，但其像素数的增加会使制造成本增加、成品率下降。

（2）靶面尺寸。靶面尺寸就是 CCD 图像传感器感光部分的大小。一般用 in（1 in＝2.54 cm）来表示，和电视机一样，通常这个数据指的是这个 CCD 图像传感器的对角线长度，常见的是 1/3 in。靶面尺寸越大，意味着通光量越大；而靶面尺寸越小，则比较容易获得更大的景深。比如，1/2 in 可以获得比较大的通光量，而 1/4 in 可以较容易地获得较大的景深。

（3）帧率。帧率代表单位时间所记录或播放的图片的数量，连续播放一系列图片就会产生动画效果。根据人类的视觉系统，当图片的播放速度大于 15 幅/s 时，人眼基本看不出图片的跳跃；达到 24～30 幅/s 时，人眼基本觉察不到闪烁现象。每秒的帧数（或者说帧率）表示图像传感器在处理图像时每秒钟能够更新的次数。高帧率可以得到更流畅、更逼真的视觉体验。

（4）感光度。感光度表征 CCD 图像传感器以及相关的电子电路感应入射光强弱的能力。感光度越高，感光面对光的敏感度就越高，快门速度就越快，这在拍摄运动车辆、夜间监控时显得尤其重要。

10.6.2　CMOS 图像传感器

CMOS 图像传感器采用一般半导体电路最常用的 CMOS 工艺。CMOS 图像传感器是一种采用传统芯片方法将光敏元件、放大器、A/D 转换器、存储器、数字信号处理器和计算机接口电路等集成在一块硅片上的图像传感器。

CMOS 图像传感器相比 CCD 图像传感器最主要的优势是非常省电。CMOS 图像传感器的耗电量只有普通 CCD 图像传感器的 1/3 左右，CMOS 图像传感器存在的主要问题是，在处理快速变换的影像时，由于电流变换过于频繁而导致过热，暗电流抑制得好则问题不大，如果抑制得不好就十分容易出现噪点。

1. CMOS 图像传感器的组成

CMOS 图像传感器的主要组成部分是像敏单元阵列和 MOS 效应管集成电路，这两部分是集成在同一硅片上的。像敏单元阵列由光电二极管阵列构成。图 10-19 所示的像敏单元阵列按 X 和 Y 方向排列成方阵，方阵中的每一个像敏单元都有它在 X、Y 方向上的地址，并可分别由两个方向的地址译码器进行选择，输出信号由 A/D 转换器进行 A/D 转换变成数字信号输出。

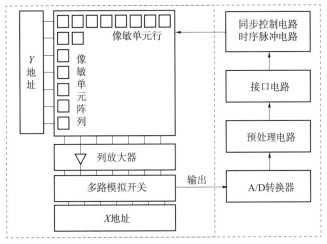

图 10-19　CMOS 图像传感器的组成

2. CMOS 图像传感器的技术参数

（1）像元尺寸。像元尺寸指芯片像元阵列上每个像元的实际物理尺寸，通常的尺寸包括 14 μm、10 μm、9 μm、7 μm、6.45 μm、3.75 μm 等。像元尺寸从某种程度上反映了芯片对光的响应能力，像元尺寸越大，能够接收到的光子数量就越多，在同样的光照条件和曝光时间内产生的电荷数量也越多。对于弱光成像而言，像元尺寸是芯片灵敏度的一种表征。

（2）灵敏度。灵敏度是芯片的重要参数之一，它具有两种物理意义：一种是指光敏元件的光电转换能力，与响应率的意义相同，即在一定光谱范围内，单位曝光量的输出信号电压（电流）；另一种是指光敏元件所能传感的对地辐射功率（或照度），与探测率的意义相同。

（3）坏点数。由于受到制造工艺的限制，对于有几百万个像素点的传感器而言，所有的像元都是好的几乎不太可能。坏点数是指芯片中坏点（不能有效成像的像元或响应不一致性大于参数允许范围的像元）的数量。坏点数是衡量芯片质量的重要参数。

（4）光谱响应。光谱响应是指芯片对不同波长的光的响应能力，通常由光谱响应曲线给出。从产品的技术发展趋势看，无论是 CCD 图像传感器还是 CMOS 图像传感器，体积小型化及高像素化仍是业界积极研发的目标。图像产品的分辨率越高，清晰度越好，体积越小，其应用面越广泛。

3. CCD 图像传感器与 CMOS 图像传感器的区别

CCD 图像传感器与 CMOS 图像传感器的主要差异是数字数据传输的方式不同：CCD 图像传感器每一行的每一个像素的电荷数据都会依次传送到下一个像素中，由最低端部分输出，再由传感器边缘的放大器进行放大输出；CMOS 图像传感器中，每个像素都会邻接一个放大器及 A/D 转换器，用类似内存电路的方式将数据输出。

CCD 图像传感器与 CMOS 图像传感器另一个主要差异是电荷读取方式不同：对于 CCD

图像传感器，光通过光电二极管转换为电荷，然后电荷通过传感器芯片传递到 A/D 转换器，最终信号被放大，因此电路较为复杂，速度较慢；对于 CMOS 图像传感器，光通过光电二极管的光电转换后直接产生电压信号，信号电荷不需要转移，因此 CMOS 图像传感器集成度高、体积小。

综上所述，CCD 图像传感器在灵敏度、分辨率、噪声控制等方面都优于 CMOS 图像传感器，而 CMOS 图像传感器则具有成本低、功耗低以及整合度高的优点。不过，随着 CCD 与 CMOS 图像传感器技术的进步，两者的差异有逐渐缩小的趋势。例如，CCD 图像传感器一直在功耗上做改进，以应用于移动通信市场；CMOS 图像传感器则在不断地改善分辨率与灵敏度方面的不足，以应用于更高端的图像产品。

10.6.3　图像传感器的应用

1. CCD 图像传感器的应用

CCD 图像传感器是数码速印机光学系统中最重要的器件。数码速印机在进行复印时，首先由扫描系统对原稿进行扫描，即通过曝光灯、反射镜片、镜头、CCD 图像传感器等光学元件对原稿进行读取，将光信号转变为电信号，并存储在 CCD 图像传感器内，在整机的同步脉冲控制下，CCD 图像传感器输出的电信号被送到放大器进行放大，经 A/D 转换、调制后送往制版系统，制版系统根据 CCD 图像传感器送来的图像信号进行制版，产生与原稿图像相对应的蜡纸版，并通过上版机构将此蜡纸版缠绕在滚筒上，复印系统再根据此蜡纸版进行复印。

在电子扫描读取原稿过程中，镜头根据原稿反射的光线形成光像，投射到 CCD 图像传感器的感光区。由于 CCD 图像传感器各电极下的势阱深度与这条扫描线各点像素的色调相对应，所以这条扫描线光像就变成 CCD 图像传感器中存储的电荷信息，从而完成了由图像光信息到图像电信息的转变。图像经 A/D 转换器处理后，送到控制电路，运行制版系统进行制版。数码速印机原稿读取过程如图 10-20 所示。

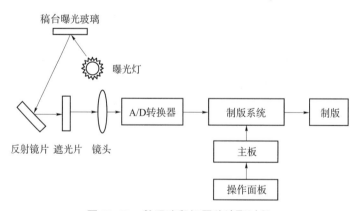

图 10-20　数码速印机原稿读取过程

2. CMOS 图像传感器的应用

CMOS 图像传感器是一种多功能传感器，由于它兼具 CCD 图像传感器的性能，所以可以进入 CCD 图像传感器的应用领域，但它又有自己独特的特点，所以也有其自身的许多应用领域。目前，CMOS 图像传感器主要应用在保安监控系统和个人计算机、摄像机中，还可应用在数字静态摄像机和医用小型摄像机等设备中。

由于 CMOS 图像传感器中集成了多种功能，使以往许多无法运用图像技术的地方能够广泛地应用图像技术，如照相机、智能手机、指纹识别系统、计算机显示器中的摄像头和一次性照相机等。

思考与练习

1. 简要描述无线传感器网络的结构及组成部分。

2. 简述无线射频识别装置的工作原理。

3. 结合我们学校的情况，说明物联网技术在智慧校园建设中有哪些应用。

4. 按照像素排列方式，在图 10-21 中对 CCD 图像传感器进行分类连线。

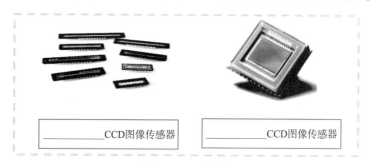

_____CCD图像传感器　　　　_____CCD图像传感器

图 10-21　4 题图

5. 简要描述 CCD 图像传感器有几个工作过程，分别是什么。

6. 简要描述 CCD 图像传感器与 CMOS 图像传感器的区别。

项目 11　智能传感器综合实训

实训 1　智能传感器综合实训平台介绍

一、任务描述

1. 任务要求

通过本次实验，对智能传感器综合实训平台有整体的认知，并了解实训平台的基本原理、技术参数、组成部分、功能特点等知识。

（1）小组讨论制订工作计划；

（2）向其他小组及指导教师演示计划成果；

（3）根据确定的工作计划实施任务；

（4）对任务完成情况进行评估。

2. 任务内容

（1）了解智能传感器综合实训平台整体产品；

（2）了解智能传感器综合实训平台主要技术参数；

（3）了解智能传感器综合实训平台产品功能及组成；

（4）实训结果检测。

二、任务分析

传感技术是信息技术的重要组成部分，自动化与信息化的深度融合离不开智能化的传感器技术，传感器技术也成为电子、电气信息类专业及机电类等相关专业的核心或主要课程，传感器技术涉及众多学科和技术门类，其知识内容与应用分布很广，因而传感器课程涉及较多其他课程的知识内容，其工程性和应用性较强。

三、任务准备

智能传感器综合实训平台（见图 11-1）是集传感器选型、接线与功能应用为一体的综合实训平台，主要由电阻式、电容式、电磁式、电感式、光电式、温度、流量、压力、激光、安全光幕、安全门开关、RFID、绝对式编码器、增量式编码器、位移编码器等传感器组成。

图 11-1　智能传感器综合实训平台

四、任务实施

1. 技术参数

（1）输入电源：AC 220 V±10%（单相），50 Hz；

（2）整体功率：<3 kV·A；

（3）气源压力：0.4~0.6 MPa；

（4）产品尺寸：1 600 mm×820 mm×1 800 mm；

（5）工作环境：温度−5~40 ℃；湿度85%（25 ℃）；海拔<4 000 m；

（6）安全保护：具有漏电保护，安全符合国家标准。

2. 产品功能

（1）外形美观。

本产品架体采用高强度铝型材拼接而成，铝型材表面电镀，外观简约时尚。

（2）功能齐全。

本产品涵盖了工业中常见的一些传感器，如电感式、光电式、磁电式、流量、温度、压力等传感器。

（3）实验模块相互独立。

每个传感器都可以做独立的实验，观察独立的实验现象。

（4）模块安装灵活。

每个模块都可以独立安装在特制网板上，也可以拿在手里进行现场教学。

（5）涉及技术知识广泛。

产品不仅包含机械、电气、传感器的基础知识，还涉及 PLC、触摸屏、变频器技术等。

3. 产品组成

该系统主要组成包括：①实训台架；②传感器模块；③水箱模块；④直线运动模块；⑤接线盒模块；⑥传输分拣模块；⑦工具柜；⑧电控系统等，如图 11-2 所示。

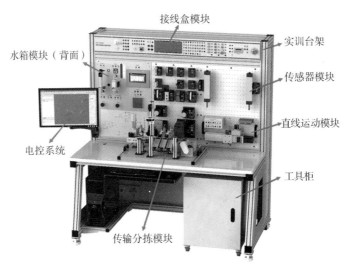

图 11-2　实训平台各组成模块

1）实训台架

实训台架（见图 11-3）主要由架体、台面板、万向轮、电脑等组成；架体为铝型材拼接而成，具有较高的强度和稳定性，结构牢靠，表面电镀，美观大方；外形尺寸为 1 600 mm×820 mm×1 800 mm；台架左下区域可放置电脑主机，台架左上方装有角度可调节的电脑屏幕；万向轮带有地脚，工作台移动到工作区域时，手动将地脚降到底部，即可固定台架。

图 11-3　实训台架

2）传感器模块

传感器模块（见图 11-4）主要由固定底板、多个传感器模块等组成。固定底板上布有安装孔，每一个传感器模块配有一个安装底座，可独立安装在固定底板上，安装底座上配有插头，便于直接拿下来进行现场教学，操作方便。

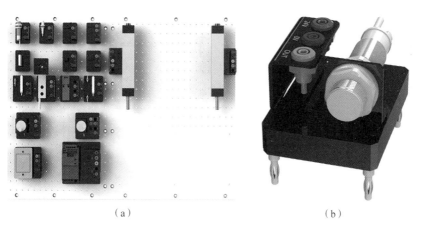

（a） （b）

图 11-4 传感器模块

（a）整体效果图；（b）模块示例

3）水箱模块

水箱模块（见图 11-5）由上水箱、下水箱、水泵、加热管、压力传感器、流量传感器、温度传感器和接头等组成。实验过程：按下启动按钮，水泵开始向上水箱抽水，在抽水的过程中，流量传感器和压力传感器开始工作，分别显示各自的数值，通过调压阀可以调节流量和压力的大小。当上水箱到达预定水位，水泵停止抽水，关上阀门防止上水箱的水流回下水箱。此时加热棒开始对上水箱的水进行加热，温度传感器可以实时显示此刻上水箱水的温度。实验完成后，打开溢流阀，上水箱的水自动流回下水箱。水箱模块控制原理图如图 11-6 所示。

图 11-5 水箱模块

4）直线运动模块

直线运动模块（见图 11-7）主要由底板、线性模组组成，安装多种位移传感器，包含激光传感器、超声波传感器、光电式传感器、步进电机等。

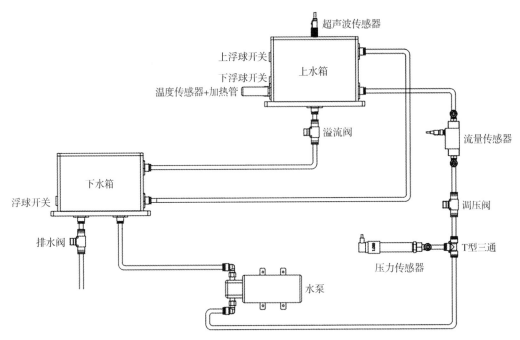

图 11-6　水箱模块控制原理

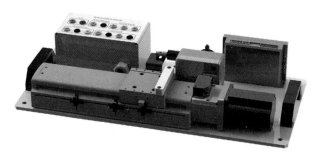

图 11-7　直线运动模块

5）接线盒模块

接线盒模块（见图 11-8）由盒体、空气断路器、漏电保护器、PLC、PLC 引出 I/O 口、按钮、电源插座、显示屏等组成。

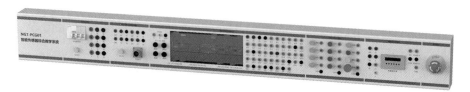

图 11-8　接线盒模块

6）传输分拣模块

传输分拣模块（见图 11-9）主要包括供料机构、传输线机构、推料机构、滑道机构等。供料机构提供多种不同的工件，传输线机构带动工件前行，经过传感器区域时，不同的传感器检测不同的工件,推料机构根据传感器的反馈,将不同的工件推入滑道机构不同的滑道内,实现多种传感器的测试功能,满足传感器的实训要求。

7)电控系统

(1) PLC(见图 11-10)。

CPU 1215C,紧凑型 CPU,DC/DC/DC,2 个 PROFINET 通信口;集成输入/输出:14 DI 24 V 直流输入,10 DQ 晶体管输出 24 V 直流,2 AI 模拟量输入 0~10 V DC,2 AQ 模拟量输出 0~20 mA DC;供电:直流 20.4~28.8 V;可编程数据存储区:125 KB。

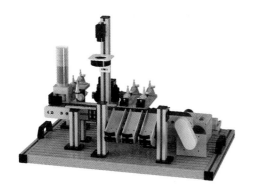

图 11-9 传输分拣模块

图 11-10 PLC

配置 1 套正版编程软件,单授权,软件及其文档在 WINXP 下运行。

配置 1 根预制工业以太网电缆,长度 6 m。

(2) 触摸屏(见图 11-11)。

KTP700 基本版,精简面板,按键式/触摸式操作,65536 颜色,1 个 USB 接口,1 个工业以太网接口;输入电压:DC 24 V±20%;额定输入电流:230 mA;面板防护等级:前面板 IP65,后盖 IP20;TFT 显示尺寸:7 in;分辨率:800×480。

(3) 通信模块(见图 11-12)。

通信模块 CM1241,RS422/485,9 针 Sub-D(插座)支持自由端口。

图 11-11 触摸屏

图 11-12 通信模块

(4) 模拟量模块(见图 11-13)。

模拟输入/输出 SM1234;4 个模拟输入/2 个模拟输出;±10 V,14 位分辨率或者

0（4）~20 mA，13 位分辨率。

（5）IO-Link 模块（见图 11-14）。

SM1278 IO-Link，4×IO-Link 主站。

图 11-13　模拟量模块　　　　　图 11-14　IO-Link 模块

（6）变频器（见图 11-15）。

变频器，V20，200~240 V 单相交流供电，功率 0.55 kW，有 60 s 150% 过载未过滤 I/O 接口：4 DI，2 DO，2 AI；现场总线：USS/MODBUS RTU；安装有 BOP 面板，防护等级 IP20/UL。

（7）步进驱动器（见图 11-16）。

步进驱动器：可驱动 4 线、8 线的两相步进电机；电压输入范围：18~48 V DC；最大电流：4.2 A；分辨率：0.1 A；细分范围：400~25 600 PPR；信号输入：差分/单端，脉冲/方向或双脉冲，5~24 V DC 电平兼容；步进脉冲频率：200 kHz。

（8）步进电机（见图 11-17）。

步进电机——扭力 2.2 N；步距角：18°；步距角精度：0.09°（空载、整步）；温升：80 K。使用环境——温度：-10~50 ℃；湿度：85% MA；绝缘等级：B；绝缘电阻：100 MΩ MIN，500 V DC；耐电压：500 V AC，1 min；径向跳动：0.025 mm MAX（负载 5 N）；轴向跳动：0.075 mm MAX（负载 10 N）。

图 11-15　变频器　　　　图 11-16　步进驱动器　　　　图 11-17　步进电机

五、任务评价

各小组展示实验结果，介绍任务的完成过程并提交阐述材料，进行学生自评、学生小组内互评、教师评价，并完成表 11-1。

表 11-1　考核评价表

评价项目	评价内容	分值	自评 20%	互评 20%	教评 60%	合计
职业素养 40 分	爱岗敬业，安全意识、责任意识、服从意识	10				
	积极参加任务活动，完成实训内容	10				
	团队合作、交流沟通能力，集体主义精神	10				
	劳动纪律	5				
	现场"6S"标准，行为规范	5				
专业能力 50 分	专业资料检索能力，分析能力	10				
	制订计划能力，严谨认真	10				
	操作符合规范，精益求精	10				
	工作效率，分工协作	5				
	任务验收质量，质量意识	15				
创新能力 10 分	创新性思维和活动	10				
合计		100				

 实训 2　直线运动模块实验

一、任务描述

1. 任务要求

利用智能传感器综合实训平台，了解直线运动模块实验的基本知识以及安装接线、工作原理等知识，完成直线运动模块实验。

（1）小组讨论制订工作计划；

（2）向其他小组及指导教师演示计划成果；

（3）根据确定的工作计划实施直线运动模块实验；

（4）进行实验结果评估。

2. 任务内容

（1）了解实验所用的设备、参数；

（2）按接线图完成设备连接；

（4）完成设备组态，编写程序进行实验；

（3）实训结果检测。

二、任务分析

本次实验使用的直线运动模块主要由步进电机进行驱动。步进电机又称为脉冲电机，其动作原理是依靠气隙磁导的变化来产生电磁转矩。步进电机接收数字控制信号并将其转化成与输入的脉冲个数严格成正比的角位移或直线位移，并且在时间上与脉冲同步。因而只要控制脉冲的数量、频率和电机绕组的相序，即可获得所需的转角、速度和方向。作为一种控制用的特种电机，步进电机无法直接接到直流或交流电源上工作，必须使用专用的步进驱动器进行驱动。

三、任务准备

1. 实训设备

本次实验使用智能传感器综合实训平台中的直线运动模块，该模块主要由底板、线性模组组成，安装多种位移传感器，包含线式编码器、激光位移传感器、U 型光电式传感器、步进驱动器、步进电机等。实训设备如表 11-2 所示。

表 11-2　实训设备

序号	设备名称	型号规格	代号
1	智能传感器综合实训平台	PCG01	—
2	可编程控制器	6ES7215-1AG40-0XB0	PLC
3	直线运动模块	PCG01-03-91	—
4	编程软件—博图	TIA V16	—
5	选插头对	KT3ABD53 红（1 m）/3 根	—
6	普通按钮	LAY50-16AY-11/G 绿	SB1-SB2
7	选插头对	KT3ABD53 蓝（1 m）/2 根	—
8	选插头对	KT3ABD53 绿（1 m）/11 根	—
9	选插头对	KT3ABD53 黄（1 m）/6 根	—
10	网线	—	—

2. 步进电机

步进电机是一种将电脉冲信号转换成相应角位移或线位移的电动机。每输入一个脉冲信号，转子就转动一个角度或前进一步，其输出的角位移或线位移与输入的脉冲数成正比，转速与脉冲频率成正比。因此，步进电机又称脉冲电机。步进电机需要驱动器才能正常运转，因为步进电机的控制信号是一种脉冲信号，不能直接驱动电机，只有将脉冲信号转化为电流信号才能驱动电机，而这个转化的过程是由步进驱动器完成的。因此，步进电机和步进驱动器是密不可分的。基于 DM542 步进驱动器的步进电机接线图如图 11-18 所示。

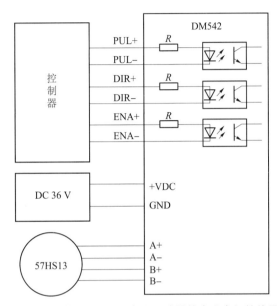

图 11-18　基于 DM542 步进驱动器的步进电机接线图

3. 步进驱动器

DM542 步进驱动器采用八位拨码开关设定细分精度、动态电流、静止半流，以及实现步进电机参数和内部调节参数的自整定。静态电流可用 SW4 拨码开关设定，OFF 表示静态电流设为动态电流的一半，ON 表示静态电流与动态电流相同。DM542 步进驱动器拨码开关对应图如图 11-19 所示。

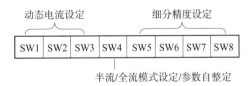

图 11-19　DM542 步进驱动器拨码开关对应图

DM542 步进驱动器可以实现内部参数的自整定，具体方法如下：

若 SW4 在 1 s 之内往返拨动一次，步进驱动器便可自动完成步进电机参数和内部调节参数的自整定；在步进电机、供电电压等条件发生变化时进行一次自整定，否则，步进电机可能会运行不正常。注意此时不能输入脉冲，方向信号也不应变化。

实现方法：

（1）SW4 由 ON 拨到 OFF，然后在 1 s 内再由 OFF 拨回 ON；

（2）SW4 由 OFF 拨到 ON，然后在 1 s 内再由 ON 拨回 OFF。

四、任务实施

1. 接线

按照图11-20所示直线运动模块实验接线图，完成设备连接。

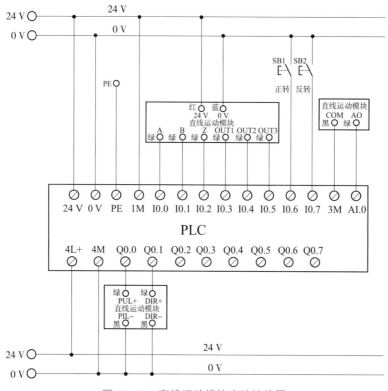

图 11-20　直线运动模块实验接线图

2. 网络图

本次任务如果使用台式电脑，可以在设备下方的电源明盒中的网口连接。本实验 PLC 网口连接的是背后的交换机，电源明盒内部接的也是背后的交换机。如果使用台式电脑，可以使用直流电源模块中网络接口网线连接，如图 11-21 所示。

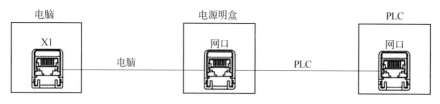

图 11-21　网络接口

3. 设备组态

打开博图软件，双击创建新项目——创建——设备与网络——添加新设备；双击 6ES7215-1AG40-0XB0；双击"设备组态"选项，添加 6ES7241-1CH32-0XB0、6ES7234-4HE32-0XB0 和 6ES7278-4BD32-0XB0。

双击"设备组态"选项，双击 6ES7215-1AG40-0XB0 图案，查看属性 PROFINET 接口 [X1]——以太网地址——IP 协议——IP 地址：192.168.1.1，将 IP 地址修改为 192.168.1.***，如图 11-22 所示。

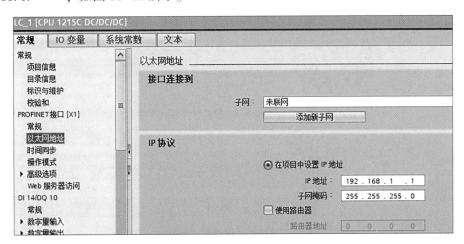

图 11-22　以太网地址设置

单击"系统和时钟存储器"选项，勾选"启用系统存储器字节"和"启用时钟存储器字节"，如图 11-23 所示。

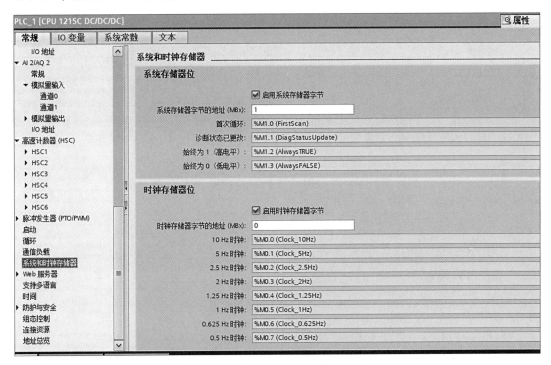

图 11-23　系统和时钟存储器设置

属性——常规——高速计数器（HSC）——HSC1，勾选"启用该高速计数器"；计数类型：计数；工作模式：A/B 计数器；初始计数方向：加计数，如图 11-24 所示。

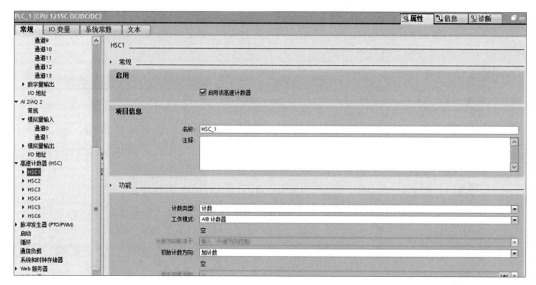

图 11-24　高速计数器设置

硬件输入。这里时钟发生器 A 的输入：I0.0（选择增量式编码器 A），时钟发生器 B 的输入：I0.1（选择增量式编码器 B），如图 11-25 所示。

I/O 地址——输入地址——起始地址，可以监控地址：ID1000，如图 11-26 所示。

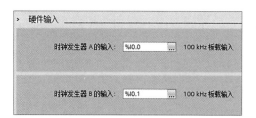

图 11-25　硬件输入设置

图 11-26　I/O 地址设置

属性——常规——DI14/DQ10——数字量输入，通道 0 和通道 1，这里将输入滤波器选为"20 microsec"，如图 11-27 所示。

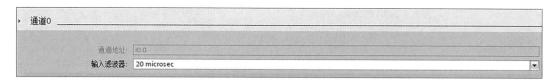

图 11-27　输入滤波器设置

项目——PLC1——工艺对象——新增对象，如图 11-28 所示。

打开新建的轴——双击"组态"选项，选择 PTO，位置单位：脉冲，如图 11-29 所示。

单击"驱动器"选项，如图 11-30 所示。

根据实际接线配置位置限制，如图 11-31 所示。

图 11-28　工艺对象设置

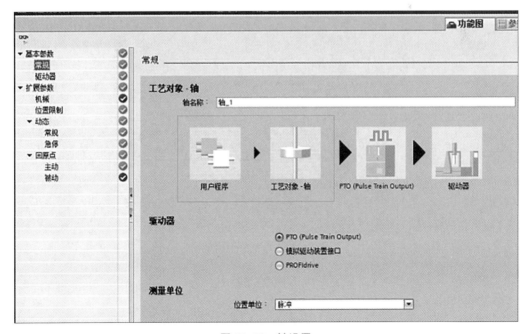

图 11-29　轴设置

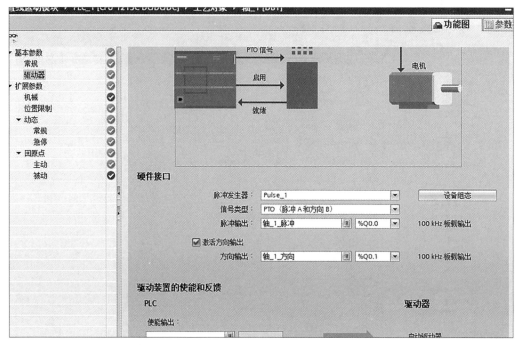

图 11-30　驱动器设置

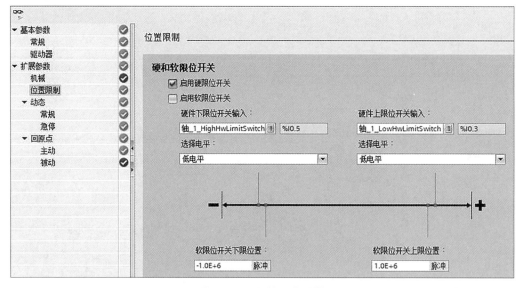

图 11-31　限位开关设置

扩展参数——动态——常规，如图 11-32 所示。
扩展参数——动态——急停，如图 11-33 所示。
扩展参数——回原点——主动，如图 11-34 所示。

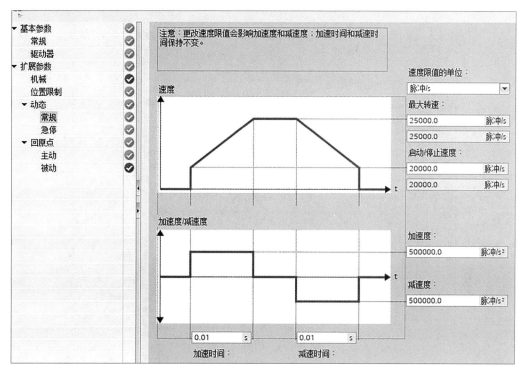

图 11-32　常规参数设置

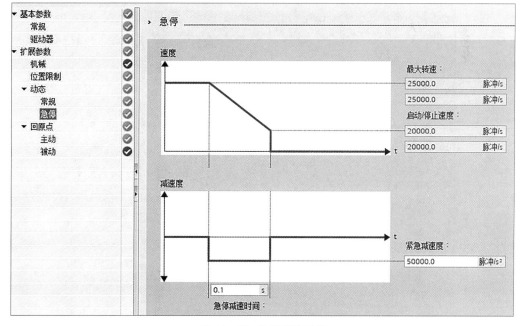

图 11-33'　急停参数设置

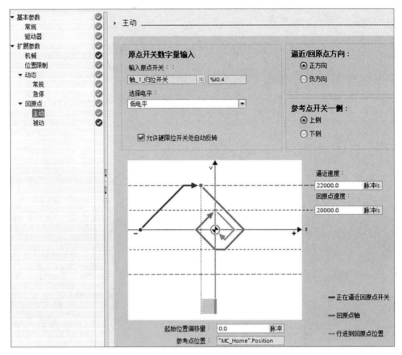

图 11-34　回原点设置

　　编写 PLC 程序。PLC——程序块——添加新块，单击"函数"，名称：步进；再添加新块，名称：距离，如图 11-35 所示。

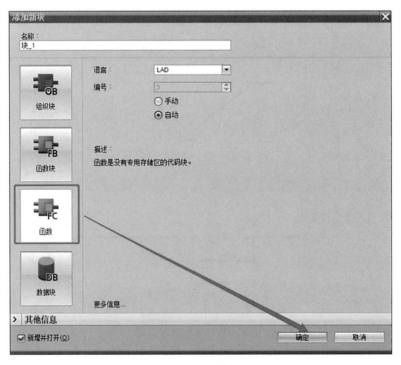

图 11-35　PLC 函数

双击"步进函数块"选项，添加程序，如图 11-36 所示。

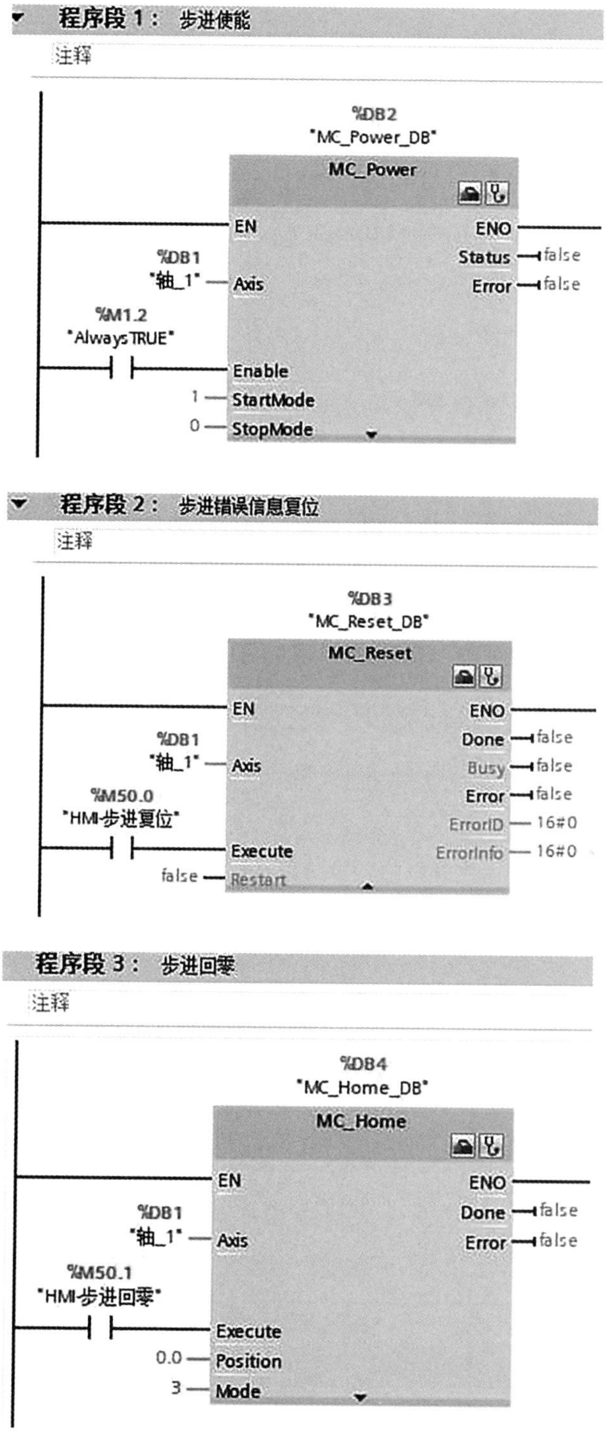

图 11-36 步进函数设置

MC_Home 函数参数设置方法如图 11-37 所示。

MC_Home：使轴归位，设置参考点（V6 及以上版本）

说明

使用 "MC_Home" 运动控制指令可将轴坐标与实际物理驱动器位置匹配。轴的绝对定位需要回原点。可执行以下类型的回原点：

- 主动回原点（Mode = 3）

  自动执行回原点步骤。

- 被动回原点（Mode = 2）

  被动回原点期间，运动控制指令 "MC_Home"不会执行任何回原点运动。用户需通过其它运动控制指令，执行这一步骤中所需的行进移动。检测到回原点开关时，轴即回原点。

- 直接绝对回原点（Mode = 0）

  将当前的轴位置设置为参数 "Position"的值。

- 直接相对回原点（Mode = 1）

  将当前轴位置的偏移值设置为参数 "Position"的值。

- 绝对编码器相对调节（Mode = 6）

  将当前轴位置的偏移值设置为参数 "Position"的值。

- 绝对编码器绝对调节（Mode = 7）

  将当前的轴位置设置为参数 "Position"的值。

图 11-37　MC_Home 函数参数设置方法

编写步进电机点动控制程序，如图 11-38 所示。

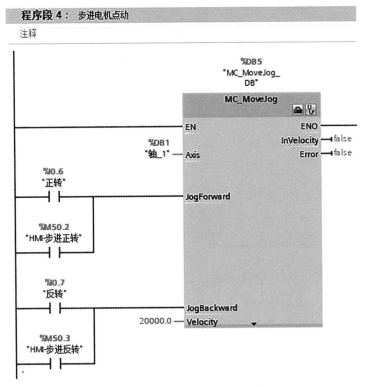

图 11-38　步进电机点动控制程序

双击 "距离函数块" 选项，添加程序，如图 11-39 所示。

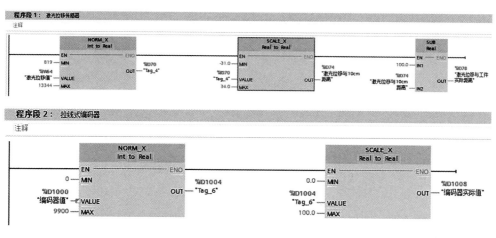

图 11-39　传感器程序

双击 ⊞ Main [OB1] 选项，添加程序，如图 11-40 所示。

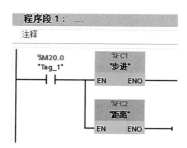

图 11-40　添加程序

单击 选项，单击 按钮，下载。

单击 转至在线 按钮，首先进行步进调试，确保 M20.0 没有置 1。单击工艺对象——轴 1——调试，进入轴控制面板，单击主控制"激活"按钮，默认"是"；单击轴"启用"按钮。单击"正向"和"反向"按钮，如果轴状态中轴错误显示红灯，可以单击"确定"按钮，然后根据实际情况单击"正向"或"反向"按钮。正转限位是上限位 I0.3，反转限位是下限位 I0.5。可以在调试中修改轴组态中基本参数"位置限制"和"回原点——主动"。正转和反转可实现后，单击命令——选择回原点，查看是否回零。这里表示步进驱动器调试结束。单击轴"禁用"按钮，主控制"禁用"。

首先，单击 ⊞ Main [OB1] 选项，单击 按钮，右击 修改值为 1，步进和距离函数块启动。双击步进函数块选项，本实验可以查看单击 SB1-2 来正转和反转。双击"距离函数块"选项，现在可以查看激光位移传感器检测值和拉线式编码器拉线检测值。

注：拉线式编码器只要重启程序，拉线编码器读值当前位置为 0。

五、任务评价

各小组展示实验结果，介绍任务的完成过程并提交阐述材料，进行学生自评、学生小组内互评、教师评价，并完成表 11-3。

表 11-3　考核评价表

评价项目	评价内容	分值	自评 20%	互评 20%	教评 60%	合计
职业素养 40分	爱岗敬业，安全意识、责任意识、服从意识	10				
	积极参加任务活动，完成实训内容	10				
	团队合作、交流沟通能力，集体主义精神	10				
	劳动纪律	5				
	现场"6S"标准，行为规范	5				
专业能力 50分	专业资料检索能力，分析能力	10				
	制订计划能力，严谨认真	10				
	操作符合规范，精益求精	10				
	工作效率，分工协作	5				
	任务验收质量，质量意识	15				
创新能力 10分	创新性思维和活动	10				
合计		100				

实训3　传输分拣模块实验

一、任务描述

1. 任务要求

利用智能传感器综合实训平台，了解传输分拣模块实验的基本知识以及安装接线、工作原理等知识，完成传输分拣模块实验。

（1）小组讨论制订工作计划；

（2）向其他小组及指导教师演示计划成果；

（3）根据确定的工作计划实施传输分拣模块实验；

（4）进行实验结果评估。

2. 任务内容

（1）了解所用到的传感器的相关知识；

（2）按接线图完成设备连接；

（3）在上位机上完成设备组态，进行实验；

（4）实训结果检测。

二、任务分析

本次实验使用的传输分拣模块和变频器由光纤式传感器、工业相机、光源、电感式传感器、光电式传感器、增量式编码器组成。该实验模块配备三种不同材质、颜色的物料，实验时，皮带运行带动物料运动，物料运动路径布置有各类传感器，可对物料材质、颜色进行检验，根据所检验到的结果，将物料分拣至对应的位置。

三、任务准备

1. 实训设备

本次实验使用智能传感器综合实训平台的传输分拣模块和变频器进行实验，主要电器元件为光纤式传感器、工业相机、光源、电感式传感器、光电式传感器、增量式编码器。实训设备如表 11-4 所示。

表 11-4　实训设备

序号	设备名称	型号规格	代号
1	智能传感器综合实训平台	PCG01	—
2	可编程控制器	6ES7215-1AG40-0XB0	PLC
3	IO-Link 模块	6ES7278-4BD32-0XB0	SM1278
4	变频器	6SL3210-5BB15-5UV1	V20
5	传输分拣模块	PCG01-02-91	—
6	博图编程软件	TIA V16	—
7	选插头对	KT3ABD53 红（1 m）/3 根	—
8	选插头对	KT3ABD53 蓝（1 m）/2 根	—
9	选插头对	KT3ABD53 绿（1 m）/6 根	—
10	选插头对	KT3ABD53 黑（1 m）/7 根	—
11	选插头对	KT3ABD52 红（1 m）/2 根	—
12	选插头对	KT3ABD52 黑（1 m）/3 根	—
13	选插头对	KT3ABD52 蓝（1 m）/1 根	—
14	选插头对	KT3ABD52 绿（1 m）/1 根	—
15	选插头对	KT3ABD52 黄（1 m）/1 根	—
16	网线	—	—

2. 相关传感器主要参数

光纤放大器性能参数如表 11-5 所示。

表 11-5　光纤放大器性能参数

名称	性能参数
型号	E3X-NA41
电源电压	DC 12~24 V±10%；波动（p-p）10%以下
功耗/电流消耗	960 mW 以下（电流消耗 40 mA 以下）
响应时间	动作、复位：各 200 μs 以下×1
灵敏度调整	8 转动全回转旋钮（带指示器）
环境温度	工作时：连接 1~3 台，-25~55 ℃；连接 4~11 台，-25~50 ℃；连接 12~16 台，-25~45 ℃ 保存时：-30~70 ℃（无结冰、无结露）
环境湿度	工作时：35%~85%RH 保存时：35%~95%RH（无结露）
输出类型	PNP

工业相机性能参数如表11-6所示。

表 11-6　工业相机性能参数

名称	性能参数
型号	DC MV-CA050-20GC
电源电压	DC 12 V，支持 PoE 供电
传感器类型	CMOS，全局快门
像元尺寸	4.8 μm×4.8 μm
分辨率	2 592×2 048
黑白/彩色	彩色
环境温度	工作温度 0~50 ℃，保存温度-30~70 ℃
环境湿度	20%~80%RH（无结露）

光源性能参数如表11-7所示。

表 11-7　光源性能参数

名称	性能参数
型号	KM-RND7040A90
电源电压	DC 24 V
发光角度	90°
颜色	白色
功率	2.5 W
尺寸	内径 40 mm，外径 70 mm，厚度 21 mm
使用环境	温度：0~40 ℃，湿度：20%~85%（无结露）

电感式传感器性能参数如表 11-8 所示。

表 11-8　电感式传感器性能参数

名称	性能参数
型号	E2B-M12KN08-WZ-B1
品牌	欧姆龙
可检测物体	磁性金属（对于非磁性金属，检测距离会减小）
检测面直径	M12
检测距离	8 mm±10%
标准检测物	24 mm×24 mm×1 mm
响应频率	800 Hz
消耗电流	10 mA 以下
输出类型	PNP
环境温度	工作和保存：-25~70 ℃（无结冰、无结露）
环境湿度	工作和保存：35%~95%
连接方式	导线引出型（标准型预接了直径 4 mm、长度 2 m/5 m 的 PVC 电缆），接插件型（M12-4 针）

漫反射式光电传感器性能参数如表 11-9 所示。

表 11-9　漫反射式光电传感器性能参数

名称	性能参数
型号	E3Z-LS81
品牌	欧姆龙
设定距离范围	40~200 mm（白画纸 10 cm×10 cm） 40~160 mm（黑画纸 10 cm×10 cm）
检测距离范围	BGS：20 mm~设定距离（10 cm×10 cm） FGS：设定距离~200 mm 以上（白画纸 10 cm×10 cm） FGS：设定距离~160 mm 以上（黑画纸 10 cm×10 cm）
消耗电流	35 mA 以下
输出类型	PNP
保护结构	IEC60529 规格 IP67
电源电压	DC 12~24 V±10%；波动（p-p）10%以下

回归反射式光电传感器性能参数如表 11-10 所示。

表 11-10　回归反射式光电传感器性能参数

名称	性能参数
型号	E3Z-R81，反射板：MS-2
品牌	欧姆龙
标准检测物体	$\phi75$ mm 以上的不透明物体
输出类型	PNP
指向角	$2°\sim10°$
光源（发光波长）	红色发光二极管（660 nm）
消耗电流	30 mA 以下
保护回路	电源逆接保护、输出短路保护、防止相互干扰功能、输出逆连接保护
响应时间	动作、复位：各 1 ms 以下
电源电压	DC 12~24 V±10%；波动（p-p）10%以下

增量式编码器性能参数如表 11-11 所示。

表 11-11　增量式编码器性能参数

名称	性能参数
型号	RKPGG-E1M1-KCG2
品牌	密控
电源电压	DC 5~24 V，-5%，+15%；纹波（p-p）5%以下
分辨率（脉冲数/转）	1 024 PPR
输出相	A、B、Z 相
输出相位差	A 相、B 相的相位差90°±45°（1/4±1/8T）
输出类型	NPN
尺寸	外径 38 mm

变频器性能参数如表 11-12 所示。

表 11-12　变频器性能参数

名称	性能参数
型号	6SL3210-5BB15-5UV1
品牌	西门子
电源电压	200~240 V
功率	0.55 kW
信号	4 DI，2 DO，2 AI，1 个模拟输出
现场总线	USS/MODBUS RTU
尺寸	68 mm×142 mm×128 mm（宽×高×深）

四、任务实施

1. 接线

按照图 11-41 所示传输分拣模块实验接线图，完成设备连接。

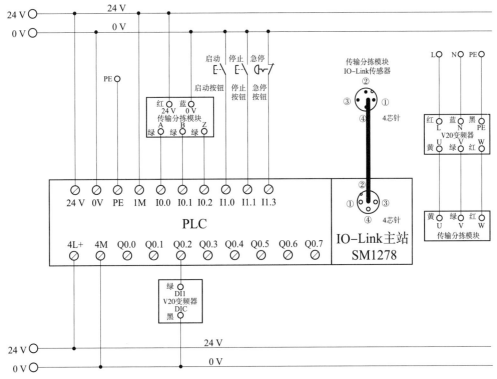

图 11-41　传输分拣模块实验接线图

2. 网络图

本次任务如果使用台式电脑，可以在设备下方的电源明盒中的网口连接。本实验的 PLC 网口连接的是背后的交换机，电源明盒内部接的也是背后的交换机。如果使用台式电脑，可以使用直流电源模块中网络接口网线连接，如图 11-42 所示。

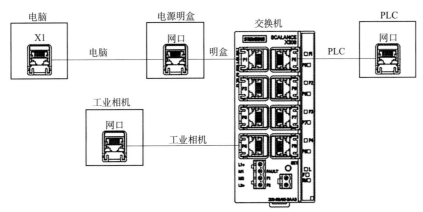

图 11-42　网络接口

3. 设备组态及传输分拣模块运行

变频器调试（要实现端子控制）：单击"M"按钮，将 P003 设置为 3；P700 设置为 2，表示端子控制；P701 设置为 1，表示 DI1 控制；P1000 修改成 1，表示面板调试；P1032 设置为 0，允许反转；P1120 修改成 0.5，表示加速时间；P1120 修改成 0.5，表示减速时间。单击"M"按钮，调整到频率界面 HZ。当给变频器 DI1 发送信号时，可以通过上下键来改变频率。当频率越高时，速度越快。

打开博图软件，双击创建新项目——创建——设备与网络——添加新设备；双击 6ES7215-1AG40-0XB0；双击"设备组态"选项，添加 6ES7241-1CH32-0XB0、6ES7234-4HE32-0XB0 和 6ES7278-4BD32-0XB0。

双击"设备组态"选项，双击 6ES7215-1AG40-0XB0 图案，查看属性 PROFINET 接口 [X1]——以太网地址—IP 协议—IP 地址：192.168.1.1，将 IP 地址修改为 192.168.1.＊＊＊，如图 11-43 所示。

图 11-43　以太网地址设置

单击"系统和时钟存储器"选项，勾选"启用系统存储器字节"和"启用时钟存储器字节"，如图 11-44 所示。

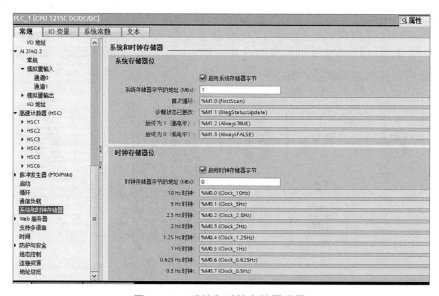

图 11-44　系统和时钟存储器设置

属性——常规——高速计数器（HSC）——HSC1，勾选"启用该高速计数器"；计数类型：计数；工作模式：A/B 计数器；初始计数方向：加计数，如图 11-45 所示。

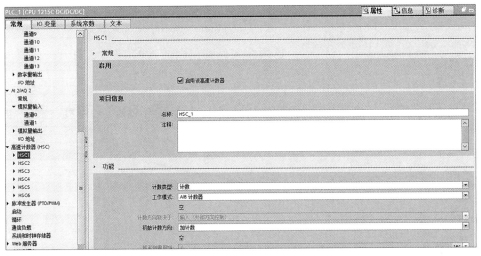

图 11-45　高速计数设置

硬件输入。这里时钟发生器 A 的输入：I0.0（选择增量式编码器 A），时钟发生器 B 的输入：I0.1（选择增量式编码器 B），如图 11-46 所示。

I/O 地址——输入地址——起始地址，可以监控地址：ID1000，如图 11-47 所示。

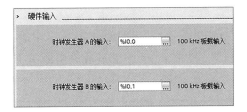

图 11-46　硬件输入设置

图 11-47　I/O 地址设置

属性——常规——DI14/DQ10——数字量输入，通道 0 和通道 1，这里将输入滤波器选为"0.1 microsec"，如图 11-48 所示。

监控与强制表——添加新监控表，双击新建的监控表，地址输入 ID1000，显示格式：带符号十进制，如图 11-49 所示。

图 11-48　输入滤波器设置

图 11-49　监控表设置

单击　　　　　　选项，单击　按钮，下载。

关闭博图软件，安装插件 ![icon] SIMATIC_S7PCT_V35_SP2_UPD1.exe，这个软件不需要修改其他参数。

打开软件，单击项目选项。单击 ![转至在线] 按钮，双击"设备组态"选项，单击 6ES7278-4BD32-0XB0 设备，启动设备工具——开始，Options——Import IODD Files——Browse，找到 FAS-FNI_IOL-310-S01-K024-20210726-IODD1.1 FAS-FNI_IOL-310-S01-K024-IODD 这两个文件夹里面的 XML 文件，打开，如图 11-50 所示。

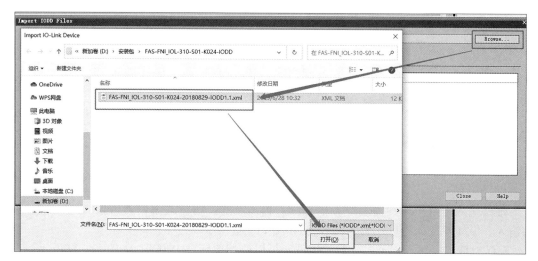

图 11-50　XML 文件路径

单击"Import"选项，加载。加载完两个 XML 文件后，关闭。

在"Catalog"里面，找到型号 ![FNI IOL-310-S01-K024]，拉至 Ports 中 Port Info 中 Port 1 里面的 Name 中，如图 11-51 所示。

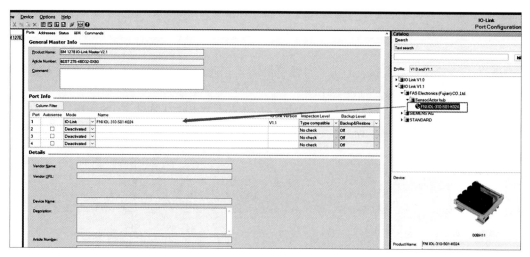

图 11-51　参数设置

单击刚刚添加的模块，在 Set port Direction 中 13~16 设定为 Output。这里也是在 IO-Link 传感器中后四个信号点接输出信号，如图 11-52 所示。

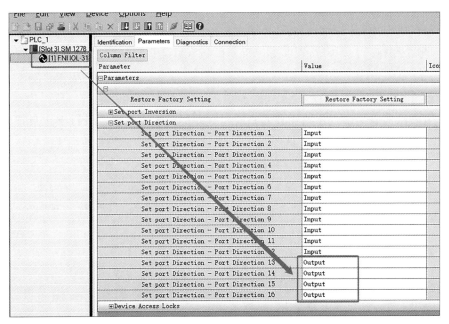

图 11-52　输出信号设置

设置完成后，选中 ▼█[Slot 3] SM 1278┃，单击█按钮；然后单击◆[1] FNI IOL-31选项，单击█按钮，这里需要查看下方是否下载成功，如果没有，多下载几次即可。

双击 6ES7278-4BD32-0XB0 设备，属性——常规——参数——I/O 地址，输入地址、输出地址中，起始地址：2，如图 11-53 所示。

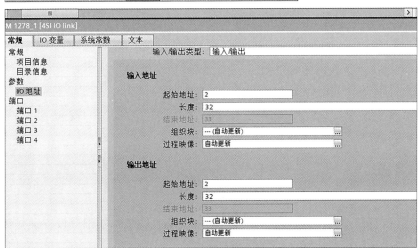

图 11-53　输入地址、输出地址

直接查看参考程序"传输分拣模块"。这里的功能是单击启动按钮，开始皮带运行，供料仓有料，进行推料，检测如果是金属白，编码器到设定位置，推料气缸 1 推料至库位 1；检测如果是塑料白，编码器到设定位置，推料气缸 2 推料至库位 2。

五、任务评价

各小组展示实验结果，介绍任务的完成过程并提交阐述材料，进行学生自评、学生小组内互评、教师评价，并完成表 11-13。

表 11-13　考核评价表

评价项目	评价内容	分值	自评 20%	互评 20%	教评 60%	合计
职业素养 40 分	爱岗敬业，安全意识、责任意识、服从意识	10				
	积极参加任务活动，完成实训内容	10				
	团队合作、交流沟通能力，集体主义精神	10				
	劳动纪律	5				
	现场"6S"标准，行为规范	5				
专业能力 50 分	专业资料检索能力，分析能力	10				
	制订计划能力，严谨认真	10				
	操作符合规范，精益求精	10				
	工作效率，分工协作	5				
	任务验收质量，质量意识	15				
创新能力 10 分	创新性思维和活动	10				
合计		100				

实训 4　　水箱模块实验

一、任务描述

1. 任务要求

利用智能传感器综合实训平台，了解水箱模块实验的基本知识以及安装接线、工作原理等知识，完成水箱模块实验。

（1）小组讨论制订工作计划；

（2）向其他小组及指导教师演示计划成果；

（3）根据确定的工作计划实施水箱模块实验；

（4）进行实验结果评估。

2. 任务内容

（1）了解水箱模块相关传感器的主要参数；

（2）完成温度显示表调试；

（3）按接线图完成设备连接；

（4）在上位机上完成设备组态，进行实验；

（5）实训结果检测。

二、任务分析

本次实验使用的水箱模块由断路器、加热管、固态继电器、浮球开关、普通继电器、温度传感器、温控表、超声波传感器、直流调速模块、压力变送器组成。水箱配备水泵，可以控制水箱水位，实验过程中各类传感器可实时检测水箱温度、压力、流量等各类参数，通过在上位机中编程，可实现对水箱状态的控制及参数的监测。

三、任务准备

1. 实训设备

本次实验使用的水箱模块由电器元件断路器、加热管、固态继电器、浮球开关、普通继电器、温度传感器、温控表、超声波传感器、直流调速模块、压力变送器组成。实训设备如表 11-14 所示。

表 11-14　实训设备

序号	设备名称	型号规格	代号
1	智能传感器综合实训平台	PCG01	—
2	可编程控制器	6ES7215-1AG40-0XB0	PLC
3	通信模块	6ES7241-1CH32-0XB0	RS485
4	模拟量输入输出模块	6ES7234-4HE32-0XB0	SM 1234
5	水箱模块	—	—
6	编程软件	TIA V16	—
7	选插头对	KT3ABD53 红（1 m）/5 根	—
8	选插头对	KT3ABD53 蓝（1 m）/3 根	—
9	选插头对	KT3ABD53 绿（1 m）/10 根	—
10	选插头对	KT3ABD53 黄（1 m）/1 根	—
11	选插头对	KT3ABD53 黑（1 m）/9 根	—
12	选插头对	KT4ABD52 红（2 m）/1 根	—
13	选插头对	KT4ABD52 蓝（2 m）/1 根	—
14	网线	—	—

2. 相关传感器主要参数

温控表性能参数如表 11-15 所示。

表 11-15　温控表性能参数

名称	性能参数
型号	AI-516AX5L0S
品牌	宇电
电源电压	AC 100~240 V，−15%，+10%；50~60 Hz
电源消耗	≤5 W
输出规格	0~20 mA 或 4~20 mA，可定义
使用环境	−10~60 ℃；湿度≤90%RH

超声波传感器性能参数如表 11-16 所示。

表 11-16　超声波传感器性能参数

名称	性能参数
型号	S18UUA
品牌	邦纳
电源电压	DC 12~30 V
输出规格	模拟 0~10 V
检测范围	30~300 mm
储存温度	−40~80 ℃
超声波频率	300 kHz

压力变送器性能参数如表 11-17 所示。

表 11-17　压力变送器性能参数

名称	性能参数
型号	3276ASX
品牌	长鑫裕
电源电压	DC 12~36 V
输出规格	4~20 mA
压力检测	0~0.1 MPa

数字式流量开关性能参数如表 11-18 所示。

表 11-18　数字式流量开关性能参数

名称	性能参数
型号	PF2W300-A
品牌	SMC
额定流量范围	0.5~4 L/min
电流规格	消耗电流：Max. 80 mA
输出类型	NPN
电源电压	DC 12~24 V±10%

漫反射式光电传感器性能参数如表 11-19 所示。

表 11-19　漫反射式光电传感器性能参数

名称	性能参数
型号	E3Z-LS81
品牌	欧姆龙
设定距离范围	40~200 mm（白画纸 10 cm×10 cm） 40~160 mm（黑画纸 10 cm×10 cm）
检测距离范围	BGS：20 mm~设定距离（10 cm×10 cm） FGS：设定距离~200 mm 以上（白画纸 10 cm×10 cm） FGS：设定距离~160 mm 以上（黑画纸 10 cm×10 cm）
消耗电流	35 mA 以下
输出类型	PNP
保护结构	IEC60529 规格 IP67
电源电压	DC 12~24V±10%；波动（p-p）10%以下

回归反射式光电传感器性能参数如表 11-20 所示。

表 11-20　回归反射式光电传感器性能参数

名称	性能参数
型号	E3Z-R81，反射板：MS-2
品牌	欧姆龙
标准检测物体	ϕ75mm 以上的不透明物体
输出类型	PNP
指向角	2°~10°
光源（发光波长）	红色发光二极管（660 nm）
消耗电流	30 mA 以下
保护回路	电源逆接保护、输出短路保护、防止相互干扰功能、输出逆连接保护
响应时间	动作、复位：各 1 ms 以下
电源电压	DC 12~24 V±10%；波动（p-p）10%以下

增量式编码器性能参数如表 11-21 所示。

表 11-21　增量式编码器性能参数

名称	性能参数
型号	RKPGG-E1M1-KCG2
品牌	密控
电源电压	DC 5~24 V，-5%，+15%；纹波（p-p）5% 以下
分辨率（脉冲数/转）	1 024 PPR
输出相	A、B、Z 相
输出相位差	A 相、B 相的相位差 90°±45°（1/4±1/8T）
输出类型	NPN
尺寸	外径 38 mm

变频器性能参数如表 11-22 所示。

表 11-22　变频器性能参数

名称	性能参数
型号	6SL3210-5BB15-5UV1
品牌	西门子
电源电压	200~240 V
功率	0.55 kW
信号	4 DI，2 DO，2 AI，1 个模拟输出
现场总线	USS/MODBUS RTU
尺寸	68 mm×142 mm×128 mm（宽×高×深）

3. 温度显示表调试

参数设置。长按半圆弧键 ⟳ 进入参数设置，短按半圆弧键 ⟳，首先出现 HIAL，这里不用修改。重新按半圆弧键直到出现 Loc，通过 ▽ △ ◁ 改成 808，继续短按半圆弧键，这里表示可进入显示及修改完整的参数表。现在查看 🗎温控表-说明书.pdf 的 3.2 完整参数表，直到出现 Ctrl，通过 ▽ △ 改成 POP；查看 INP 参数为 21，表示使用 PT100 温度传感器；查看 SCL 值为 0，表示刻度下限 0；修改 SCH 参数，通过 ▽ △ ◁ 改成 100，表示刻度下限为 100；查看 OPt 参数，通过 ▽ △ 改成 0~20，表示 0~20 mA 线性电流输出；Addr 默认 1，表示定义仪表通信地址为 1，按半圆弧键确认，其余参数皆默认。

模拟量读值。输出：0~20 mA，表示 0~100 ℃，对应 PLC 模拟量读取值 0~27 648。

RS485 读值：参照 AIBUS 和 MODBUS 通信协议相关内容读取。

四、任务实施

1. 接线

按照图 11-54 所示水箱模块实验接线图，完成设备连接。

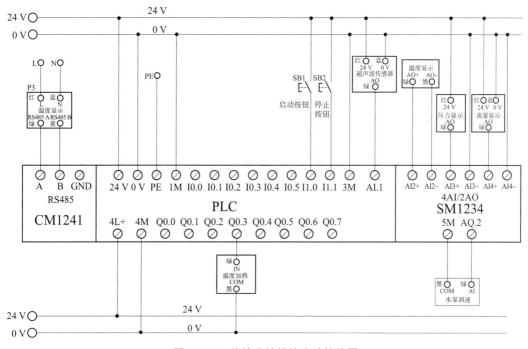

图 11-54　传输分拣模块实验接线图

2. 网络图

本次任务如果使用台式电脑，可以在设备下方的电源明盒中的网口连接。本实验的 PLC 网口连接的是背后的交换机，电源明盒内部接的也是背后的交换机。如果使用台式电脑，可以使用直流电源模块中网络接口网线连接，如图 11-55 所示。

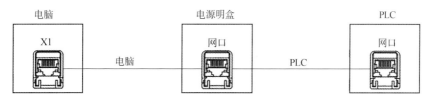

图 11-55　网络接口

3. 温度传感器读值

打开博图软件，双击创建新项目——创建——设备与网络——添加新设备；双击 6ES7215-1AG40-0XB0；双击"设备组态"选项，添加 6ES7241-1CH32-0XB0、6ES7234-4HE32-0XB0 和 6ES7278-4BD32-0XB0。

双击"设备组态"选项，双击 6ES7215-1AG40-0XB0 图案，查看属性 PROFINET 接口［X1］——以太网地址——IP 协议——IP 地址：192.168.1.1，将 IP 地址修改为

192.168.1.***，如图 11-56 所示。

图 11-56　以太网地址设置

单击"系统和时钟存储器"选项，勾选"启用系统存储器字节"和"启用时钟存储器字节"，如图 11-57 所示。

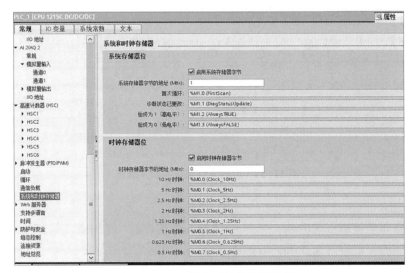

图 11-57　系统和时钟存储器设置

双击"设备组态"选项，双击 6ES7241-1CH32-0XB0 图案，查看属性——RS422/485 接口，如图 11-58 所示。

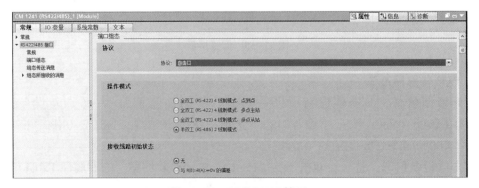

图 11-58　RS422/485 接口

根据设置的温度显示器参数，波特率 9 600，无奇偶校验，可以查看 485 断路里面的参数，如图 11-59 所示。

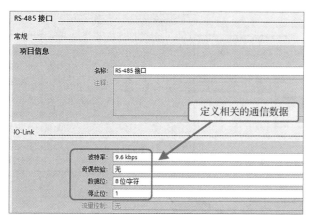

图 11-59　通信数据定义

双击"设备组态"选项，双击 6ES7241-1CH32-0XB0 图案，查看属性——系统常数，查看硬件标识符：269，如图 11-60 所示。

图 11-60　系统常数设置

编写 MODBUS 主站程序。打开主站 PLC，开始编写主站的 MODBUS 通信程序，如图 11-61 和图 11-62 所示。

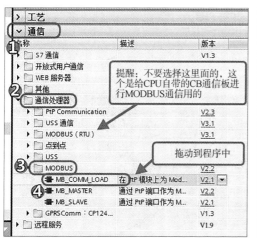
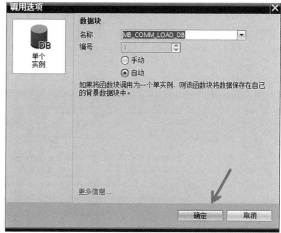

图 11-61　MODBUS 主站程序设置

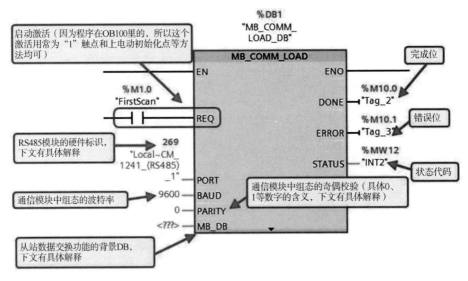

图 11-62　MODBUS 通信程序参数设置

打开 OB1 后进行以下的操作，如图 11-63 所示。

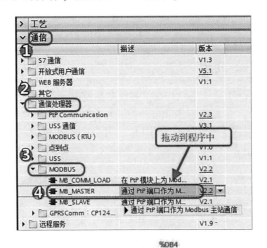

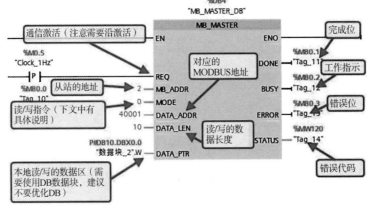

图 11-63　MODBUS OB1 程序参数设置

MODE：读/写指令；0 表示读数据；1 表示写数据。

注意：不要忘记将 MB_MASTER 的背景 DB 填写到 MB_COMM_LOAD 指令的"MB_DB"针脚。

本实验程序如图 11-64 所示。

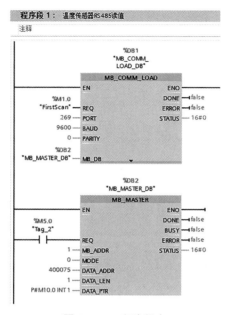

图 11-64　实验程序

MB_COMM_LOAD 指令中，269 是 CM1241 的硬件标识符，9 600 是波特率。

MB_MASTER 程序块中，1 是温度显示器 MODBUS 地址；0 表示读数据；400075，这里表示查看称重显示器输入寄存器；1 表示读的数据长度；P#M10.0 INT 1，表示从 MW10 开始 1 个字节。

添加新监控表，双击新建的监控表，地址输入 MW10，显示格式为带符号十进制，如图 11-65 所示。

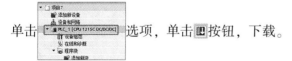

单击　　　　　选项，单击　按钮，下载。

单击　转至在线　按钮，单击　Main [OB1] 选项，单击　按钮，双击主程序，单击 M5.0 选项，修改为 1。现在可以监视 MW10 的值，可以查看 MW10 读取的值。263 表示 26.3 ℃，如图 11-66 所示。

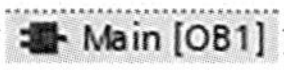

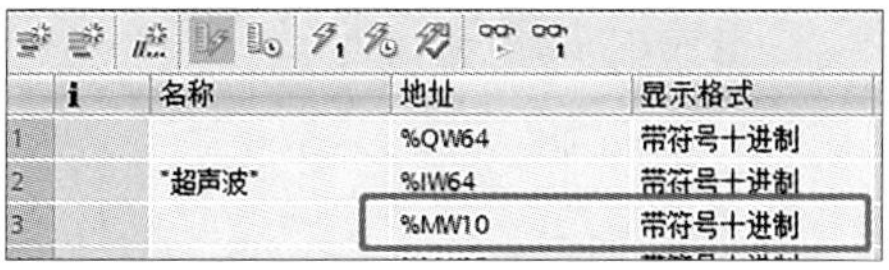

i	名称	地址	显示格式
1		%QW64	带符号十进制
2	"超声波"	%IW64	带符号十进制
3		%MW10	带符号十进制

图 11-65　监控表

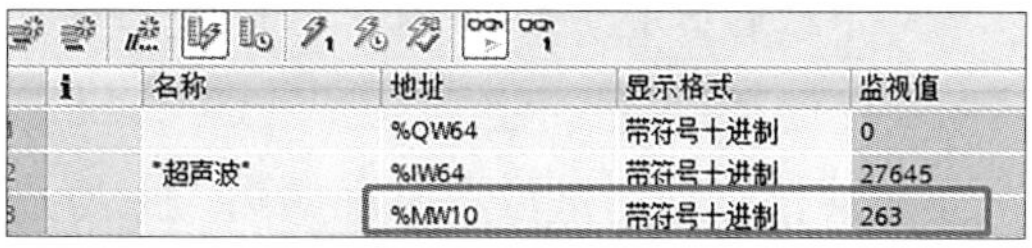

i	名称	地址	显示格式	监视值
		%QW64	带符号十进制	0
	"超声波"	%IW64	带符号十进制	27645
		%MW10	带符号十进制	263

图 11-66　传感器参数监控表

模拟量显示。首先双击"设备组态"选项，单击 SM1234，设置属性——常规——AI 4/AQ 2——模拟量输入——通道 0。设置测量类型：电流；电流范围：0~20 mA。这里的参数和上面设置温度显示器参数一致，如图 11-67 所示。

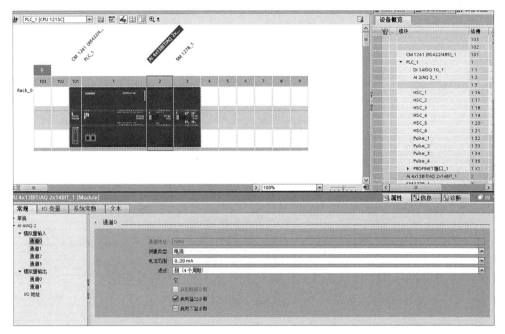

图 11-67　温度模拟量参数设置表

主程序编写。IW96 表示温度模拟量读取值。"NORM_X"程序 MIN 和 MAX 表示模拟量读取值 0~27 648；"SCALE_X"程序 MIN 和 MAX 表示实际温度值范围 0~100 ℃；MD78 值表示温度实际值。可以和温度显示表上面显示的温度一致。温度模拟量程序如图 11-68 所示。

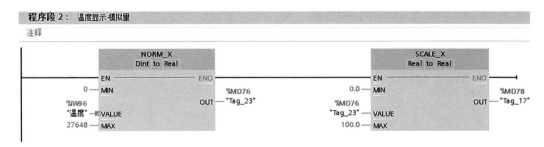

图 11-68　温度模拟量程序

程序下载后，观察 Main 程序，可查看程序读取值。这里表示 24.9 ℃，如图 11-69 所示。

4. 超声波传感器读值

超声波传感器测量位置原理如图 11-70 所示。

首先我们拿出一张纸进行 100 mm 标定，这里 20~30 为 10 cm，拿笔标注起来。将毫升表粘贴到水箱上，0 mL 对标在水箱下方，如图 11-71 所示。

图 11-69 温度模拟量显示

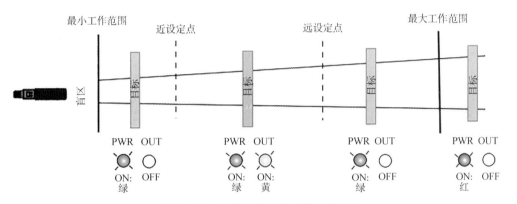

图 11-70 超声波传感器测量位置原理

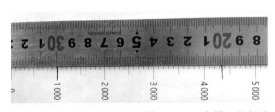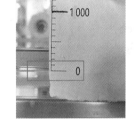

图 11-71 水箱 0 位标定

下载程序，单击监控表选项。监控 QW96，这时水泵调试，给出 0~27 648，水泵转动。给定 10 000。等水位到合适位就设置 QW96 值为 0，水泵停止，如图 11-72 所示。

	i	名称	地址	显示格式	监视值	修改值	
1		"温度"	%IW96	带符号十进制	-4		
2		"温度实际值"	%MD78	浮点数	237.248		
3		"水泵调试"	%QW96	带符号十进制	10000	10000	
4		"压力"	%IW98	带符号十进制	-2030		
5		"压力显示-KPa"	%MD92	浮点数	229.2504		
6		"流量"	%IW100	带符号十进制	-50		

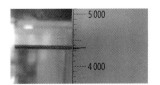

图 11-72 水泵监控值设置

现在确保水是平稳的，长按超声波传感器上面的按钮，这时 OUT 红灯，PWR 绿灯。确保水位平稳，短按一下按钮，这时 OUT 红灯闪烁，然后旋开排水阀，放到 1 000 mL 处（见图 11-73），再短按一下按钮。OUT 红灯不闪烁，黄灯。

图 11-73　水箱 1 000 mL 水位设置

水位在 1 000 mL 处，现在监控 IW64，监视值在 0~27 648 范围内。水位越高，监视值越接近 0。超声波检测出的单位是实际距离，也就是 0~100 mm。

双击主程序添加程序，水箱水位模拟量显示程序如图 11-74 所示。

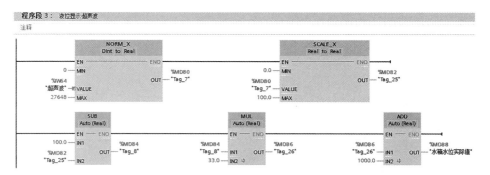

图 11-74　水箱水位模拟量显示程序

IW64 表示超声波模拟量读取值。"NORM_X" 程序 MIN 和 MAX 表示模拟量读取值 0~27 648；"SCALE_X" 程序 MIN 和 MAX 表示实际温度值范围 0~100 mm；MD82 表示水位与设置 10 cm 对应的水位的距离。建设 MD82 值为 X，MD88 值为 $(100-X) \times 33 + 1\ 000$；这里 33 表示 1 mm 对应 33 mL，可以看出 1 000 mL 对应 30 mm，由此可算出 1 mm 对应 33 m。MD88 值表示水箱水位实际值。

程序下载后，观察 Main 程序，可查看程序读取值，这里表示水箱水位 3 187.945 mL，如图 11-75 所示。

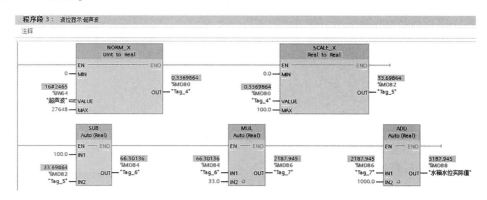

图 11-75　水箱水位显示程序

5. 压力模拟量读值

模拟量显示。首先双击"设备组态"选项，单击 SM1234，设置属性——常规——AI 4/AQ 2——模拟量输入——通道 1。设置测量类型：电流；电流范围：4~20 mA。这里的参数和上面设置压力变送器参数一致，如图 11-76 所示。

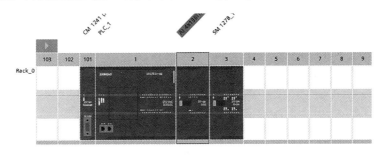

图 11-76　压力模拟量输入设置

双击主程序添加程序，压力模拟量程序如图 11-77 所示。

IW98 表示压力模拟量读取值；"NORM_X"程序 MIN 和 MAX 表示模拟量读取值 0~27 648；"SCALE_X"程序 MIN 和 MAX 表示实际压力值范围 0~100 kPa；MD92 值表示压力显示实际值。

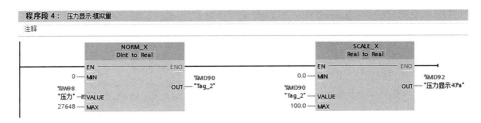

图 11-77　压力模拟量程序

程序下载后，观察 Main 程序，可查看程序读取值。这里表示压力显示 60 kPa，可以旋动调压阀，压力表显示的是 0.060 MPa，如图 11-78 所示。

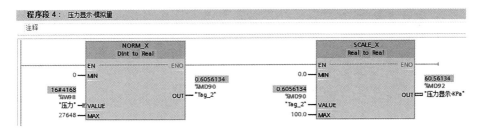

图 11-78　压力模拟量显示

6. 流量模拟量读值

模拟量显示，首先双击"设备组态"选项，单击 SM1234，设置属性——常规——AI 4/AQ 2——模拟量输入——通道 2。设置测量类型：电流；电流范围：4~20 mA。这里参数和上面设置流量变送器参数一致，如图 11-79 所示。

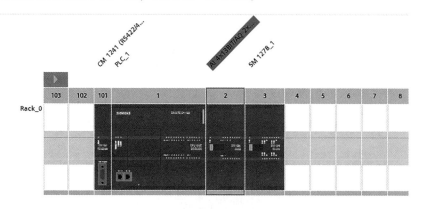

图 11-79　流量模拟量输入设置

双击主程序添加程序，本实验程序，如图 11-80 所示。

IW100 表示流量模拟量读取值。"NORM_X"程序 MIN 和 MAX 表示模拟量读取值 0~27 648；"SCALE_X"程序 MIN 和 MAX 表示实际流量值范围 0~4.5 L/min；MD98 值表示流量实际值，如图 11-80 所示。

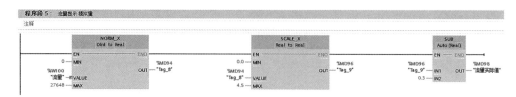

图 11-80　流量模拟量程序

程序下载后，观察 Main 程序，可查看程序读取值。这里表示压力显示 1.88 L/min。可以旋动调压阀。压力表显示的是 1.90 L/min。这里读取的模拟量值转换出来和实际值有点偏差，所以程序中-0.3 用来矫正。当没有水时，流量表显示 0.00 L/min，PLC 求出值为 10，这里不需要关注，实际值应该在 0~4.5 L/min。水流过大，流量表会显示"---"。流量模拟量显示如图 11-81 所示。

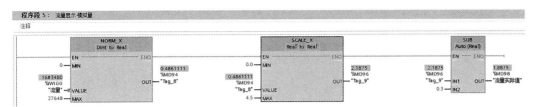

图 11-81　流量模拟量显示

7. 水箱模块实验

双击主程序添加程序，水箱实验程序如图 11-82 所示。

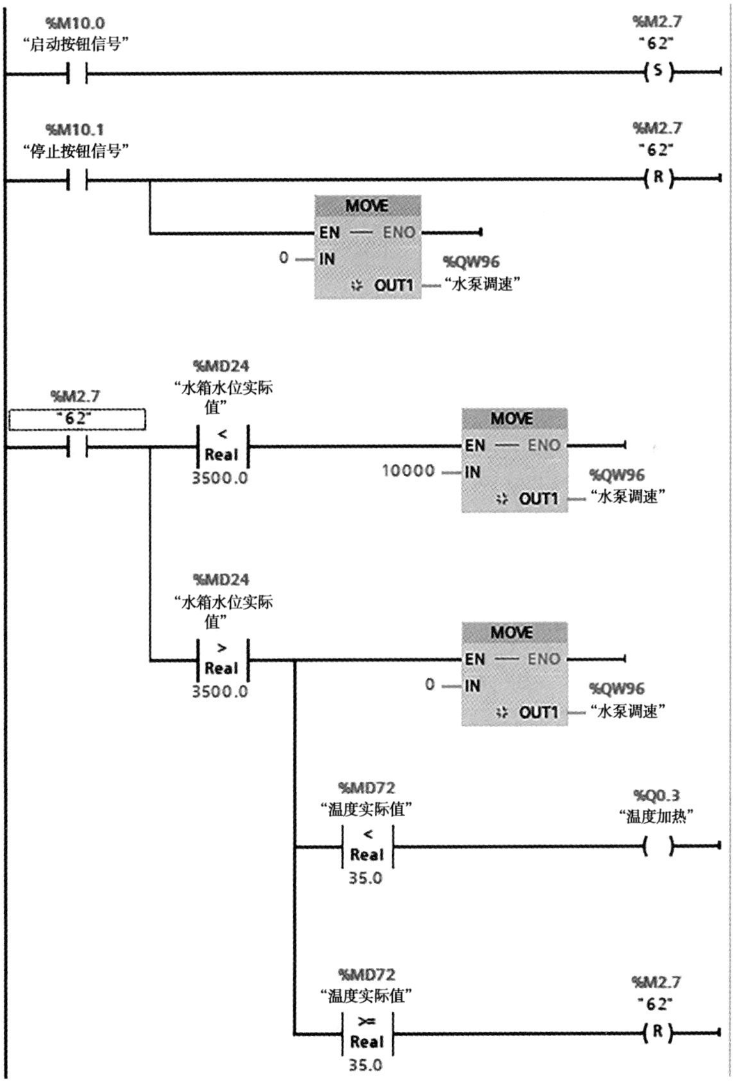

图 11-82　水箱实验程序

按下启动按钮，水泵开始向上水箱抽水，在抽水的过程中，流量和压力传感器开始工作，分别显示各自的数值（可查看上面程序压力显示和流量显示），通过调节阀可以调节流量和压力的大小。当上水箱到达预定水位，水泵停止抽水，关上阀门防止上水箱的水流回下水箱。此时加热棒开始对上水箱的水进行加热，温度传感器可以实时显示此刻上水箱水的温度，加热到设定值，停止加热。实验完成后，打开溢流阀，上水箱的水自动流回下水箱。

五、任务评价

各小组展示实验结果，介绍任务的完成过程并提交阐述材料，进行学生自评、学生小组内互评、教师评价，并完成表11-23。

表11-23　考核评价表

评价项目	评价内容	分值	自评20%	互评20%	教评60%	合计
职业素养40分	爱岗敬业，安全意识、责任意识、服从意识	10				
	积极参加任务活动，完成实训内容	10				
	团队合作、交流沟通能力，集体主义精神	10				
	劳动纪律	5				
	现场"6S"标准，行为规范	5				
专业能力50分	专业资料检索能力，分析能力	10				
	制订计划能力，严谨认真	10				
	操作符合规范，精益求精	10				
	工作效率，分工协作	5				
	任务验收质量，质量意识	15				
创新能力10分	创新性思维和活动	10				
合计		100				

参 考 文 献

[1] 金发庆. 传感器技术与应用 [M]. 4 版. 北京：机械工业出版社，2019.

[2] 汤小华. 传感器应用技术 [M]. 上海：上海交通大学出版社，2013.

[3] 张永花，龙志文. 传感器技术 [M]. 上海：华东师范大学出版社，2014.

[4] 贾海瀛. 传感器技术与应用 [M]. 北京：清华大学出版社，2011.

[5] 王煜东. 传感器技术与应用 [M]. 3 版. 北京：机械工业出版社，2017.

[6] 张玉莲. 传感器与自动检测技术 [M]. 2 版. 北京：机械工业出版社，2020.

[7] 王庆有. 光电传感器应用技术 [M]. 2 版. 北京：机械工业出版社，2020.

[8] 胡向东，刘京诚. 传感器与检测技术 [M]. 4 版. 北京：机械工业出版社，2021.

[9] 单振清，宋雪臣. 传感器与检测技术应用 [M]. 北京：北京理工大学出版社，2013.

[10] 周小益. 检测技术及应用 [M]. 哈尔滨：哈尔滨工业大学出版社，2012.

[11] 王健婷. 传感器应用技术 [M]. 北京：中国劳动社会保障出版社，2012.

[12] 秦志强，谭立新. 现代传感器技术及应用 [M]. 北京：电子工业出版社，2010.

[13] 武昌俊. 自动检测技术及应用 [M]. 3 版. 北京：机械工业出版社，2017.

[14] 于彤. 传感器原理及应用 [M]. 3 版. 北京：机械工业出版社，2019.

[15] 王元庆. 新型传感器及其应用 [M]. 北京：机械工业出版社，2002.

[16] 吴建平. 传感器原理及应用 [M]. 北京：机械工业出版社，2012.

[17] 许磊. 传感器技术与应用 [M]. 北京：高等教育出版社，2014.

[18] 何希才. 常用传感器应用电路的设计与实践 [M]. 北京：科学出版社，2011.

[19] 孙余凯. 传感技术基础与技能实训 [M]. 北京：电子工业出版社，2012.

[20] 吴迪. 无线传感器网络时间教程 [M]. 北京：化学工业出版社，2014.

[21] 梁长垠. 传感器应用技术 [M]. 2 版. 北京：高等教育出版社，2021.

[22] 刘娇月. 传感器技术及应用项目 [M]. 2 版. 北京：机械工业出版社，2022.

[23] 俞云强. 传感器与检测技术 [M]. 2 版. 北京：高等教育出版社，2019.